國際會議

與會展產業概論

（第二版）

Introduction to Meeting, Incentive, Convention,
and Exhibition (MICE)

五南圖書出版公司 印行

109年度臺灣會展獎評審 方偉達 著

推薦序

　　會議展覽活動是伴隨全球經濟進步、國際貿易發達、人們交流頻繁等因素而衍生的活動，會議展覽產業則是舉辦或籌組會議展覽活動的服務業。由於它是一項需要跨業整合、不斷創新創意、及波及效果廣大的產業，因而被視為具有「三高三大」的特色，即「發展潛力高、附加價值高、創新效益高；產值大、創造就業機會大、產業關聯大」。

　　事實上，一個國際會議、展覽活動之舉辦，不僅可以帶來直接的經濟利益，而且能有效增加主辦國家或城市的國際知名度，衍生後續之觀光效益，帶動相關產業的發展。因此，會議展覽產業在近一二十年來普遍受到發展先進國家之重視。我國雖然早在上世紀80年代就興建了台北世界貿易中心，舉辦不少會議及展覽活動，但會議展覽產業卻是在2002年9月啓動之「觀光客倍增計畫」將《發展會議展覽產業》列為推展觀光產業的一項策略之後，才受到政府的重視，並積極推動其發展。其作為包括在2003年3月行政院核定之「服務業發展綱領及行動方案」中將會展服務業發展計畫列為旗艦計畫之一；2004年7月行政院核定之「會議展覽服務業發展計畫」將會議展覽服務業列為重要新興發展產業；2004年11月成立「行政院觀光發展推動委員會MICE專案小組」，責成經濟部積極推動會展產業之發展等政策及措施。而本校中華大學也在成立觀光學院同時，配合政府推展會議展覽產業政策，設立了全國第一個觀光與會議展覽學士學位學程，以培育會議展覽專業人才。

　　方偉達老師是本校觀光學院休閒遊憩規劃與管理學系與觀光與會議展覽學程的合聘的專任助理教授，他治學認真、勤於筆耕，《國際會議與會展產業概論》是他在五南圖書公司出版觀光書籍系列的第三本大學教科書。此書內容涵蓋國際會議之入門介紹、國際會議之規劃與實務、會議展覽產業之概述、及會展產業之組織管理與效益評估等，內容相當豐富，有收錄整理之寶

貴資料，也有不少理論與見解，不但可以做為教科書，而且也是一本認識國際會議與會展產業的極佳參考書。

中華大學觀光學院　教授兼院長
前交通部觀光局　局長

蘇成田

2010.8.2

再版序

十年小磨一劍

　　這本書歷經十年滄桑，終於要出第二版了，在五南敦促之下，我花了一段時間更新至2020年7月的資料，讓國內外會展活動資料更加完整。

　　在2020年，我擔任109年度臺灣會展獎的評審，在蘇成田院長的鼓勵和嘉勉之下，我很高興能和國內會展產業共同成長，也將本書獻給在會展領域辛勤貢獻的朋友們，沒有大家的參與，就沒有臺灣豐富、多樣、而且精彩的國際會展表現。

　　謝謝大家。

方偉達

於臺北市興安華城

2020年8月15日

自序

1979年之前，國人出國觀光都以留學、移民、商務考察的名義進行。自從1979年開始政府首次開放國人出國觀光，開闢了與國際接軌重要的契機。在1987年之後政府開放天空政策，讓民營航空公司也能加入國際航空市場的經營行列，這些政策都有助於國人參與國際交流、國際觀光和商務往來的業務。隨著臺灣在國際貿易、商業、旅遊、文化及科技教育交流活動日益頻繁，全球化鏈結已經不是口號；而是我們在國際密切交流活動中，身為地球村公民的一分子，所應該努力的方向。

回想起1995年，正是尚未屆滿「而立之年」的青澀年紀，第一次和中央研究院李遠哲院長和國立交通大學鄧啓福校長參加在美國芝加哥大學舉辦的國際高科技研討會。那一次在美國製作好PowerPoint，使用幻燈機（slide projector）放PowerPoint轉錄成的幻燈片（slide）；除了放幻燈片之外，同時要手忙腳亂地操作投影機放投影片（transparency），又要腦袋轉呀轉地用英文思考。那種我只是碩士剛畢業的年輕政府官員，在海外中研院院士和芝加哥大學教授們前，鼓起勇氣發表研究成果的緊張心情，還是記憶猶新。如今，Microsoft PowerPoint都已經發展到2010年版。在國際學術會議上，1980年以來常用的幻燈片和投影片，幾乎早已經被市場所淘汰。現今國際會議中可以順暢地用按鍵發表圖文並茂的頁面，不用再手忙腳亂，都是歸因於筆記型電腦和投影機（overhead projector）等硬體的發明。

在環保署工作10餘年，幾乎每年都會有出國考察和觀摩國際會展的機會。2006年離開公部門之後，開始執起教鞭，在數所大學任教，並於2007年不揣譾陋地自掏腰包遠赴美國爭取國際會議在臺灣舉辦的機會。當國際濕地科學家學會（SWS）同意來臺辦理國際會議之後，才恍然大悟：「哇，這是一場噩夢的開始！」所有的舉辦國際會議活動的臨場經驗，都靠著許多政府部門、學界及實務界的貴人的指導，才度過一場接著一場的挑戰。當

然，這也都不是在哈佛大學的課堂上可以學得到的。唯有「從做中學」，一切得從新來過，才陸陸續續地累積了一點點國際會議規劃、設計和管理的心得。

40歲時面臨轉業的命運，放棄了人人稱羨的公職人員鐵飯碗的工作，在2006年離開公部門之後，後來陸陸續續應徵國內30處的公立大學專任教職，而到處碰壁，這似乎是應證了水瓶座的男人在中年轉業時必經風霜雨露的宿命。在國外一個人孤零零地為國家奮鬥，為臺灣爭取國際會議主辦的機會時，常常會想到戰國時孟子所說的話：「人之有德慧術知者，恆存乎疢疾。獨孤臣孽子，其操心也危，其慮患也深，故達」《孟子‧盡心篇上》。

這句話的意思是說，君子的品德、智慧、能力、操守，都是在受挫和失敗中「學」來的，而孤臣孽子正因為處在艱困的時機，碰到障礙更需要戰戰兢兢地全力以赴，從挫折中學習成長，因而扭轉命運，度過許多難關。唐朝黃蘗禪師也說：「不經一番寒徹骨，怎得梅花撲鼻香？」我想，一個人的命運如此；一個社會的命運如此；同樣的，一個國家的國運亦復如此。

本書《國際會議與會展產業概論》是應五南圖書出版有限公司觀光書系主編黃惠娟小姐之邀，繼《休閒設施管理》、《生態旅遊》之後，作者所撰寫的第三本觀光書系專書，也是歷經許多次的國際會議舉辦的檢討心得的彙集小品。不管這些經驗是失敗還是成功，都可以作為有志從事於國際會議活動者的參考。

這本書探討的國際會議管理者所應該具備的基礎知識，致力培養國際會議市場化所需的人才，並且希望管理者能夠具備國際會議規劃、設計、管理、經營，以及接待五大方向的基本理論、知識及技能。本書在專業學習的實際案例中，有系統地介紹國際會議規劃與管理、大型會議及展覽活動策劃、旅遊服務接待、社交基本禮儀等技能，企盼讀者在詳讀本書之後，有志於從事於國際會議管理相關部門，並有利於邁向服務產業管理階層的發展。本書依據不同行業別的需要，可以提供下列人士選讀相關章節：

一、國際會展產業的經營者：會議規劃、設計、管理、經營和接待五大產業的經營者；

二、國際會展相關產業的研究者：學者專家、大學（專）校院學生、觀光餐旅、會議展覽、經營管理，以及休閒遊憩等相關領域研究人員；

三、國際會展相關產業從業者：公務人員、非政府組織、公協會、顧問公司等擔任規劃、設計、工程、策劃等專業人員等。

《國際會議與會展產業概論》全書共分七章，從國際會議與展覽導論、會議與展覽產業、節慶觀光和國際會展、國際會展組織管理、國際會議規劃、國際會議設計、國際會展績效評估等章節議題，在內容上以會議占70%；展覽占30%進行分配。作者運用在國內外拍攝及篩選的會展照片、圖片和檔案，勤加閱讀國外的原文書籍之後，以深入淺出的筆記方式，進行圖片整理和文字分析。全書以實務觀點探討國際會議及其活動管理的操作，從會議爭取、簽約、籌備、議事規劃、場地規劃、財務規劃，到報名、接機、接待、報到、餐飲、旅遊及住宿規劃所衍生的專業問題，進行案例討論；並且運用服務管理、服務禮儀、消費者心理學、會議行銷學、人力資源管理、活動策劃與管理、會議財務管理、會議管理資訊系統、休閒與旅遊管理、國際公共關係等議題進行實務分析。其中每章最後所列的問題與討論，是仿照哈佛商學院所主張的案例分析（case studies）教學法，提供師生在會展實務上所面臨的諸多問題的討論方式，這些問題拋磚引玉，並沒有標準答案，而且答案也不會列在教科書中，是要用腦力激盪的方式來共同想辦法解決。

本書依據國際會議發展的最新理論，強調會議籌辦單位所應該注意的餐飲住宿、人力資源和會後評估等管理議題，讀者在本書中將學到如何透過國際會議及展覽的國際貿易、商業、旅遊、文化及科技教育基礎理論進行探討，以了解現行國際會議之趨勢，建立在學習過程中，達到全方位的會議規劃、設計，以及經營管理的新思維，以助於未來專業推廣和事業發展。

在撰寫過程中，作者感謝在美國哈佛大學、德州農工大學和亞歷桑那州

立大學所學習到的設計、管理及規劃技術。

　　這本書能夠順利完成，要感謝中華大學觀光學院創院院長蘇成田教授，他以曾任職交通部觀光局局長的身分，於2007年在中華大學成立國內第一所觀光與會展活動學系，蘇院長是國內會展領域的教育開創者與領航者，筆者有幸在2008年知遇於蘇院長，在理論傳授和實務案例方面受益匪淺，許多研究都是在蘇院長的鼓勵、指導與建議之下順利完成。

　　感謝愛妻伽穎在作者長期在外地從事教學工作，有時在寒暑假還經常出國不在家，對於作者在學校教學、學會行政、國科會研究、發表國際期刊，和承辦多項計畫的壓力之下，不斷地予以支持、寬慰與鼓勵。感謝二哥方偉光技師提供他設計的Excel、Word，以及Vlookup（© 2010 Microsoft Corporation）合併操作的文書管控系統，讀者在學習之後，可以輕鬆地進行國際會展日誌撰寫、人事登錄、財務報表等文書和檔案處理，並節省許多寶貴的時間。

　　感謝濕地國際中國辦事處主任陳克林先生在2010年邀約作者到中國大陸杭州灣濕地高峰會中發表臺灣濕地保育、撫育及教育近況，並參訪大陸在國際會議舉辦及濕地生態旅遊的情形，獲得高度的啟發與反省。感謝劉正祥、黃宣銘、陳俊豪諸位工作夥伴協助插圖繪製，讓全書看起來不會太枯燥乏味。

　　最後，感謝五南圖書出版股份有限公司編印本書，內政部營建署、營建署城鄉發展分署自2008年以來對於辦理國際會議的案例予以充分支持，本書才能順利出版。

於臺北市興安華城

2010.8.15

CONTENTS
目 錄

第一章

國際會議與展覽導論

學習焦點

　　現代國際會議緣起於17世紀的威斯特伐利亞會議，距離現在已有370餘年的歷史。然而，人類發展會議的由來很早，上古部族和部族之間媾和、締約、商討大事，都是透過部落之間的會議來達成。然而，隨著科技與人類環境的日新月異，會議的形式五花八門，令人眼花撩亂，目前全球平均每年舉辦13,254餘場國際會議。在2019年歐洲的會議市場為53%，其次為亞洲及太平洋（23%）。在2019年國際會議舉辦最多的國家，依序為美國（934）、德國（714）、法國（595）、西班牙（578）、英國（567）、義大利（550）、中國大陸（539）、日本（527）等。本章介紹國際會議的概念，將國際會議的認定、歷史發展、會議和展覽進行定義，並且介紹國際會議和展覽的最新發展，希望讀者在深入了解國際會議的發展概況之後，對於國際會議擁有通盤的了解。

第一節　什麼是會議？

一、會議的介紹

　　會議（convention）又稱為集會（meeting），係指一群人在特定的時間與地點相聚，為了某種目的或需求，使參與者可以互相討論或分享資訊，以滿足所需的一種室內性的活動。會議為人類生活一部分，有人類以來就存在的社會現象，可以說是一種人類社會解決爭端和問題的方法。因此，參與會議期間的與會者心理層面包括下列的特徵：具備參加會議的動

機、擁有會議發言的信念、在會議中具體建言、獲得議題解決方法、確保與會者心情愉悅，以及影響與會者後續的行為表現等。

在會議功能方面，會議是現代政府機關、企業機構和人民團體在領導者進行決策過程中，不可或缺的管理工具。在網路經濟的民主時代，我們已經從「獨裁威權」的型態，邁向集體「團隊決策」的模式，為了保持國家、社會及團體的競爭優勢，舉辦會議可以用來當作履行管理責任、爭取服務至上，以及實施計畫品質管控的有效方式。所以，會議管理的價值，在於改善會議的決策和品管成效（羅傳賢，2006）。

會議的由來很早，上古時代人類進入部族及氏族原始社會，部族和部族之間媾和、締約、商討大事是透過部落之間的會議。在中國中原地區，進入到堯、舜、禹的國家雛形時代，國家有緊急事情就會透過開會討論。依據《書·周官》記載：「學古入官，議事以制，政乃弗迷」，這裡的「弗」是「不」的意思（陳拱，1999：577）。在會議期間，代表參與會議的大臣們經過會議商討，議決清晰而明確的政策方向。到了周朝王權衰弱時期，東周列國時代也有諸侯之間的集會。春秋戰國時期有諸侯列國盟約會議。公元前651年，齊恆公曾同宋、魯、衛、吳等國諸侯會盟於葵丘。到了公元前546年，多年爭霸的晉楚兩國，在宋都商丘召開了弭兵會議。所謂弭兵就是消除諸侯國軍事之間武裝競爭，強調休養生息，這也是中國歷史上第一次的國際和平會議，與會者有14國之多。到了秦漢時代，建立了君主專制主義中央集權制度，於是又有皇帝指示大臣議決重大軍國政務的朝議或廷議制度。漢代蔡邕在《獨斷》中記載著：「其有疑事，公卿百官會議」；《後漢書·齊武王縯傳》記載：「諸將會議立劉氏，以從人望」；《五代史平話》也記載著：「僖宗使宰相會議」。到了清代時，會議制度受到西方文化的影響，已經趨於完備。

在西方，會議的英文convention，從字源上來看，有共同、聚集、組織和商討的意思。例如：convention（法語）、konvention（德語）、convenzione（義大利語）、convencao（葡萄牙語）、convencion（西班牙語）、konvention（丹麥語）、conventie（荷蘭語）、konvent（瑞典語）都有集會的意思。

公元前4000年即有會議形式的記載。例如，幼發拉底河的敘事詩和

古埃及農民雄辯家的吟誦，有舉辦會議的雛形產生。公元前8世紀出現的《荷馬》史詩也記載了希臘各邦之間，舉行會議討論戰爭和媾和的議題。例如，古印度建立「聯盟外交」（allied diplomacy）、希臘、羅馬時期的「人民會議」、亞瑟王的「圓桌會議」，以及中世紀時羅馬教皇召開「萬國宗教會議」，參加者討論的宗教世俗議題，都是歷史上著名會議的例子（徐筑琴，2006；黃振家，2007；柯樹人，2007）。

現代國際關係的基本原則是由威斯特伐利亞會議（Westphalia）確立的，因此現代的國際關係體系也稱為威斯特伐利亞體系。在1648年的威斯特伐利亞簽署了和平條約，結束了三十年宗教戰爭。這一種民族國家主權的概念，被認為是「威斯特伐利亞主權」。這個會議先由戰爭雙方，即天主教公國和新教公國代表，分別舉行平行的會議，歷經4年的討論達成協議。它開創了通過國際會議解決爭端的先例。

公元1681年在義大利舉行的醫學會議，是歐洲舉辦現代國際學術會議的開端。具有歷史意義的政治性國際會議應是1814年到1815年的維也納會議。維也納會議之目的是為了解決外交問題，其中牽涉層面甚廣，涵蓋歐洲各國之間重大利害關係，當時會議規模，可和現今聯合國會議相比擬。拿破崙戰爭結束之後，相互敵對多年的6個歐洲君主舉行了會議，重新調整歐洲各國的疆界，達成了新的力量平衡，使歐洲強國的均勢得以持續30餘年。

到了19世紀，國際會議日趨頻繁，成為國際生活的重要組成部分，被稱為國際會議的世紀。至於非政治性會議方面，1681年在義大利舉行醫學會議。1895年美國的底特律市成立了一個名為會議局（Convention Bureau）的單位，其目的是為了招攬和吸引會議組織者，將會議地點定點及召開於底特律（林青青，2008）。到了現代，西方文化已經建立了會議文化，字彙中包含：會議（convention）、研討會（conference）、集會（meeting）、議會（congress）等，廣義來說，這些字都擁有中文字彙中「會議」之意。

近年來，國際會議越來越多的原因，是因為國際民主制度盛行，為了提高國際事務決策透明度，確保國際會議中決策階層成員共同享有同等的發言權、參與權，以及決定權；因此，國際會議越來越仰賴國際議事規則

和開會程序，並發展多層次、多目標學科的會議智囊團，以充分發揮專家諮詢的功能。

二、國際會議的認定

　　根據2008年「國際會議協會」（International Congress and Convention Association, ICCA）公布之統計顯示，2006～2008年每年平均全球舉辦國際會議約有7,500場，相較於2000年的5,100場會議，成長率高達50%；到了2019年，更達到13,524場。這項高度成長的產業表現，顯示出全球會議產業正處於蓬勃發展的狀況。

　　那麼，什麼是「國際會議」（International Convention）呢？根據國際會議協會（ICCA）的定義，所謂的國際會議，需要至少在三個國家輪流舉行的固定性會議，舉辦天數至少一天，與會人數在100人以上，而且地主國以外的外籍人士比例需要超過25%，才能稱為國際會議。下列為相關組織機構對於國際會議的認定，如表1-1（徐築琴，2006：17；沈燕雲、呂秋霞，2007：4）：

　　㈠國際會議協會：屬於固定性會議，且至少在3個國家輪流舉行。會期在1天以上，而且與會人數在100人以上，其中地主國以外的外籍人士比例占25%以上。

　　㈡國際聯盟協會：至少在5個國家輪流舉行，會期在3天以上，而且與會人數在300人以上，其中地主國以外的外籍人士比例占40%以上。

　　㈢日本總理府（觀光白皮書）：會期在3天以上，而且與會人數在50人以上，其中地主國以外的外籍人士比例占40%以上。

　　㈣經濟部商業司：參加會議國家含地主國至少在5國以上，而且與會人數在100人以上，其中地主國以外的外籍人士比例占40%以上，或80人以上。

　　㈤臺灣國際會議推展協會：參加會議國家含地主國至少在3國以上，會期在1天以上，而且與會人數在50人以上，其中地主國以外的外籍人士比例占30%以上。

表1-1　國際會議的認定

定義機構	參加會議國家	會期	與會人數	地主國以外的外籍人士比例
國際通用定義				
國際會議協會[1]（ICCA）	固定性會議且至少在3個國家輪流舉行	1天以上	100人以上	25%
國際協會聯盟[2]（UIA）	至少在5個國家輪流舉行	3天以上	300人以上	40%
日本總理府（觀光白皮書）		3天以上	50人以上	40%
我國通用定義				
經濟部商業司	含地主國至少在5國以上		100人以上	40%（或80人以上）
臺灣國際會議推展協會	含地主國至少在3國以上	1天以上	50人以上	30%
中華民國對外貿易發展協會臺北國際會議中心	與會人員來自3國以上		100人以上	30%（或50人以上）

㈥中華民國對外貿易發展協會臺北國際會議中心：與會人員來自3國以上，而且與會人數在100人以上，其中地主國以外的外籍人士比例占30%以上，或50人以上。

第二節　國際會議的歷史發展

近代國際會議的發展距今約370多年，首先發軔是公元1648年歐洲各國在現今的德國召開的威斯特伐利亞會議。在中世紀，歐洲各國經常

---

[1] 國際會議協會（International Congress and Convention Association, ICCA）：國際會議協會（ICCA）成立於1963年，總部設於荷蘭阿姆斯特丹，其會員均以公司組織為單位，目前超過92個國家的1,167個成員，是全球會議相關協會中最突出的組織之一。

[2] 國際協會聯盟（Union of International Associations, UIA）：國際協會聯盟成立於1907年，聯盟總部設於比利時布魯塞爾，是一個非營利及非政府組織。該聯盟依據聯合國的授權，推動國際組織及國際會議等業務。

爲了宗教神聖原則而發生戰爭，而17世紀初葉所發生的「三十年宗教戰爭」，則是民族國家之間爲了各自利益而發動的戰爭，並且依據邦國利益進行會議中的媾和。本節以17世紀的威斯特伐利亞會議爲發軔，介紹近代國際會議的發展。

一、17世紀

　　公元1648年的威斯特伐利亞會議緣起於16世紀的宗教改革運動。路德、墨蘭頓和喀爾文都是宗教改革的領袖，反對羅馬教宗和西班牙國王。當時西班牙的統治者是卡爾五世，統治低地（現在的荷蘭）、神聖羅馬帝國（含日耳曼，也就是現在的德國）和新大陸。1530年，卡爾五世因爲路德、墨蘭頓和喀爾文傳播新教福音，他發現統治權受到威脅，企圖壓制日益壯大的新教思潮。

　　日耳曼公國領主們在奧古斯堡召開會議。在會上，墨蘭頓呈交了一份路德思想的摘要，稱爲在奧古斯堡確認信，後來又有其他國家的領主和諸侯諸加入，在1531年結盟，形成施馬爾卡爾登聯盟（Schmalkaldischer Bund）。三十年宗教年戰爭（1618年～1648年）的雙方代表，也就是施馬卡爾登聯盟和卡爾五世轄下的神聖羅馬帝國。

　　威斯特伐利亞會議在解決三十年宗教年戰爭所衍生的後續問題，並且開創了歐洲現代國家制度。當時歐洲大陸的多數國家，如神聖羅馬帝國、德意志、瑞典、法國、西班牙等，都派代表參加了會議。因爲神聖羅馬帝國王權旁落，新興國家如荷蘭、瑞士等國也爭取成爲歐洲獨立的城邦。1641年12月25日簽訂的調解會議，容許在明斯特會議及奧斯納布魯克會議分別討論，簽訂了《明斯特和約》和《奧斯納布魯克和約》，兩個和約內容後來統稱爲《威斯特伐利亞和約》。

　　經過長時間的國際談判，各國在1648年10月24日簽署了《威斯特伐利亞和約》，這個和約承認德國主權，並且讓法國成爲歐洲的實際主導力量。在這個國際會議中，以不斷的磋商和斡旋，解決國際爭端。

　　威斯特伐利亞和約衍生下列的結果：

　　㈠領土的重新劃分：法國取得阿爾薩斯和洛林，並肯定了先前取得的三

個主教區。瑞典則獲得了波羅的海和北海沿岸最重要的港口，並且取得了軍費賠償。

㈡皇權的限制和旁落：教皇承認了各諸侯國具有獨立的內政、外交權。

㈢新興宗教的發展：喀爾文教派與路德教派教享有宗教權力。

㈣民族國家的形成：三十年戰爭結束之後，各國簽訂一系列和約，象徵諸侯邦國權力高漲，簽約雙方分別是法國、瑞典、統治西班牙、神聖羅馬帝國、奧地利的哈布斯堡王室、以及神聖羅馬帝國中布蘭登堡、薩克森、巴伐利亞等諸侯邦國。

根據威斯特伐利亞和約，獨立的諸侯邦國對內享有至高無上的國內統治權，對外享有完全獨立的自主權。這是世界上第一次以條約的形式，確定維護邦國之間的領土完整、國家獨立和主權平等。自此，歐洲各國依據條約內容，逐漸形成國家之間的主要國際交流體系。

二、18世紀

在威斯特伐利亞會議之後，對歐洲並沒有帶來和平。歐洲民族國家之間不斷發生戰爭，隨著戰爭之後的國際會議也不斷舉行。在18世紀，有結束西班牙王位繼承戰爭的烏特勒支和會等。烏特勒支和會是為結束西班牙王位繼承戰爭（1701年～1714年）所簽訂。西班牙王位繼承戰爭是因為西班牙哈布斯堡王朝在查理二世死後絕嗣，而查理二世在遺囑中傳位給他的外甥，同時也是法國國王路易十四的次孫安如公爵腓力。這個遺囑引起了奧地利哈布斯堡王室的不滿，他們認為西班牙的王位應該是由哈布斯堡王室的奧地利大公查理（也就是後來的皇帝查理六世）來繼承，因此他們積極尋找同盟，企圖對法國宣戰，並且奪回西班牙的王位。

這一場歐洲戰爭，因為反法同盟的主力英國為防堵俄國，停止對法國的戰爭；而在1711年神聖羅馬帝國皇帝約瑟夫一世去世，查理大公在神聖羅馬帝國即位為查理六世，不適合再去擔任哈布斯堡王朝的西班牙王位。因此，在1713年4月11日，法國與除奧地利以外的反法同盟各國，包括英國、荷蘭、布蘭登堡、薩伏依和葡萄牙，簽訂了《烏特勒支和約》；而在1714年，法國再與奧地利簽訂《拉什塔特和約》。而西班牙方面，則

於1713年7月，與英國簽訂《英西條約》及《西班牙——薩伏依條約》；1714年6月，與荷蘭簽訂《西荷條約》；1715年2月，與葡萄牙簽訂《西葡條約》，這些和約為和平奠基，西班牙王位繼承戰爭至此正式結束。

三、19世紀

19世紀相對於18世紀來說，屬於歐洲境內較為和平的世紀。歐洲國家在國內政治情勢較為和緩之際，紛紛拓展非洲和亞洲的殖民地。例如在19世紀殖民的巔峰時期，光是英國就掌控了全球五分之一的土地和四分之一的人口。這個世紀也屬於歐洲國際會議盛行的世紀，參加國際會議的國家日益增加。

在亞洲地區，俄國將東北亞、北亞和中亞納入勢力範圍。在此同時，荷蘭將印尼納入版圖，英國將印度納入範圍，法國染指中南半島，英法兩國同時覬覦阿拉伯半島，中國則在國際列強船堅砲利的威逼下開放門戶，並且被迫簽署不平等條約，割讓領土及讓渡主權，中國成為國際列強的勢力範圍。

在歐洲，1814年到1815年奧地利梅特涅在維也納召開歐洲列強的外交會議，目的在於重劃拿破崙戰敗後的歐洲政治地圖，維也納會議討論的重點在於列強之間的非正式會晤。當時相互對峙多年的6個歐洲君主舉行了會議，重新調整歐洲各國的疆界，使歐洲各國區域和平得以持續30餘年。

維也納會議有53個國家及邦國參加，第二次海牙和平會議的參加國家包括44個國家代表。經過國際間長期推動和平會議的關係，國際會議組織和議程程序日趨完善，同時也形成許多國際慣例、法規和規則。維也納會議讓歐洲近一百年之間，沒有發生席捲歐洲的殘酷戰爭，會議中對於戰敗國的處理手法寬容、建立歐洲協調的合作常規架構、廢除奴隸買賣、開放國際河流等議題，都對重建歐洲社會有所貢獻。

維也納會議之後，隨著國際關係的發展和國家間交往的深化，各國間多邊活動日益蓬勃，單憑雙邊關係難以解決國際紛爭，因此召開國際會議解決爭端，已成為國際世界中的一種機制，因此也有歷史學者將19世紀

稱作「國際會議世紀」。

然而，維也納會議忽略了民族主義和自由主義的趨勢，間接促成日後歐洲的革命浪潮。1861年，法國占領了斯特拉斯堡，1864年又兼併了盧森堡和德意志的部分城市。這些區域性的軍事行為，突顯了單純靠舉辦國際會議以消弭國際紛爭，還是緣木求魚的。

根據西方學者統計，從19世紀到20世紀初，國際間大約舉辦過近百場重要的政府間國際會議，至於民間舉辦的國際會議次數，更是不計其數。在這一時期的國際會議，不再侷限於解決有關國際紛爭，同時也用來協調和平時期的國家和國家之間的關係。國際會議不但討論政治問題，也討論經濟、宗教、法律和航行等問題。

四、20世紀

20世紀發生了兩次世界大戰。第一次世界大戰發生於1914年到1918年，是由歐洲的同盟國與協約國之間為爭奪霸權而發生的戰爭，法國戰場是決定戰爭勝負的主戰場，海上則是以北海為主戰場。先後捲入了38個國家15億人捲入戰爭，戰場遍及歐、亞、非三洲和大西洋、地中海、太平洋等海域。直接參戰部隊2,900多萬人，死於戰場約1,000多萬人，受傷約2,000萬人，13億以上的人口被捲入戰爭。第二次世界大戰發生於1939年到1945年，先後有61個國家和地區，受戰禍波及的人口在20億以上，軍民死亡約5,120餘萬人。

二次世界大戰期間，1942年中、美、英、蘇等26國代表，在美國首都華盛頓發表了《聯合國宣言》。翌年，美、英、蘇三國領袖羅斯福、丘吉爾和史達林在伊朗首都德黑蘭舉行會議。德黑蘭會議主要內容探討在法國南部開闢第二戰場，戰後成立一個維護世界和平與安全的國際組織，將德國東部併入新成立的波蘭，蘇聯參加對日作戰，並提出歸還庫頁島等。

第二次世界大戰後的國際會議舉辦頻繁，多數在討論國家主權的問題。1945年50個國家的代表在美國舊金山召開聯合國國際組織會議，並簽署了《聯合國憲章》。同年，中、美、英、蘇、法和其他多數簽字國遞交了批准書後，憲章開始生效，聯合國（United Nations）正式成立。近

年來，聯合國舉辦了環境會議、人口會議及能源會議等，這些會議對二次世界大戰之後的國際政治、經濟及環境領域，產生了深遠的影響。20世紀重要會議名稱如下（表1-2）：

㈠1946年締結對義大利、羅馬尼亞、保加利亞、匈牙利、芬蘭和約的巴黎和會；

㈡1948年關於多瑙河航行問題的多瑙河會議；

㈢1949年關於保護戰爭受難者的日內瓦公約；

㈣1951年關於簽訂對日和約的舊金山會議；

㈤1954年關於韓國、印度、中國（印支）問題的日內瓦會議；

㈥1955年關於亞非國家崛起的萬隆會議；

㈦1955年關於蘇、美、英、法4國領袖討論德國問題和歐洲安全的日內瓦會議；

㈧1959年東西方4國外長商討對德和約的日內瓦會議；

㈨1961年象徵著第三世界崛起的第一屆不結盟國家領袖會議；

㈩1964年在日內瓦舉行的聯合國貿易和發展會議；

㈡1973年關於結束越南戰爭的巴黎會議；

㈢1974年討論關於建立國際經濟新秩序的聯合國大會第六次特別會議；

㈣1975年關於簽訂赫爾辛基協議的歐洲合作與安全會議；

㈤1975年舉辦的西方7國領袖經濟會議；

㈥1978年聯合國第一屆裁軍特別會議；

㈦1981年探討南半球和北半球合作問題的坎昆會議；

㈧1987年第八次世界環境與發展委員會議通過人類未來的報告《我們的未來》；

㈨1989年在巴黎舉行的禁止化學武器問題國際會議和關於柬埔寨問題的國際會議；

㈩1992年聯合國為推動環境永續發展，邀集171個國家代表於巴西里約熱內盧舉行地球高峰會，通過《21世紀議程》。

㈠1997年在日本京都舉辦聯合國氣候變化綱要公約第三次締約國會議（COP3）中，為規範38個國家及歐盟，以個別或共同的方式控制人為排放溫室氣體，簽署《京都議定書》。

表1-2　近代重要國際會議

年代	時間	會議名稱	討論議題
十七世紀	1648	威斯特伐利亞會議	解決三十年宗教年戰爭所衍生的後續問題。
十八世紀	1713	烏特勒支和約	結束西班牙王位繼承戰爭。
十九世紀	1814-1815	維也納會議	重劃拿破崙戰敗後的歐洲政治地圖，重新調整歐洲各國的疆界。
二十世紀	1946	巴黎和會	締結對義大利、羅馬尼亞、保加利亞、匈牙利、芬蘭的和約。
	1948	多瑙河會議	多瑙河航行問題。
	1949	日內瓦公約	保護戰爭受難者。
	1951	舊金山會議	簽訂對日本的和約。
	1954	日內瓦會議	韓國、印度、中國（印支）問題。
	1955	日內瓦會議	德國問題和歐洲安全。
	1955	萬隆會議	亞非國家崛起。
	1959	日內瓦會議	商討對德國的和約。
	1961	第一屆不結盟國家領袖會議	第三世界崛起。
	1964	聯合國貿易和發展會議	世界經濟起飛。
	1973	巴黎會議	結束越南戰爭。
	1974	聯合國大會第六次特別會議	討論關於建立國際經濟新秩序。
	1975	歐洲合作與安全會議	冷戰期間緩和東西方兩大陣營之間的關係。
	1975	西方七國領袖經濟會議	國際強權之間的經濟合作。
	1978	聯合國第一屆裁軍特別會議	限制冷戰後期的強權軍事武力。
	1981	坎昆會議	南半球和北半球的合作問題。
	1987	第八次世界環境與發展委員會議	人類與人類環境的未來問題。
	1989	禁止化學武器問題國際會議	化學武器擴散和柬埔寨問題。
	1992	地球高峰會	討論地球環境問題。
	1997	聯合國氣候變化綱要公約第三次締約國會議	以個別或共同的方式控制人為排放溫室氣體。

五、21世紀之後的國際會議發展

　　現代世界經緯萬千，隨著國際貿易、網絡和商業交易的頻繁，加上國際間因為爭奪領土、水源及環境資源的爭議話題，還有因為宗教、種族、

貧富、信仰、認知、生活習慣及城鄉差異等種種差異與矛盾，形成國際之間許多難解的重大爭議及暴亂問題。例如，2001年在美國紐約雙子星摩天大樓所發生的911恐怖事件，是本世紀初影響全球會議產業最嚴重的國際事件。911事件發生之後造成美國會議與觀光產業的直接損失高達4億美金。因此，如何透過國際協商及和平會議奠定世界和平基礎，是21世紀人類應該學習的國際事務。此外，2020年新冠肺炎造成全球會展263億美金損失，更是損失慘重。

現代社會衍生出許多國際組織，其中包括聯合國組織、跨國界、洲界組織，以及許多非政府組織（Non-government Organization, NGO）。目前21世紀國際會議除了防止人類爭端事件，企圖同中求異，以化解國際矛盾，增進國際社會之間的了解，因此，現今國際會議具備下列的趨勢：

(一)政府間會議由雙邊外交會議演變為多邊外交會議

目前國際外交由雙邊外交改變為多邊外交，而且國際會議的主題，也將由政治經濟議題，演變為政治、經濟、文化、生態和社會並重的議題，目前區域整合的結果，以北美、西歐、東亞等區域鼎立而三，形成區域團體，反映出世界國家區域化和集團化的特徵。目前重要國際會議組織如下（表1-3）：

1. 20國集團領袖會議（G-20）

前身為7國集團（G-7）領袖會議，是美國、法國、德國，義大利、日本、加拿大和英國解決發達國家的經濟問題，後來經過重組，形成20國集團（G-20）組織，會員國包括：非洲國家（南非）、拉丁美洲國家（阿根廷、巴西、墨西哥）、北美洲國家（美國、加拿大）、東亞國家（中國、日本、韓國）、南亞（印度）、東南亞（印尼）、中亞（沙烏地阿拉伯）、歐洲（歐盟、法國、德國、義大利、俄國、土耳其、英國）、大洋洲（澳洲）等國家或地區，目前已經形成以20國集團（G-20）為主的強大經濟體，20國集團經濟占全球國民生產總值85%，擁有80%的世界貿易，以及全球三分之二的人口。目前20國集團（G-20）的組成是協商國際金融體系的國際論壇，主要目的在促進國際金融穩定。

表1-3　政府間多邊外交會議組織

名稱	簡稱	發起時間	宗旨
20國集團領袖會議	G-20（前身為G-7）	1999	協商國際金融體系的論壇，目的在促進國際金融穩定。
世界貿易組織	WTO（前身為GATT）	1995	以多邊貿易體制為組織基礎，提供貿易協定的管理、監督及各國進行談判和解決爭端的場所。
歐洲安全和合作組織	OSCE	1975	歐洲安全與合作組織的輪值主席由國家的外交部長擔任，藉由外交活動促成歐洲經濟與國防安全合作。
美國國家組織	OAS	1948	加強美洲大陸的和平與安全，確保成員國之間和平解決爭端，謀求解決成員國之間的政治、經濟、法律問題，促進各國之間經濟、社會、文化的合作。
海灣阿拉伯國家合作委員會議	GCC	1981	協調環波斯灣阿拉伯國家經濟和社會的議題。
東南亞國協	ASEAN	1967	致力於東南亞國家之間經濟、環保等領域的合作，並積極與區域外國家或組織展開對話。
亞太經濟合作會議	APEC	1989	致力推動亞太地區區域貿易投資自由化，加強成員間經濟技術交流。

2. 世界貿易組織（World Trade Organization, WTO）

前身是1948年開始實施的關稅暨貿易總協定（GATT）的秘書處。世界貿易組織以多邊貿易體制為組織基礎，提供貿易協定的管理、監督及各國進行談判和解決爭端的場所，目前是國際最重要的經濟組織之一。

3. 歐洲安全和合作組織（Organization for Security and Cooperation in Europe, OSCE）會議

是由歐洲國家和美國、加拿大等美洲國家組成的國際會議組織，是世界目前為止唯一包括所有歐洲國家在內的跨國組織。

4. 美洲國家組織（Organization of American States, OAS）會議

美洲國家組織是美洲地區的政治組織，宗旨在加強美洲大陸的和平與安全，確保成員國之間和平解決爭端，謀求解決成員國之間的政

治、經濟、法律問題，促進各國之間經濟、社會、文化的合作。截至2010年，該組織有35個成員國和64個常任觀察員。

5. 海灣阿拉伯國家合作委員會議（Gulf Cooperation Council, GCC）

成員國包括巴林、科威特、阿曼、卡達、沙烏地阿拉伯和阿拉伯聯合大公國，是以協調環波斯灣阿拉伯國家經濟和社會議題的國際會議組織。

6. 東南亞國協（Association of Southeast Asian Nations, ASEAN）（又稱為東南亞國家聯盟、東盟、亞細安）領袖會議

致力於東南亞國家之間的合作，2010年中國－東盟自由貿易區形成，預定於2015年成立「東協共同體」。

7. 亞太經濟合作會議（Asia-Pacific Economic Cooperation, APEC）（簡稱為亞太經合會）

為亞太地區重要的經濟合作論壇，也是亞太地區最高級別的政府間經濟合作機制。亞太經合會致力推動區域貿易投資自由化，加強成員間經濟技術交流。

(二)國際會議的參與者由職業外交官演變為學者專家

二次世界大戰前，職業外交官穿梭於國際舞臺，成為國際會議的主角，以外交部長、外相、大使、總領事、領事等身分協助或參與重大國際會議。然而隨著國際事務越來越分歧，職業外交官雖然可以在國際場合中縱橫捭闔；然而許多國際會議主題變化萬千，討論議題專業性十足，需要具備專業技術的學者專家參加，以解決國際之間裁軍、核武擴散、環境生態、氣候水源、產業貿易、人口增加、毒品管制，以及新冠肺炎擴散等議題。此外，由於社會科學和自然科學之間原本壁壘分明的學門界線逐漸被打破，許多議題關鍵處理決策已經為專業者所掌控。因此，過去職業外交官受國家領袖授權「由上而下」的談判方式已經過去；轉變為因應時代需要，形成以國際專業頂尖人士共同諮商議決方式來進行。

(三)非政府組織舉辦的國際會議質量增加

過去國際會議主要是為了解決國際之間領土糾紛和主權問題，近年來國際會議討論消除關稅障礙（tariff barriers），簽訂自由貿易協定。

但是隨著國際社會日趨多元，通訊與運輸技術突飛猛進，讓通訊和運輸成本大幅降低，並且減低世界各國文化的差異性。世界環境、交通、衛生、醫療、勞工、農業、生態、氣候、金融、貿易、人權（human rights）等問題，已經不是聯合國相關組織舉辦例行性的國際會議所能涵括；因此，許多非營利性國際組織關切世界環境、水資源、國際難民、愛滋病、傳染病、城鄉發展、人權保護等議題，許多國際性的非政府組織已經具備舉辦國際會議的經驗和能力。

㈣生態環境議題會議後來居上

國際會議是由會員國依據自身國家的利益而舉辦，過去會議內容多數討論領土、主權和國際貿易等商業問題，但是由於全球變遷快速，21世紀「地球村」的願望不因為科技進步而快速實現，反而因為全球氣候變遷，導致生態環境惡化而產生，牽一髮而動全身的效應。因此，生態環境問題目前已經成為國際會議關注的焦點。例如2009年在哥本哈根舉辦《氣候變化綱要公約》第15次締約國會議，會議目標在達成避免因為全球氣候變遷，而產生立即性的環境危機。該會議本來希望與會代表形成對於全球溫室氣體減量的共識，藉以商議出對於工業化國家具有法律約束效力的溫室氣體減量協定，並且建立資金與技術措施，協助開發中國家的永續發展。然而，這些複雜的目標在與會者眾說紛紜及國內有關團體的反對之下，並沒有完成最終的協議。

第三節　會議和展覽的定義

俗話說，無三不成會。會議乃集合眾人商議討論的意思。我國內政部所訂定的會議規範第一條規定：「三人以上，循一定之規則，研究事理，達成決議，解決問題，以收群策群力之效者，謂之會議」。

在會議過程中，應具備會議議程以發現問題，並藉由確定目標→論證說明→擬定方案→分析評估→方案選擇的方式，議定會議結論，並且通過實施、反饋及調節過程，來形成會議實踐過程的結果。

會議的主體是自然人，所以國內外組織針對會議的人數、主辦單位和會議形式都有限制。在中文，「會議」一詞的含意是較籠統的，涵蓋面較廣。不同種類的會議必須另加專有名詞加以區別，如代表會議、委員會、理事會、小組會等。但在英文中，不同的會議卻有不同的用語。

　　一般來說，集會（meeting）是指兩個或兩個以上的人在設計和規範的程序下進行以智識（intellectual）、情感（emotional）及溝通（communication）為目標的會合行為。通常會議人數不足，就不能達成協議和結論，所以，會議人數成為會議定義很重要的依據。韋氏字典對於集會（meeting）的定義是「正式安排的集會」，或是「為特定目的而聚集在一起的社交行為」。

　　會議的形式包含了大會、會議、集會、研習坊、工作坊、發表會、研習會、訓練會、高峰會、專題研討會、專題報告會及博覽會等。此外，大型賽事活動，例如：運動會（games）屬於在露天環境下辦理的賽事競技項目，亦屬於會議展覽產業項目。根據會議人數、主辦單位及會議形式，我們區分會議如下：

一、根據會議人數的定義

(一)會議同業公會（Convention Industry Council, CIC）
　　一定數量的人聚集在一個地點，進行協調或執行某項活動。

(二)英國觀光局（British Tourist Authority, BTA）
　　不在露天的場地舉行的一切的聚會，這些會議的中心活動在於分享並流通資訊，且會議必需為至少6個小時的室內會議，以及至少要有8個人參加。

(三)中華國際會議展覽協會（Taiwan Convention and Exhibition Association, TCEA）
　　一群人在特定時間、地點聚集來研商或進行某特定活動，是各種會議的總稱。

二、根據會議主辦單位的定義

依據主辦單位屬性的不同，可分官方會議和非官方會議：

(一)官方會議：國際性政府組織會議。

   1.以地理範圍區分：世界性會議、跨洲、跨區、區域國際會議，或是地區性國際會議。

   2.以會議層次區分：國家元首級會議、政府領袖會議、部長級會議、高級官員會議等。

   3.以會議週期區分：特別會議、例行會議和定期會議。

   4.以參加國家的多寡區分：雙邊會議和多邊會議。

(二)非官方會議：

   1.企業會議：包括產品發表會、獎勵性質的會議、國際性展覽中的會議、業務會議、教育訓練及行銷會議。

   2.社團會議：國際性非政府組織的會議，例如：民間社團組織會議、宗教會議等。

三、根據會議與展覽形式的定義

(一)會議的種類

   1.大會（assembly）

在國內又稱為立法機構的會議或是議會，參加者以組織成員為主，大會的目的在決定大型跨國公司或是政府組織方向、策略、人事、預算、財務等項目。所以大會通常是在定期舉行，以確認相關程序。其程序確認依據委員會（committee）預先審議，例如組成專家委員會、常設委員會、指導委員會、組織委員會、或是常任國理事會進行審查，提大會確認。例如聯合國成立安全理事會（council），依據理事會的諮詢或立法，形成政策執行的依據。

   2.主題會議（colloquium）

由一位以上的演講者依據主題進行發表，再進行議題討論的會議，主題會議屬於學術性的聚會。

3. 研討會（conference）

研討會（conference）的內涵近似於會議（convention），但是增加的是討論和參與的層面。會議（convention）探討的是組織年度議程，但是研討會（conference）探討的是政府單位、公司團體、協會、學會等研究機構，因為科學、社經或是任何領域技術性的議題舉辦的研究發展討論會議，由會議主持人來主持；希望藉由公開發表的程序，進行討論和意見交換。研討會除了舉辦會議之外，還包含海報展示或陳列活動。過去研討會用於政治性會議，通稱大會（conference），使用範圍廣泛，多數國際會議使用此詞，例如：維也納會議、萬隆會議、雅爾達會議、美洲國家會議。

4. 大型會議（congress）

大型會議（congress）通常這個名詞是在歐洲使用，在歐洲舉辦會議通常指的是學術研討會，而且有特定的主題，以技術、專業、文化、宗教或相關領域學門定期舉行會議。會議每年、二年或是數年才舉辦一次，通常舉辦數天，而且以分組會議的方式進行。但是在美國Congress指的是「國會會議」，具有政治性的意涵。此外，Congess在政治性的意涵中指的是「代表大會」，由正式代表選舉出席代表的會議，例如：國際科學家代表大會、黨代表大會、政治協商代表大會。

5. 會議（convention）

會議是係指國際型的大型會議，而不是企業內部的小型會議。大型會議通常依據企業、政治組織或是學會政策的目標，而針對成員舉辦的國際集會。舉行之時間沒有固定。在美國，會議（convention）指的是企業舉辦的大型全國或是國際會議；在歐洲大型會議則使用Congress這個名詞。在會議中，辦理全體代表大會、研討會和展覽活動，會議成員依據大會指示，完成組織中所要商定的特定的主題或是目標。

6. 論壇（forum）

為特定主題舉辦的公開研討會。研討會需要有會議主題，並由會議主持人主持，邀請發表者和與談人進行會議主題討論，針對不同的

意見與想法進行探討，並且歸納，最後由主持人進行結論。

7. 演講（lecture）

演講屬於單一演講者的演說活動，通常邀請一位學者或是專家來報告或講演。

8. 集會（meeting）

會議涵義最爲廣泛，是各種集會的總稱。會議型式較爲小型，指企業或社團所舉辦的小型研討會或培訓會議等。會議的規模可大可小，層次可高可低，用於正式或是非正式的聚會，例如：聯席會議、領袖會議、緊急會議等。

9. 座談會（panel）

專題小組討論會，帶有評論和答詢的性質，由會議主持人來主持，並邀請專家針對座談小組成員（panelist）進行議題提出，並依據專業觀點進行座談。座談會有時僅限小組成員自行討論，有時也開放和與會者相互討論。

10. 圓桌會議（round-table）

不分席次以示平等協商及討論的會議。

11. 討論會（seminar）

一項具有主持人的小型討論集會，又稱爲「講習會」或「學習班」。主持人召集針對該項會議主題有興趣的成員進行公開討論的討論，以達到訓練或學習的目的。討論會指150人以下的中小型的會議，由會議主持人來主持，學術論文經過評選，區分口頭報告或海報展示。參加者可藉由參與討論分享經驗。此外，國內大學或是訓練機構爲了針對特定議題進行討論，而辦理的小班教學課程，也稱爲討論會（seminar）。討論會如果成員人數擴增，超過150人，則形成論壇或是研討會。

12. 高峰會（summit）

指政府高階主管人員或是專業領域的高階人士所參與的會議。

13. 研討會（symposium）

研討會係指專題性的學術會議，由某一領域的學者專家進行集會，並依據某一特定主題邀請學者專家發表論文，並針對問題進行討

論。研討會是指超過150人以上的討論會議，由會議主持人來主持，學術論文經過評選，區分為口頭報告或是海報發表。研討會（symposium）的形式相較於論壇（forum）來說，比較正式，但是學者專家之間的互動，因為會議規模較大，比論壇所進行的互動較少。

14.視訊會議（video conference）

透過電信網路及視訊相關設備，讓不同國家和地區的會議者透過視訊方式，在相同的時間參加會議討論。視訊會議讓在場的與會者看到參與會議的來賓影像，同時也可以聽到來賓的聲音。

15.工作坊（workshops）

指一群成員針對某種技術、知識、和問題具備共同興趣，藉由集會場所面對面的實務操作和教育訓練機會，來達成訓練或學習的進修會議。工作坊透過小組討論模式，通常在講師講解之後，會讓學員實作，或是進行討論，最後讓分組成員發表最後的成果。

圖1-1　國際性非政府組織的會議，是我國可以爭取的項目，圖為2008年在臺北舉行的第一屆亞洲濕地會議屬於大型的國際會議（方偉達／攝）。

圖1-2 參與國際會議的樂趣在於有時候你會和國際名人不期而遇！圖為2002年美國老布希總統和作者合影（王炳元／攝於德州農工大學布希總統圖書館）。

圖1-3 工作坊（workshops）是透過小組討論模式，藉由集會場所面對面的實務操作機會，來達成訓練或學習的進修會議（方偉達／攝）。

(二)展覽的種類

展覽（exhibition）一詞，係指在某一地點舉行，參展者與參觀者藉由陳列物品產生之互動。對參展者而言，可以將展示物品推銷或介紹給參觀者，有機會建立與潛在顧客的關係；對參觀者而言，可以從展覽中獲得有興趣或有用的資訊。展覽的功能為在特定期間和地點，由主辦單位集中買賣雙方，直接接觸溝通的交易平台。

在中文，「展」有「打開」之意，「覽」有「觀看」之意，兩字放一起成「展覽」，即為「參展廠商將商品陳列以供買主觀看的一種交易活動」。展覽活動發展伴隨人類經濟發展而發展，展覽發展與市場經濟相互促進，人類展覽歷史是人類進行展覽活動，促進社會發展的歷史。在中國2000多年前，《呂氏春秋‧勿耕》便有「祝融作市」的記載。《初學記》引《風俗通》的市井含意，說明「市」又稱為「市井」，古代先民設市在井的旁邊，便於洗滌和交易，演變至後世，形成市、集、廟會等多種市場交換的形式（黃振家，2007；林青青，2008）。

在歐洲，公元5世紀時，德國在固定宗教集會結束後，居民在教堂附近陳列各種交易物品，形成類似中國市、集、廟會的交易。德語Messe（展覽會）亦有宗教彌撒（Messe）之意，意思是宗教性的聚會。到了11至12世紀時，歐洲商人定期或不定期在人口密集、商業發達地區舉行市集活動，為各地商旅提供良好的貿易交換場所，其中最重要的是在伯爵領地「香檳地區」的展覽貿易，以集市的形態進行（黃振家，2007）。

林青青（2008）認為，由於產品的交易帶動了資本的交易，展覽貿易帶動了資本流通。例如：天主教香檳教區的主教就通過香檳展覽貿易，向羅馬教廷交納貢銀。在14世紀左右，德、法等國出現了眾多有官府管理，頗具規模的集市，其中一些還有貨幣兌換、仲裁等政治功能。

到了17世紀，西方進入大航海時期，開始出現私人及商務旅行的現象，這些現象包含大航海時期的貿易、商務及政治統治目的而進行的旅行活動。1640年工業革命發軔，貨物交換、樣品交易、貿易自由

化，工業發展成爲經濟貿易的象徵。經濟交易無需在特定時間、地點中提供消費者商品，僅需要在展覽中提供樣品進行參展，並透過貿易代辦取得訂單。例如，1756年英國工商企業舉行了第一次工藝展覽會，1798年法國政府舉行了第一次工業產品大眾展，1851年英國在倫敦舉辦的「萬國工業博覽會」，這個在倫敦海德公園「水晶宮」舉辦的博覽會，成爲有史以來，世界上首度具有國際規模的博覽會（黃振家，2007）。

第二次世界大戰後，貿易展覽會和博覽會開始朝向專業化的發展。第一個現代專業貿易展覽會係爲1894年在德國萊比錫舉辦的樣品博覽會；隨後，貿易展覽會如雨後春筍般蓬勃發展。上開專業化的展覽發展，帶動了展覽觀念的變化。例如參展者和參觀者越來越重視資訊和技術交流，其表現形式則是「展覽會」和其他產業進行「異業結合」，這些異業結合包含講座、研討會、報告會及獎勵旅遊的活動等如下：

1. 展覽會（exhibitions）

以展出成品的方式來呈現產品、技術和經營成果，展覽會展覽項目通常需要有主題呈現。

2. 專業展（vertical shows）

依據展品內容辦理的展出，包含機械、電腦、光電通訊、汽車產業等分類標準發表活動，例如：臺北國際商展、科隆自行車展等。一般專業展出規模會較小，展品較具備深度和廣度，對於參觀者的身分有所限制，並且伴有研討會或新品發表等。

3. 綜合展（horizontal shows）

又稱水平型展覽，其參展產品可能包括數個行業或產業。綜合展規模雖然比較大，但因爲沒有特定的買主對象，顧客來源多元而廣泛，包含書展、旅展、農產品特展，以及政府宣導展示等。

圖1-4　上海世界博覽會世博軸的太陽谷（右）和中國館（左）（方偉
　　　　達／攝）。

圖1-5　上海世界博覽會臺灣館（方偉達／攝）

圖1-6　目前展覽和研討會等經常與其他產業進行「異業結合」，圖為
　　　　上海世界博覽會低碳案例館的風力發電、太陽能光電板與屋頂
　　　　薄層植栽之綠建築設計（方偉達／攝）。

圖1-7　上海世界博覽會結合城市旅遊活動進行促銷（方偉達／攝）。

第四節 國際會展簽約文件

契約爲正式國際會展舉辦之前、後協議之下的成果。爲了要確保國際會展正式舉行，在國際社會皆會以簽約的行爲，確保會展順利舉行；甚至在會後簽訂正式的協議、契約、備忘錄等，以確保會展成果的實施。因此，簽約行爲屬於在雙方同意、意見一致的基礎下同意簽署的作爲。國際會展通用的語言爲英文，對於英文契約而言，合意人雙方應對契約法進行充分的了解，才能進一步了解簽約之後的效力與約束力。一般而言，在達成正式契約之前，往往會先簽訂備忘錄（memorandum of understanding，MoU或MOU）、意向書（letter of intent, LOI）與保密協定（non-disclosure agreement, NDA）等契約。依據簽約法律約束力而有下列之不同類別文件：

一、簽約類別

英文契約中，具備協議（agreement）、契約（contract）、備忘錄（memorandum）、意向書（letter of intent），及保密協定（non-disclosure agreement, NDA）等不同簽約類別的約定如下（表1-4）：

表1-4　簽約類別的內涵說明

中文名詞	英文名詞	簡稱	內涵
協議	agreement		範圍最廣泛，實務上亦常以之為正式契約的用語。
契約	contract		正式的契約，雙方當事人均受到拘束。
備忘錄	memorandum	MoU/MOU	契約的預備行為，效力比較弱。
意向書	letter of intent	LOI	契約的預備行為，效力弱。
保密協定	non-disclosure agreement	NDA	視同正式契約，藉以防止商業機密外洩，保護國際商務往來的公平競爭。

(一)協議（agreement）

協議是指兩造之間當事人在討論之後具備雙方合意後的契約文件。協議（agreement）比契約（contract）的範圍廣，例如雙方當事人可能有許多協議，但一方不見得可以強制他方履行契約原則，而若是契約

（contract），則兩造之間都有明確認知契約內條款是雙方都必須遵守的，具有強制履行的約束力。

(二)契約（contract）

契約是法律和義務的約定，也就是雙方對合意事項，明確表示願受法律履行及約束之意，上述義務是基於雙方合意原則下訂定的。契約和協議的概念雖然接近，但使用範圍不同，不能交換使用。契約是協議的重要組成部分，所有的契約一定是協議，而協議不見得都是契約，可以說具備契約成立要件，而且具備強制力的協議才是契約。

(三)備忘錄（memorandum）

備忘錄在英文中常寫成Memorandum of Understanding，簡稱為MoU或MOU。備忘錄是在雙方協議過程中，記錄合意事項。備忘錄的法律效力不若協議和契約，屬於協議和契約的前置條文，兩造雙方為了避免對方對已許諾的事項反悔，便將已經合意的事項記錄，以做為將來正式契約的依據。在MoU中宜明定其約定，因為如果沒有事先約定的條文，對於雙方並沒有拘束力；如果沒有特別聲明，可能會被認為具有拘束力而引發爭議。

(四)意向書（letter of intent, LOI）

意向書的內容可能概略，僅表示雙方有共同合作的意向，法律約定的效力薄弱，並沒有拘束力。因為意向書只是將來正式契約的預備合意，所以只能當成預備約定，不能強制雙方履行。

(五)保密協定（non-disclosure agreement, NDA）

隨著全球知識經濟的興起，相關產業對自身權益越發重視，保密協定的簽訂已經隨著契約規定擴展到相關行業。根據保護對象的不同，保密協定可以分為兩種：一種是單向保密協定（one-way NDA），另外一種是雙向保密協定（two-way NDA）。單向保密協定只保護採購方的利益。例如科技代工業給品牌大廠或是政府機構進行代工製造產品或是委託研發計畫，就必須簽訂單向保密協定。雙向保密協定以對等的條款來保護雙方的利益，例如雙方在商業機密上的產品配方、主要客源及新產品開發項目等進行逐條約定。為了防止商業機密外洩，簽訂保密協定限制雙方的特定行為，已經成為國際商務往來的保護方

法。在簽訂保密協定之前，應界定何者爲商業機密，以及簽訂保密協定的有效期間，以免限制過多，影響商場上的競爭。

二、契約書組成

國際契約的形式，依據下列順序，如：標題、序文、正文、結尾辭來組成：

(一)契約書的標題

依據契約書的法律強制效力，將標題命名爲：協議（agreement）、契約（contract）、備忘錄（memorandum）及意向書（letter of intent）。

(二)序文

序文中包括：契約當事者、位置、依據、日期，契約簽署城市，以及契約簽署的背景和目的等。

(三)正文

在國際契約中，將雙方之間有關合意文字整理成契約書，當擬定契約正文時，應該詳細將甲、乙兩造的意圖正確書寫，包括簽署前之雙方幕僚機構往來的書信內容，都應該鉅細靡遺地載明於契約所規定的事項。

(四)結尾語

契約書的結尾語多置有署名欄，並列有署名的日期，一般由簽署日期日起開始生效。

第五節　國際會展的發展

近年來，有關國際會議及展覽產生了許多不同的詮釋，曾亞強、張義（2007）歸納國內外的會展形式，發現有下列的現象（詳見：附錄一）：

一、會議類

依據會議（convention）、研討會（conference）、集會（meeting）、議會（congress）等不同的會議性質，對應不同的舉辦目的和形式。在美國，展覽會雖然屬於展覽形態，但是也被視為會議之一種進行討論，例如：AH&LA的飯店管理教材《convention management and service》。

二、展覽類

展覽的定義是針對參展者而言，可將展示物品推銷或介紹給參觀者，有機會建立和潛在顧客的關係；對參觀者而言，可從展覽中獲得有用的資訊。依據英文的定義，展覽會（exhibition）和博覽會（exposition）是以單方面舉行的展覽過程，而不涉及會議活動。例如歐洲展覽討論的是場館搭建、招商、營銷、人力服務、物流供應等。

三、會展類

包括集會（meeting）和展覽（exhibition）。在會展（Meeting, Incentive, Convention and Exhibition, MICE）的英文中，以"CE"或"ME"進行雙面向的討論，例如歐洲國家探討會議和展覽活動，多會探討到「會議」＋「展覽」＝「會展」的形式。

四、MICE類

在會展（Meeting, Incentive, Convention and Exhibition, MICE）的層面中，主要有四個面向：包括：公司集會（meeting）、獎勵旅遊（incentive）、會議（convention）、展覽（exhibition）四個英文單詞的首字母縮寫。MICE的縮寫1990年代中期在美國被正式採用，形成國際中會展活動的異業結合風潮。之後，也有學者認為，應該將大型活動列為會展的面向，例如會展旅遊活動和節慶會展活動。

根據國際會議協會（ICCA）在2009年的統計，2008年舉行的國際會議總部將近60%位於歐洲，23.4%的總部設在北美，僅有9.4%的會議總部設於亞洲或中東。以位於西歐的法國為例，法國擅長營造成為會議重鎮，

國際會議為巴黎帶來每年7億多美元的經濟收入。法國擅用網路媒體宣揚國內優良的會議環境，以及充分整合國際會議活動所需的周邊資源，成為成功的典範。

根據ICCA的統計，全球每年舉辦的參加國超過4國、與會外賓人數超過50人以上的各種國際會議，總計高達40萬個以上，會議開銷金額超過2,800億美元。然而，從2003年至2007年，在歐洲舉辦國際會議的百分比逐年下降，從2003年的58.0%，降到2007年的55.1%。但是在2008年歐洲的會議市場增加0.3%，成為55.4%，穩居第一。亞洲及中東（18.6%）位居第二，北美（11.4%）位居第三。拉丁美洲占9.2%，澳大利亞占3%，非洲占2.5%。亞洲自2004年起每年舉辦皆超過1,000場次國際會議，雖然與最大市場歐洲的3,000多場次仍有距離，但近10年來皆超過北美洲，全球會議呈現從歐美移轉至亞洲地區舉辦之趨勢（經濟部投資業務處，2008）。

在2008年國際會議舉辦最多的國家，依序為美國、德國、西班牙、法國、英國（表1-5）。雖然美國舉辦國際會議屬於獨占鰲頭的國家，但是其城市的表現並不出色。在全球舉辦國際會議最多的城市中，依序為巴黎、維也納、巴塞隆那、新加坡、柏林。斯德哥爾摩、首爾、雅典、布宜諾斯艾利斯、聖保羅和東京的表現，也相當令人矚目（表1-6）。

表1-5　世界舉辦會議主要國家

2008年排名	國家	2006	2007	2008
1	美國	612	564	507
2	德國	428	484	402
3	西班牙	318	332	347
4	法國	358	297	334
5	英國	357	316	322
6	義大利	296	291	296
7	巴西	230	213	254
8	日本	227	241	247
9	加拿大	193	218	231
10	荷蘭	229	218	227
11	中華人民共和國	232	230	223
12	奧地利	236	225	196

表1-6　世界舉辦會議主要城市和舉辦次數

2008年排名	城市	2006	2007	2008
1	巴黎	162	135	139
2	維也納	163	168	139
3	巴塞隆那	110	112	136
4	新加坡	137	128	118
5	柏林	114	135	100
6	布達佩斯	100	98	95
7	阿姆斯特丹	90	89	87
8	斯德哥爾摩	69	72	87
9	首爾	99	73	84
10	里斯本	76	96	83
11	哥本哈根	83	78	82
12	聖保羅	60	62	75

　　在2008年，每場國際會議參加人數平均為638人，一般會議參加人數在250至500人之間。在2008年總參加人數為480萬人次。在會議主題方面，舉辦次數最多的會議依序為醫學、技術、科學、產業等。

　　2008年時臺北為全球第32大國際會議城市，在亞洲僅次於新加坡、首爾、北京、曼谷、東京、香港、上海，在ICCA的會員排名，中華民國臺灣名列全世界第35名，亞洲第8名，證明臺灣在發展會展產業具有優勢與機會，且已深獲國際肯定（表1-7；1-8）。

　　此外，根據全球展覽業協會（The Global Association of the Exhibition Industry, UFI）的統計資料，2009年公布《亞洲展覽產業報告》，2008年中華民國臺灣展覽使用之展場總面積居亞洲第7名。目前政府積極推動會展項目，希望臺灣舉辦會展的國際地位，在ICCA排名，從亞洲第8名能夠提升到第6名，UFI排名則希望由亞洲第7名，提升到第6名。未來產值也希望將增加至新臺幣333億元，藉以全面提升臺灣舉辦會展之國際地位，進而成為亞洲會展重鎮。

表1-7　亞洲舉辦會議主要國家

2008年亞洲排名	2008年世界排名	國家	2006	2007	2008
1	8	日本	227	241	247
2	11	中華人民共和國	232	230	223
3	16	大韓民國	160	132	169
4	21	新加坡	137	128	118
5	29	泰國	94	104	95
6	30	印度	122	98	92
7	33	馬來西亞	102	101	87
8	35	中華民國	63	99	79
9	36	香港（中國）	73	76	66
10	44	菲律賓	41	31	35

表1-8　亞洲舉辦會議主要城市和舉辦次數

2008年亞洲排名	2008年世界排名	城市	2006	2007	2008
1	4	新加坡	137	128	118
2	9	首爾	99	73	84
3	14	北京	95	102	73
4	18	曼谷	72	80	71
5	20	東京	52	55	68
6	21	香港	73	76	66
7	30	上海	52	54	57
8	32	臺北	44	74	52

　　國際會議次數和經濟成長率雖然沒有直接相關，但是國際會議會受到經濟景氣的影響。美國在1990年初期，屬於經濟不景氣的年代，企業舉辦會議次數普遍降低。自柯林頓總統在1992年上台後，美國經濟逐漸恢復正常，到了1996年，美國會議相關活動普遍增多。從表1-9中我們可以了解，受到2008年世界金融海嘯的因素，導致2008年全球國際會議次數和2007年相比，2008年經濟成長率較2007年減少1.78%，全球國際會議場次減少103場，臺灣國際會議場次減少20場（表1-9；圖1-8）。

　　到了2009年，臺北為全球第25大國際會議城市，超越上海、東京。在ICCA的會員排名，中華民國臺灣名列全世界第32名。隨著兩岸政策鬆綁及經貿往來正常化，近三年來臺商回臺投資持續成長，在全球經濟景氣

表1-9　國內生產毛額（GDP）成長率和國際會議舉辦次數的關係

年度	全球國內生產毛額（GDP）成長率%	全球國際會議次數	臺灣國際會議次數
1999	3.5271	4,424	49
2000	4.7013	5,101	39
2001	2.1983	5,069	43
2002	2.8286	5,898	62
2003	3.6254	5,978	46
2004	4.9436	7,147	68
2005	4.4471	7,232	66
2006	5.0732	7,648	63
2007	5.1535	7,578	99
2008	3.373	7,475	79

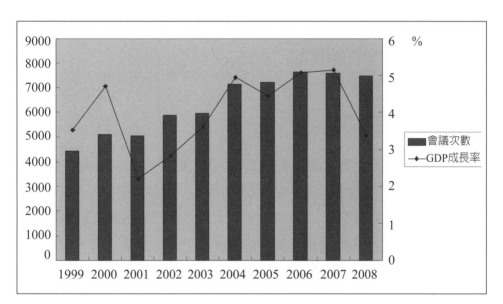

圖1-8　全球國內生產毛額（GDP）成長率和全球國際會議舉辦次數的關係

逐漸復甦的時候，我們著眼於海峽兩岸在2010年簽署兩岸「經濟合作架構協議」（Economic Cooperation Framework Agreement, ECFA），首開兩岸免除雙方關稅，提出早收清單[3]，並進行優惠市場開放條件的協商，

---

[3] 早收清單：即「早期收穫清單」（early harvest list）的簡稱，也就是「提早降低關稅清單」。在簽訂自由貿易協定時，雙方列出開放對自身有利的關稅項目，提出雙方提早降低或是免除關稅的項目清單。由於項目對雙方（或是單方）有利，相對於其他項目來說，其降低關稅的期程較早，所以稱為早

可望在不久的將來提升我國會展相關產業的質與量。

　　全球經濟對於會展產業有潛在的影響。然而，會展因為金融海嘯的衰退現象相當明顯。從2008年美國次貸危機引發的金融風暴，波及各國的實體經濟，轉變成為全球性的金融危機，各種行業企業都受到了不同程度的影響，當然會展產業也不例外。在經濟蕭條的時候，企業主不願意辦理會展，以節省企業開銷；而會展產業相關人員也不願意出國，以節省個人開銷。楊永盛（2010）認為，2009年底雖然歐元和亞洲貨幣相對美元持續升值，但歐、亞貨幣間匯率相對穩定，旅遊市場衝擊不大，但面對經濟復甦速度緩慢，消費萎縮，以及部分中東地區發生財務危機的結果，在歐洲舉辦的獎勵旅遊暨會議展（Exhibition for the Incentive, Business Travel & Meeting Industry, EIBTM），除了歐洲館區人氣較旺外，其他地區明顯較往年差，尤其中東國家館，如：杜拜及阿度達比等，較為冷清，顯示國際會展受到經濟景氣的影響。

小結

　　在2019年，全世界會議達到13,254場次，總支出達到110億美元，中東地區在十年間增加9,600萬美元，增幅達88%，成為快速發展地區。

　　根據「國際會議協會」（ICCA）的定義，國際會議需要至少在三個國家輪流舉行的固定性會議，舉辦天數至少一天，與會人數在100人以上，而且地主國以外的外籍人士比例需要超過25%，才能稱為國際會議。根據2020年ICCA公布之統計顯示，2006～2008年每年平均全球舉辦國際會議約有7,500場，到了2019年達到13,254場，不論從「質」或「量」的觀點進行分析，顯示出全球會議產業正處於蓬勃發展的狀況。

　　從國家的角度分析，美國是最大的會議市場，也是全球最大的國際會議主辦國家。歐洲是目前會展產業最發達的地區，德國則是最大的展覽主辦國。目前亞洲地區會展舉辦情形，雖然不若歐、美許多國家，但是亞洲

收清單。一般來說，如果免除關稅的項目是屬於即時開放性質，那麼早收清單就變成了「即時收穫」清單。

地區的會展產業潛力是不容忽視的。

　　然而，臺灣地處東亞海角一隅，舉辦國際會議的知名度尚待提升，在2008年時臺北為全球第32大國際會議城市，在亞洲僅次於新加坡、首爾、北京、曼谷、東京、香港、上海。2009年，臺北為全球第25大國際會議城市，到了2019年臺北為全球第19大國際會議城市，超越北京、香港、上海。在ICCA的會員排名，2008年中華民國臺灣名列全世界第35名；2009年，中華民國臺灣名列全世界第32名；到了2019年名列全世界26名。面對近年來的金融海嘯危機，我們應該全力穩住會展指標性的標竿紀錄（benchmarking records），並且積極爭取主辦國際會展的機會。然而，國際會展的舉辦，不但需要在量的提升，也需要在質的方面進行提升。透過國際知名度的開拓與發展，以政府委託民間非政府組織（NGO）會展籌組的模式，進行國際競標，以優厚的獎勵條件鼓勵民間舉辦國際會展活動，才能舉辦質量兼備的國際會展。

本章關鍵詞

大型會議（congress）

大會（assembly）

工作坊（workshop）

主題會議（colloquium）

早收清單（early harvest list）

協議（agreement）

研討會（conference）

研討會（symposium）

契約（contract）

討論會（seminar）

座談會（panel）

高峰會（summit）

視訊會議（video conference）

國內生產毛額（GDP）

備忘錄（memorandum）

集會（meeting）

意向書（letter of intent）

圓桌會議（round-table）

會議（convention）

會展（meeting, incentive, convention and exhibition, MICE）

經濟合作架構協議（Economic Cooperation Framework Agreement, ECFA）

演講（lecture）

論壇（forum）

標竿紀錄（benchmarking records）

關稅障礙（tariff barriers）

議會（congress）

問題與討論

1. 中華民國在1971年退出聯合國，其重返國際所遇到的國際會議及展覽問題有哪些呢？

2. 臺灣目前想要重返國際重要會議的舞台，所面臨的挑戰爲何？應該要如何突破呢？

3. 2010年在臺北召開的臺灣大學「模擬聯合國會議」（World MUN 2010）是透過哈佛大學學生組織授權主辦，因爲會場需要志工，如果您是召開聯合國國際會議的大學生，要如何指揮前來支援的臺北市知名學校的高中生擔任信使（pages），在會場上擔任傳遞訊息的角色？

4. 2010年上海舉辦世界博覽會及臺北舉辦國際花卉博覽會，給我們的啓示爲何？

5. 2020年因爲新冠肺炎造成國際會議的延期或中止，如何減少因不可抗力因素造成國際組織的嚴重損失？

第二章

會議與展覽產業

學習焦點

　　會議與展覽產業是一個國家經濟發展的櫥窗產業，主要提供會展相關的計畫、組織、管理及行銷等相關服務。舉辦一場國際會議及展覽，象徵一個國家綜合國力的展現，會展產業的興盛與否，成為一項衡量國家經濟實力、總體經濟規模，以及國際化程度的重要指標項目。該主辦國可以透過會展軟硬體呈現的機會，提高該國國際聲譽、地位和影響力。會展產業涵蓋範圍相當廣，而且涉及的行業別相當多，通過舉辦各種會展活動，可以加速產業人流、物流、資金流和資訊流的源與匯（source and sink）活動，對繁榮地方經濟、鼓勵國際交流、刺激國際消費活動，具備一定的影響力。

　　現代化會展應結合民俗節慶、地方展秀、商務參訪，以及環境展示的方式，藉以和大環境下的資訊通訊產業，進行科技、經濟、教育、環境和文化整合，以完成會議與展覽的使命。本章以會展的經濟文化本質，介紹會展產業的屬性、管理、經濟影響、市場趨勢等內容，整理出目前臺灣地區會展產業活動，以規劃未來會展活動的發展導向、發展重點與趨勢分析，提供政府相關產業發展會展活動之參考。希望讀者在了解會議與展覽產業的獨特性質之後，對於該產業在全球及臺灣地區的近年來發展，有著通盤及普遍性的了解。

第一節 會展產業的屬性

一、會展產業的本質

會展產業（MICE Industry）：即「會議展覽服務業」，係21世紀的新興產業。隨著經濟全球化的趨勢不斷增強，國際產業趨勢逐漸從第二部門的製造產業邁向了第三部門的服務產業。當會展活動發展至一定階段後，從其他服務產業分離出來，自成一個獨立的產業類別，形成會展產業。會展產業主要係指會議及展覽服務業，被譽為是「無煙囪工業」。經濟學家認為，21世紀會展業、旅遊業與房地產業並稱為「三大新經濟產業」。根據第一章的介紹，目前會議產業已經和展覽、旅遊產業結合，形成觀光與會展產業的一環。

行政院在《觀光及運動休閒服務業發展綱領及行動方案》中指出，會議產業具有「三高三大」之特徵，三高指的是「高成長潛力、高附加價值、高創新效益」；三大指的是「產值大、創造就業機會大、產業關聯大」（行政院，2004）。會展產業是一種為了第一產業和第二產業服務的「第三產業」，其產業特色為價格變動反應小，利潤約在20%至25%以上，是一種高收入與高盈利的行業，這也是會展產業迅速發展的主因（WTO, 2001）。

臺灣會展產業已經發展了30餘年，在亞洲地區，日本、新加坡、香港等地因為服務業比我國發展來得早，會展產業比臺灣發展來得成熟；但我國和其他亞洲國家相比，會展產業還是具備一定的水準。根據經濟部調查，2008年臺灣會展產業產值為新臺幣257.4億元，就業人數9,936人，與國際展覽業協會（UFI）報告的會展產業年產值1兆1,600億美元（會議產值4,000億美元；展覽產值7,600億美元）相距甚遠。但是我國會展屬於起步階段，為了擴大會展產業規模，政府更推動「臺灣會展躍升計畫」及「加強提升我國展覽國際競爭力方案」兩大旗艦計畫，以推動臺灣會展業為明星產業；到了2018年，臺灣會展產值為新臺幣460億元，會展趨勢以科技化為主軸。

二、會展產業特性

黃振家（2007）認為，會議與展覽具備不同的特性。例如會議具備與會成員的同質性、資訊信息的交換性，以及各地區的相互替代性的特性。展覽則具備開放性、前瞻性和變換性的特色。整合來說，會展產業具備了下列的特性：

(一)整合性：每次會展內容和周邊相關產業可以透過會展及相關活動模式整合在一起，例如：旅館、航空、餐飲、公關廣告、交通、旅遊業等關聯產業之鏈結，並且補充旅遊景點淡季客源的不足，減少旅遊淡季觀光不景氣所帶來的衝擊。

(二)擴充性：舉辦會展活動，可以擴展國際交流與合作，促進經濟、文化、科技與旅遊業的發展。

(三)異質性：不同地區、時間、學術別及產業別所辦理的會展項目，皆有所差異。

(四)不可分割性：會展屬於服務業的一環，其服務事項不若商品，是不能分割的。

(五)無法貯存：會展屬於服務業的一環，其服務事項不若其他商品，是不能貯存的。

(六)藝術性：會展具備光、聲、色、形、文字、圖像的藝術價值。

三、會展產業的功能

依據ICCA的分類，會展產業主要包括以下行業：(一)旅行社；(二)航空公司；(三)會議展覽顧問公司；(四)觀光局或會議局；(五)會議展覽中心；(六)旅館；(七)週邊協力廠商等。一場會展活動，必須搭配會議及旅遊局、旅館、會議經理、交通、參展服務承包商、場地管理公司、餐飲服務、展覽設計、協會、影音設施、參展商、展覽／貿易展會經理、設施等項目，其項目種類繁多，具備多元的服務及產業價值鏈結。

價值鏈（value chain）是由波特（M. Porter）在1985年所提出，在《競爭優勢》一書中，波特指出如果產業要發展獨特的競爭優勢，或是創造更高的附加價值，其策略即是將企業的經營模式解構成一系列的價值創

造過程，而這個價值流程的鍊結，即稱為價值鏈（Porter, 1985）。

　　因此，我們從圖2-1觀察到一場會展活動可以替不同的產業創造多元的價值鏈，即是替顧客創造價值、替公司創造價值，以及創造綿延流長的價值累積流程。在價值鏈中，我們看到公部門僅有會議及旅遊局（Convention and Visitors Bureau, CVB）擔負起公家機關的協辦工作。世界各國的CVB都是在統合政府或民間相關部門的資源與力量，專責協調會展產業的橫向發展，成為會展產業不可或缺的輪軸位置之一。

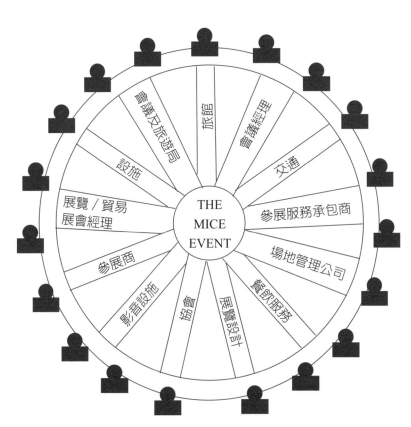

國際會議與會展產業概論

圖2-1　會產產業價值鏈結示意圖（McCabe et al, 2000: 39）

　　波特認為，現代企業的競爭，主要是供應鏈（supply chain）提供的價值競爭，從供應鏈可以觀察到加值型會展服務業的新商機。會展產業需要提供買主（buyer）高質量、低成本、快速的產品資訊，並且快速回應買主的需求，以維持企業的競爭優勢。

通過會展活動，將會展主（承）辦單位、參展商、設施商、旅館、會議交通產業、參展服務承包商、場地管理公司、餐飲服務商、展覽設計、協會團體、影音設施商及觀眾等，聯繫成價值鏈。其中會展主（承）辦單位構成會展活動（MICE event）服務價值鏈的核心事業，展館承包商、會展服務產業、周邊配套服務產業、政府及相關管理部門形成價值鏈的上游供給機制，參展商形成中游需求及供給機制，觀眾形成下游需求機制。

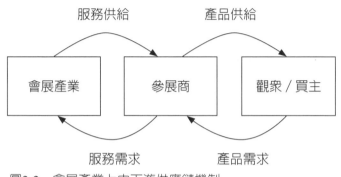

圖2-2　會展產業上中下游供應鏈機制

會展產業的供應鏈涉及商品生產及服務部門，具備下列的特徵：

㈠鏈結性：在會展活動舉辦期間，匯集大量人潮、物流、資訊流，為當地交通、住宿、餐飲、金融、保險、商務旅遊等行業帶來商機，可協同相關產業的鏈結與發展。

㈡流通性：從商品產銷的角度來看，供應鏈內的產業通過投資、協同、合作等方式強化與供應鏈上、下游鏈結的關係，讓產品和服務融入到客戶購買行為之中，以增加產品的銷售價值，提高產品的流通性。

㈢複雜性：會展服務供應鏈涉及製造產業和服務產業，服務項目複雜。會展不僅提供對消費者的顯性服務，而且提供相關產業機會的隱性服務；和其他服務行業之間的關係不是競爭關係，而是和大多數服務行業相互支撐的協同關係。

㈣專業性：由於會展提供專業性的媒介服務，在服務供應鏈上任何環節都會影響相關產業的決策，從行銷的觀點來看，應進行專業性的服務教育和訓練。

第二節　會展產業的管理

一、專業會展管理者

　　會展產業相當複雜，服務內容涵括一系列的展前安排，例如：場地訂定、場地裝潢、攤位設計、展覽行銷及展品運送等，以及參展期間的展場管理、人員編配，展覽結束後之會場整理、會計撥款與善後服務等項目，其中有關會場布置、展場管理、宴會服務等，都需要透過會展服務業者加以聯繫整合。

　　國際會展的舉辦通常都是由專業會展籌辦單位[1]（Professional Conference/Congress Organizer, PCO）和進行組織，在選定會展目的地城市之後，將會展的服務以及會展獎勵旅遊（MICE）和專業展覽籌辦單位[2]（Professional Exhibition Organizers, PEO），以及主題活動交目的地管理公司（Destination Management Company, DMC）負責，PCO、PEO和DMC都是會展產業發展不可或缺的重要角色。

　　其中PCO和PEO的主要任務，在會展中進行整合協調及管理，其主要業務包括競標國際會展活動、流程安排、宣傳促銷、文宣製作、註冊報到、現場掌控、接待人力、贊助募款、餘興節目安排、交通住宿、會場布置及準備紀念品等各項細節。

(一)目的地管理公司（Destination Management Company, DMC）

　　目的地管理公司屬於一種新興產業。西方國家自1870年以來，會議和展覽的數量激增，帶動了會展服務的需求。許多交通旅遊公司發現轎車等交通工具的需求量不斷上升，同時也意識到市場對其他輔助服務的需求，目的地管理公司（DMC）的需求提供外地的會展參與者一項選擇。也就是說，雖然會議策劃人了解會議內容，但是他們通常

---

[1] 專業會展籌辦單位（Professional Conference/Congress Organizer, PCO）：簡稱為「會議顧問公司」，但是不一定以公司的形態成立，有時候會以非政府組織（NGO）的形式成立。

[2] 專業展覽籌辦單位（Professional Exhibition Organizers, PEO）：簡稱為「展覽顧問公司」，但是不一定以公司的形態成立，有時候會以非政府組織（NGO）的形式成立。

對會展舉辦的目的地卻缺乏了解。所以，對於大型活動項目而言，僱用當地目的地管理公司（DMC）確實可以增加團隊的延伸力量。會議策劃者可以致力於會議細節工作。因此，為了要促進會展的成功，資訊共享和預算開誠布公是項目成功的保證。

目的地管理公司（DMC）不同於傳統意義上的會議公司、旅行社，DMC是將會議展覽所需要的資源進行整合，促使會議展覽更為專業，也更能全面的達成服務，目的地管理公司全方位服務包括：策劃組織安排國內外會議、展覽、獎勵旅遊、策劃組織國內外專業學術論壇、高峰會及培訓等活動，內容包括：會議或活動場地、電腦網路、投影視訊、會場設計及裝潢、舞臺布置、音響工程、燈光特效、同步翻譯等視聽設備、公關行銷、活動企劃、廣告媒體、平面設計及印刷、觀光旅遊、旅行社、周邊娛樂設施、餐飲及住宿、禮品贈品公司、保險、交通運輸等活動，並且協助克服語言障礙，提供免稅的供應商商品服務。

(二)專業會議籌辦單位（Professional Conference/Congress Organizer, PCO）

PCO是專業會議籌辦單位。PCO以專業規劃、溝通及管理技術，營造理想溝通情境（ideal dialogue situation），誘導及影響與會者得到共同目的之完成。

PCO能依據合約提供專業的人力及技術、設備來協助處理從規劃、籌備、註冊、會展到結案的工作，具體工作內容包含：會議或展覽活動的策劃、協調政府與客戶、招募客戶、財務管理和品質控制等。PCO主要辦理行政工作及技術顧問相關事宜，其角色可以是顧問、行政助理或創意提供者，在籌備會和服務供應商之間具備樞紐作用。隨著國際會展舉辦形式及議程安排的複雜性逐漸提高，具備「專業分工、集中管理」功能的PCO角色受到重視。為了規範各國PCO的行為，1968年國際會議籌組人協會（IAPCO）成立，這是一個非營利性的國際會議組織者專業協會，其成員遍布全世界。IAPCO致力於通過養成教育，例如每年1月協會都要舉辦為期一周的專業培訓課程，並且和其他專業協會進行交流，以提升會員的服務品質。

㈢專業展覽籌辦單位（Professional Exhibition Organizers, PEO）

PEO是專業展覽籌辦單位，可分為展覽公司、公協會與政府部門三大類。例如隸屬於經濟部的中華民國對外貿易發展協會即是知名的PEO，每年舉辦20多檔臺北國際專業展，以推動臺灣會展產業發展。PEO產業和PCO產業一樣，囊括了公關、旅館、旅行業、展覽及會議場地管理者、口譯員、設計裝潢廣告、展覽物流等周邊業者。

個案研究—臺灣的PCO和PEO

在臺灣，PCO和PEO是屬於會展的專職產業單位。經濟部推動會議展覽專案辦公室曾經在2009年底針對國內的PCO和PEO進行調查，了解他們的服務趨勢。

大體來說PCO的主要業務為會議，約占業務量的77%，其他以獎勵旅遊和其他業務為主。其中，國際會議業務占48%，國內會議業務占29%。在會議方面，公關公司和旅館為會議的主要籌辦單位，其中公關公司的會議業務約占75%，而旅館高達84%，其主要原因在於旅館擁有會議場地，資源調配及議價能力都明顯優於公關公司。

PEO的業務，則以展覽為主，專業展和消費展的比例約為3：1。也就是說，符合臺灣會展業務偏重在企業對企業透過電子商務的方式進行交易（business-to-business, B2B），而不是以企業對顧客（business-to-consumer, B2C）的傳統交易模式。至於展覽業務，則多屬微型展覽。在擴展會展業務的意願方面，業者都紛紛表達高度興趣，如國際觀光旅館比例達87%，公關業者則有84.2%，綜合旅行社更有93%願意積極擴展會展業務，顯示廠商對未來會展市場看好。

以觀光旅遊的服務業來說，PCO和PEO業者未來除了既有的會展業務外，有相當多的比例有意擴展其他業務，如辦理順道觀光活動。公關公司和旅館業也想積極爭取獎勵旅遊的市場。至於旅行業者未來開發的領域，仍集中於獎勵旅遊。在業務方面，PCO和PEO業者積極尋找可以協力的企業雜誌刊物，尋求產業聯盟合作，並且提供國際旅展設攤機會，搭配辦理出國旅遊業務等項目。在人力派遣上，獎勵旅遊指派專責

人員駐在地的理由在於建立客服組織，而且選定駐在國決策人員，並且進行當地的財務控管。

　　目前專業PCO和PEO面臨劇烈的存競爭態勢如下：

一、因為國內接辦國際會議的單位眾多，會展的主辦單位多半以各產業公會（協會）為主，專業PCO和PEO不容易接到委辦計畫。

二、國內會展場地不足。

三、相關產業削價競爭。

四、政府會展政策不明確。

五、會議活動規模太小、場地租金太高。

六、場地有區域不均衡現象。

七、整體國家和城市的形象及行銷不足等，都是專業PCO和PEO推動會展業務的主要障礙。

　　總體來說，臺灣舉辦國際會議的質與量並不如國際展覽。臺灣在展覽業務的表現會比較好的原因，應與資訊科技產業、自行車產業在全球的表現有關。至於國際會議的業務表現，明顯不如亞洲主要國家或城市，可能與觀光業的資源整合不足有關（楊迺仁，2010）。近幾年隨著產業外移大陸，北京、上海及廣州經成舉辦交易會，取代臺灣傳統產業的展覽活動。因應臺灣產業外移，導致部分產品展覽優勢流失的現況，應積極發展較具臺灣特色展覽，如科技奈米展及汽車消費電子展，並且應積極推動下列事項：

一、開放海峽兩岸主要城市直航，例如與松山機場的直航。

二、簡化大陸學者及官員來臺的申請事項，持續檢討解決大陸人士申請流程簡化。

三、推動鬆綁國際會議來臺學者的落地簽證國家名單，積極解決外籍人士申請流程簡化、放寬限制及彈性入境等問題。

四、鼓勵公協會、地方政府等單位合作爭取國際會議來臺舉辦。

五、積極培育大學校院會展人才及建立相關人才認證機制，並建立「會展產業職能指標」。

　　（資料來源：經濟部推動會議展覽專案辦公室http://www.meettaiwan.com/；楊迺仁，2010）

二、會展產業經營者

　　會展產業是觀光服務產業的前哨產業，可以帶動整體服務業的效益龐大，估計約在8至10倍之間，根據財團法人生產力中心對我國會議展覽產業基礎調查統計結果推估，會展產業專職人力需求年平均成長8%左右。受益的產業擴及下游觀光、文化產業、銷售業等，甚至直接影響其他服務業的發展，包含公共服務設施、飯店、交通旅運、行銷以及文化創意等。因此，會展產業經營管理，需要培育下列的人才：

　　㈠會展經管人才：國際觀光產業與會議經營管理。

　　㈡會展企劃人才：會展籌辦、活動企劃、廣告媒體、平面設計及印刷、觀光旅遊、餐飲及住宿、保險、交通運輸等規劃事項。

　　㈢展覽行銷人才：國際策展、觀光行銷、國際媒體行銷、大眾傳播、行銷管理等事項。

　　㈣媒體公關人才：公關行銷、新聞撰寫、媒體服務、遊程企劃、景點導覽、外語翻譯等。

　　㈤會展設計人才：會議或活動場地設計、電腦網路設計、投影視訊設計、會場設計及裝潢、舞臺布置、音響工程、燈光特效等。

第三節　會展產業經濟影響

　　觀光與會展產業是全球產值最大產業之一。全世界展覽產業產值約占各國GDP總和的1%，展覽利潤約在25%以上，如果加上其他相關行業從展覽主體衍生的利潤，展覽產業對全球經濟的貢獻，將達到8%以上。

　　國際會議業同樣是一個巨大的產業，根據國際會議協會（ICCA）統計，每年國際會議的產值約為2,800億美元。根據統計，會議展覽旅遊者的平均消費是一般觀光客的2至4倍，而由會議展覽所引發的旅遊消費占旅遊消費總額30%左右（Opermann, 1999）。此外，一個會議展覽所帶來的相關產業之產值與會展本身的直接收益，在先進國家和地區，約在9：1左右（Arnold, 2002）。

　　會議展覽產業對其他產業的經濟效益，往往超過會議展覽產業本身。

因此，推動會議展覽產業的周邊效益非常大，包括買機票、航空及住旅館等。舉例來說，一個觀光客來臺估計每天消費新臺幣5,000元，但是來臺參加會展產業的商務人士消費卻是觀光客的4倍，預估每天消費額可達新臺幣2萬元。在經濟影響方面，根據會議同業公會（Convention Industry Council, CIC）針對該公會會員的一項調查，因為會展和旅遊所引發的直接消費金額約1,150億美元，其中會議產值為376億美元（32.7%）、會展產值為725億美元（63.1%），獎勵旅遊為48億3千萬美元（4.2%），估計供應全職工作者約200萬人。

會展產業屬於火車頭型的服務產業，可以帶動相關的觀光、旅遊、貿易、交通、金融業等蓬勃發展；但是，會展收入不會明確反應在會展中心的收入上，而是以區域利益的方式展現出來，所以很難估算。會展中心舉辦大型的會議，吸引世界各國與會人員蒞臨，他們花費在住宿、交通、飲食及休閒娛樂上，與會者的消費，要超過其他的觀光客。此外，除了與會者和陪同人員的消費之外，會展組織者同時也在舉辦地點進行場地的投資（陳瑞峰（譯），2008）。根據調查顯示，美國的飯店業收入來源有30%以上是由會展產業提供的，而航空業則有22%的收入來源藉由會展產業來提供（Professional Convention Management Association, 2010）。

經過乘數效果的加成，影響上述相關產業的成長約3,154億美元，可以提供相關產業全職工作機會384萬人（Astroff and Abbey, 2006）。因此，會展產業具備「發展潛力高」、「附加價值高」、「創新效益高」（三高），以及「產值大」、「創造就業機會大」、「產業關聯大」的「三高三大」的特色。「會議展覽服務業」附屬於其他服務業，但是會展活動發展至一定階段之後，將從其他產業分離出來，自成獨立的會展產業，其產業利潤約在20%～25%以上（WTO, 2001）。

會議與展覽產業的經濟影響特色主要分為下列方面：

一、會展經濟（MICE Economy）的乘數效果

在2008年，服務業的產值占國內生產毛額（GDP）比重為71.4%；服務業的就業人數占總就業人數為60%，服務業帶動就業市場的成長還有很

大的空間。其中會展產業能帶動2.74倍乘數效益。一個成功的會展，可以爲主辦城市帶來2.74倍的擴散效果（Astroff and Abbey, 2006）。我們定義爲2.74倍的擴散效果爲「會展經濟」（MICE Economy）效應。這些效應，又稱爲「外部經濟效應」。以全球最大的國際會議主辦國美國爲例，其航空客運量的22.4%、飯店入住率的33.8%都是來自國際會議及獎勵旅遊。在歐洲，每增加20位出席會議代表，就可以創造一個全職的就業機會。

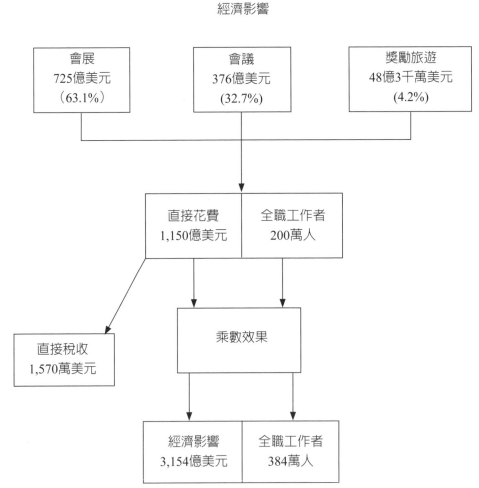

圖2-3　會展和獎勵旅遊的經濟影響（Astroff and Abbey, 2006: 5）

會展經濟（MICE Economy）爲經由透過大型會議、展覽活動之舉

國際會議與會展產業概論

行，所引發之一系列關聯產業的經濟活動，不僅為舉辦城市帶來直接的經濟效益，亦間接帶動城市或區域相關產業的發展，進而達成促進城市全面性的發展效果。法國首都巴黎，由於每年承辦國際大型會議居於各國城市之首，因此享有「國際會議之都」的美譽。

國際展覽業協會[3]（Union des Foires Internationales, UFI）會長偉特（J. Witt）強調，MICE產業和經濟成長是相輔相成的。MICE產業的動力，來自經濟成長，一個成功的國際展覽會，可為當地該項產業增進5～10%的外銷產值。

例如，以臺灣電腦產業750億美元的規模，舉辦一場COMPUTEX TAIPEI展，可為臺灣帶進超過75億美元，約2,300億臺幣的外銷產值（吳涎祿，2008）。到了2020年，由於新冠肺炎帶來全球衝擊，遠距會議成為「雲端轉型」的一種模式。

個案研究—COMPUTEX TAIPEI展

COMPUTEX TAIPEI源於1981年第一屆臺北市電腦展，原來只是同業之間交流產品的聚會，到了1984年，宏碁集團創辦人施振榮將原名Computer Show改為COMPUTEX TAIPEI之後才日益壯大，當時有172家廠商參展，共使用425個攤位。到了2010年參展廠商家數已達1,715家，而且是4,861個攤位的國際型展覽。

宏碁集團創辦人施振榮發明了「微笑曲線理論」，他認為企業獲利的最佳手段為「品牌與創新」。在COMPUTEX於第一屆（1982年）創辦之時，該活動只是為當年臺灣正在發展中的電腦（資訊）產業的中小企業而設置的展覽，讓投入電腦產業的中小企業有機會向國際買主展露他們的資訊產品。直到1984年（第四屆）時，當時接任臺北

---

3 國際展覽業協會 (Union des Foires Internationales, UFI；英文為Union of International Fairs)：UFI是全球展覽業最重要的國際性組織，原名國際展覽聯盟。該會源起自歐洲展覽會數量過多，展出經濟效益下降，因此於1925年在義大利米蘭成立，目前總部設於法國巴黎。2003年該組織更名為國際展覽業協會（The Global Association of the Exhibition Industry），仍簡稱UFI。UFI的讀音應按照法語字母的發音，將U讀成「烏」，而不讀成英文字母的「優」。

市電腦商業同業公會理事長施振榮就決議將本展覽的英文名稱正名為"COMPUTEX TAIPEI"，確立了臺灣的電腦硬體產業的地位。到了1990年代初，臺灣的資訊技術產業起飛，臺北國際電腦展的規模持續提升，也在第八、九屆重新啟用松山機場的外貿協會展覽館時，躍升世界第三，亞洲第一的地位。

後來，在臺北國際會議中心、臺北世貿二館、臺北世貿三館的陸續啟用與規模擴增，加上美國賭城拉斯維加斯的COMDEX展在2001年～2002年起，開始走下坡的情況下，主辦單位在2003年，將臺北世貿三館納入展區後，成為僅次於德國漢諾威CeBIT展之外的全球第二大電腦展（就展場面積、攤位數、參展廠商數、參觀人次等指標來計算），並且延續至今。

而在展覽期間，各國大廠都會舉行新產品、新技術的發表，進而引起各國媒體記者、電腦技術人員、財經分析師的注意，也是一項重要的指標，甚至也有廠商租借官方展區外的鄰近商場與飯店，為自己的產品進行宣傳。

（資料來源：吳涎祿，2008；COMPUTEX TAIPEI官方網站http://www.computextaipei.com.tw/）

偉特分析，每年全球展覽超過3萬個，按照規模等級來區分，第一級是全世界買主非來不可的超大型展覽；第二級為鄰近國家買主因地利之便前來參觀的區域性展覽；第三級為吸引本國買主的國內型展覽。會展產業未來擁有「大者恆大」的趨勢，這幾年，第二級區域型的展覽被嚴重擠壓，原因在於第一級展覽的「集客能力」，以及第三級展覽的數量迅速增加。

國際會展協會[4]（International Association of Exhibitions and Events, IAEE）主席亥克（S. Hacker）在2009年11月於臺北舉辦的亞洲會展產業

---

[4] 國際會展協會（International Association of Exhibitions and Events, IAEE）：IAEE是在1928年於美國成立的全國博覽會經理協會，該協會擁有知名的IAEE服務公司，提供展覽和活動行業各項相關產品和服務。IAEE會員超過8500人，並擁有15個支會。

論壇中發表專題演講，講題以《展覽：經濟危機下的會展業影響》說明在2008年金融風暴下業者的因應策略。他認爲雖然會展活動參展商的營銷預算減少，但是來參觀的觀衆素質高，會展產業仍然具備較好的商業前景。在展覽業的趨勢方面，亥克認爲目前國際展覽面臨博覽會銷售人員減少、展覽空間減小，以及產品特色較少的問題。所以展覽主辦單位吸引參觀買主的最佳作法爲邀請目標買主（target buyers），並廣爲宣傳展覽。

　　亥克提出：「會展產業具備高度的經濟整合價值，提供媒體及時的新聞，提供先進技術和工具，成爲商業展示最好的櫥窗工具」。他以下列的數據說明展覽具備下列的特色：

㈠具備信賴感：67%的參觀者認爲，在預先購買的階段，由於顧客和參展者進行面對面（F2F）了解及試用產品，在產品品質保證上是非常重要的。此外，在展覽攤位中進行產品測試，比接聽推銷員推銷電話或是看型錄購買，更能確保購買產品的品質是非常棒的。

㈡提供有用資訊：90%的採購決策者認爲，展覽是非常有用的採購資訊來源。在這些調查中，26%的參觀者來自於擁有1000位以上員工的大公司；77%的參觀者代表新客戶，還有82%的參觀者擁有採購的權力。

　　根據受訪的斯坦頓地毯的參展者科恩說：「貿易商一直對時機保持著樂觀的態度。在展覽會中，重要的買主都在這兒，我們也很高興每年都有新的東西來此表現。」來自加拿大卑斯省的一位不具名的混凝土生產商也說：「我每年都來混凝土博覽會看，因爲每年的博覽會都有新的東西看。我常來尋找新的產品，協助將我的工作做得更好。每年總有新的東西，今年我看到的切割和鑽孔技術產品，比往年的產品還要更好！」

　　依據亥克的看法，會展產業具備高科技展現、高資訊傳播及提供產品較好折扣的效果，這些資訊需要靠政府融資、降低利率以及降低場租的方式，才能舉辦好一場國際會展活動。此外，國際會展也需要結合國際商務活動和地方觀光資源。因此，舉辦國際性會議、展覽及博覽會，提供國際級的會議空間，希望國際人士在開會之餘，可以在當地進行觀光消費，帶動地方經濟繁榮。

二、獎勵旅遊（Incentives）的鼓舞效果

獎勵旅遊的經濟產值雖然沒有會議或是展覽產業那麼高，但是獎勵旅遊仍在會展產業居於重要的地位。「旅遊」是指「旅行遊覽」活動，和旅行的概念不同。旅遊是一種非在地休閒式的長程活動，具有異地性和日程性等特徵。世界旅遊組織定義旅遊如下：

旅遊是指個人或團體出外最少離家55哩（88.5公里），為了個人或公（商）務因素，到居住地及工作以外的地方，至少逗留24小時的遊覽活動。

獎勵旅遊是一種以旅遊為誘因，藉以激勵或鼓舞公司人員促銷某項特定產品，或是激發消費者購買某項產品的回饋方式。其目的在於表達企業主對旅客的感謝之意，在實質回饋中讓員工感受到業主對他們的關愛之心，讓員工為企業更加打拼努力（張景棠，2005）。獎勵旅遊除了為商務人士提供適合的商務旅遊行程外，也研究推動針對國內外大型企業、金融業、保險業及直銷商等，進行國內外旅遊活動。此外，獎勵旅遊也用來激勵公司員工達到公司研議的管理目標，如減少曠職、鼓勵全勤、提高員工生產力、降低生產成本等目標而辦理的活動（吳繼文，2007）。在國際會議中，安排旅遊活動是主辦單位增加國際人士到本國參與會議的很大誘因，因此，獎勵旅遊在國際會議管理中，列為舉辦成功與否的重要因素之一。

目前臺灣推動獎勵旅遊首要的條件，應為提升臺灣的國際知名度，並增加媒體曝光率。此外，建立臺北（基隆）、花蓮、臺中、高雄成為港灣型獎勵旅遊的海運門戶，以紓解壅塞的空運交通。其次，在旅遊行程中，應結合寶島文化、美食、節慶等當地特色，以「產業聚落」方式，加強會展和其他產業的異業結合。例如：結合臺北101、觀光夜市、故宮、三節傳統節慶活動等。一般來說，價格競爭力並不在國外大型企業的考量範圍之內，因為參加獎勵旅遊者多為大型企業的績優員工，屬於高消費顧客群。

在2008年全球金融海嘯及2020年全球新冠肺炎影響之下，世界各國經濟雖然受到影響，但是在全球衰退的大環境下，國際會議暨獎勵旅遊展覽依然逆勢成長，顯示旅遊會展產業雖面臨挑戰，但是更積極行銷，運用賣方降價求生的機會，尋找新的會議旅遊目的地，以營造商業契機。目前獎勵旅遊會議的專業展覽非常多，以下案例以世界會議和獎勵旅遊展、獎勵旅遊暨會議展和亞洲獎勵旅遊暨會議展進行說明：

一、世界會議和獎勵旅遊展（The Worldwide Exhibition for Incentive Travel, Meetings and Events, Incorporating Meetings Made in Germany，簡稱IMEX）

IMEX是世界上規模最大，層次最高的專業會議和獎勵旅遊展覽，僅對專業人士開放，不對公眾開放。IMEX針對國際會議及獎勵旅遊產業，所舉辦的全球性年度專業展覽，由英國的IMEX團隊Regent House公司和德國會議局所共同辦理，並獲全球會議及獎勵旅遊產業國際組織積極參與，目前是全球會議及獎勵旅遊產業的標竿展覽。IMEX每年的4月或5月在德國的法蘭克福展覽中心（Messe Frankfurt）舉辦。在2009年展覽面積達到了1.05萬平方公尺，參展商來自於157個國家和地區，數量超過了3,500家，共近9,000名專業人士參觀洽談，其中3,700人為主辦單位邀請來自於60多個國家和地區的主要買主（hosted buyers）（鍾興國，2006）。

二、獎勵旅遊暨會議展（Exhibition for the Incentive, Business Travel & Meeting Industry，簡稱EIBTM）

EIBTM針對會議、獎勵旅遊、大型會議及展覽內容為主，和德國法蘭克福舉辦的IMEX展，並列為歐洲獎勵旅遊會議的二大專業展。該展自1996年起由英國Reed Travel Exhibitions展覽公司在瑞士日內瓦辦理，2004年起遷移到西班牙巴塞隆納市郊的Fira Gran Via舉行，以進行和IMEX展的市場區隔。EIBTM主要的參展業者分別來自各國旅遊局、航空公司、會議場主、各城市會議旅遊局、旅館業者、SPA業者、豪

華郵輪及火車業者、PCO、DMC、獎勵旅遊業者、旅行社和服務供應商。EIBTM參照其他專業旅遊展覽，除邀請各單位參展外，也透過各國有關單位，如航空公司、會議中心、政府單位與專業會展籌組公司等篩選具備主要買主和參展賣方進行洽談預約，並嚴格管控買賣雙方會談（pre-business appointment）出席率，使參展賣方與買主都能獲取所需資訊並達成交易（楊永盛，2010）。

三、亞洲獎勵旅遊暨會議展（Incentive Travel & Conventions, Meetings Asia簡稱IT&CMA)

IT&CMA是亞洲地區重要的獎勵旅遊展之一。該展於每年10月份的第二週定期舉辦，提供區域內之相關產業一個共同推動亞太地區最佳會議、旅遊及展覽標的展示平臺，主辦單位統計平均每年有34國340家參展公司參加。參觀者以亞洲國家最多，占61%；歐洲及北美合計僅36%，可見亞洲誠為本展主要市場（李雯、林秀梅，2010）。

雖然會展產業起自歐洲，但歐洲市場已經呈飽和狀態，迫使會展產業向外尋找機會，而亞洲新興市場就是首選的目標。國際展覽業協會(UFI)會長偉特（J. Witt）強調，亞洲是會展產業成長幅度最大的地區，其中又以中國的成長最快。

（資料來源：鍾興國，2006；楊永盛，2010；李雯、林秀梅，2010）

三、會展產業的間接效益

會展經濟透過舉辦會展取得直接的經濟效益，因而帶動地區相關產業發展的功能。除了上述有形的經濟效益之外，事實上會展經濟也有無形的非經濟效益，包含塑造都市整體環境，提高都市國際知名度和市民認同感，同時提升國際交流，匯合政經、文化、科技的國際最新資訊，透過舉辦會展而達到下列社會、政治和文化交流的目標如下（黃振家，2007）：

㈠提高品牌知名度；

㈡提升人文精神；

㈢提升專業知識；

㈣宣揚當地文化；

㈤凝聚社會向心力。

上開的非經濟效益遠勝於經濟效益，這也是為什麼許多國家每年願意投入龐大人力與資金發展會展產業的最主要的原因。

第四節　會展產業市場趨勢

會議展覽產業屬於第三產業（服務業），不像第二產業（工業）造成地方污染，同時創造可觀的產值。因此，會展經濟在全球發展的狀況，可以看出一國會展經濟實力和發展水準，和該國綜合經濟實力有關。這些國家總體經濟規模及服務業水準之優勢，在會展產業發展過程中處於主導地位。從各大洲情況看，會展產業市場在全球發展很不均衡，已開發國家和地區憑藉自身科技、交通、通訊、服務業領先的優勢，在世界會展產業發展中，處於主導的地位。

隨著發展中國家及地區經濟實力不斷地強化，其會展產業也正蓬勃發展。以亞洲為例，因為亞太地區經濟快速發展，各項國際會議與會展產業相繼崛起，各城市莫不全力發展會議展覽產業，其主要原因包含：會議市場的消費力強、有助提高城市知名度、協助當地產業知識之提升、協助拓展商機、保存文化資產，以及增加就業機會等機會。在整體發展上，我們以國際的市場進行分析，說明展覽成功的因素為產業形成的經濟後盾（http://www.ruhrmesse.com/index.html）：

一、歐洲市場分析

歐洲是世界會展產業的發源地，同時全球最大的展覽館也是在歐洲，經過100多年會展經驗的累積和發展，目前歐洲會展經濟整體實力最強，規模最大。在歐洲地區中，德國、義大利、法國、英國都是世界級的會展產業大國。以德國為例，知名的展覽如漢諾威電腦展、法蘭克福書展都在德國舉辦。

依據IMEX等會展進行觀察，德國會展產業的特點是具備高專業、高規格、高效益的特性。德國政府將大量的資金挹注，並且將協會進行協調整合，運用扶植與獎勵措施進行協助（石懿君，2007）。

在國際獎勵旅遊專業展方面，德國是居於首位的世界會展強國。全世界最著名的專業性展覽會中，約有三分之二的場次都在德國舉辦。依據營業額排序，全世界10大知名會展公司中，也有6個公司在德國登記。每年在德國舉辦的國際性貿易展覽會約有130多個，參展商17萬家，其中約有半數的參展商來自國外。在展覽設施方面，德國展覽中心擁有26個大型展廳，其中，超過16萬平方公尺，每年有60個展覽。目前，德國展覽總展場面積[5]達682萬平方公尺，世界最大的5個展覽中心中，就有4個在德國。

二、北美洲市場分析

北美洲的美國和加拿大是會展產業的後起之秀，每年舉辦的展覽會近萬場，總展場面積超過460平方公尺的展覽會約有4,300個，展出面積共計4,600萬平方公尺，參展廠商120萬，觀眾近7,500萬人次。舉辦展覽最多的城市是拉斯維加斯、多倫多、芝加哥、紐約、奧蘭多、達拉斯、亞特蘭大、紐奧良、舊金山和波士頓。

三、中南美洲市場分析

中南美洲近年來積極發展會展產業，中南美洲的會展產業經濟產值約為20億美元。其中，巴西位居第一，每年展覽約500個，營業收入8億美元；其次為阿根廷，每年約舉辦300個，營業額2.5億美元，第三位是墨西哥。大多數中南美洲國家的會展經濟規模都很小，很多國家還居於起步階段。

---

[5] 展場攤位面積稱為「淨展覽面積」（net exhibition space）；展場含攤位面積、走道及公共空間在內的可用面積稱為「毛展覽面積」(gross exhibition space)；若以展場總樓地板面積估算，則為「總展場面積」（total venue space）。

四、非洲市場分析

非洲的會展經濟發展和中南美洲很相似，都是聚集在少數的國家，主要集中於經濟較爲發達的南非和埃及。南非會展業在非洲地區居於領先，埃及和中東、北非市場有地緣之便，每年舉辦大型會展可達30個，大多集中在首都開羅舉辦。除了南非和埃及外，西非和東非的會展經濟規模都很小，受到氣候和經濟條件的限制，一個國家基本上一年最多舉辦一、二場展覽會。

五、大洋洲市場分析

大洋洲會展經濟發展水準次於歐美，但規模則小於亞洲地區。該地區的會展產業主要集中於澳洲，每年約舉辦300個大型展覽會，參展商超過5萬家，觀眾600萬人次。例如澳洲擁有在2000年舉辦澳洲雪梨奧運的經驗，以及擁有達令港（Darling Harbor）會議中心，是澳洲最大的會議之都。其次，在澳洲各州的首府，都設有會議局，例如：雪梨、墨爾本、伯斯、阿德雷德等。

六、亞洲市場分析

亞洲會展經濟的規模僅次於歐美，居於全球各洲第三位，未來可望成爲世界最大的會展市場。目前亞洲地區會展產業在全球的地位逐步提升，可說是全球發展會展產業最快速的區域，僅僅10年內展場面積成長幅度高達121%，舉辦展覽的數量成長45%。各項國際會議與會展產業相繼崛起，各城市莫不全力發展會議展覽產業。

會展業比較成熟的國家和地區有日本、韓國、新加坡和香港等，近年來，中國會展產業迅速發展，逐漸邁向亞洲會展大國之路。以2019年國際會議協會（ICCA）評估前五名的國家，依序爲日本、中國、韓國、泰國、新加坡。日本是本地區唯一的經濟發達國家。中國憑藉其廣闊的市場和巨大經濟發展潛力，近年來積極開發會展基礎設施、提升服務業發展水準，以其優越的地理區位，形成會展大國。韓國則運用其與中國接壤的地理位置，強化其和日本的區位關係，加上以大型企業的雄厚資本，舉辦大

型國際活動，奠定其會展強國的條件。新加坡位置居於麻六甲海峽，僅為彈丸之地，但政府積極推動會展產業發展。例如：新加坡旅遊局展覽及會議署、新加坡貿易發展局專門負責對會展業進行推廣，積極挹注相關資金提供會展產業的服務。此外，新加坡擁有完善的交通、通訊等基礎設施，以及較高的服務業水準、開闊的國際開放度和英語普及率，每年舉辦的展覽會和會議等大型活動達3,200場次。和新加坡同處於東南亞的泰國，其會展產業的發展速度也不斷與日俱增，並且在2019年後來居上。

由於亞太地區經濟快速發展，各國政府選定具備市場規模及產值的產業辦理會展活動，相關國際會議與會展產業迅速拓展。此外，許多著名的亞洲城市莫不全力發展會議展覽產業。此外，各國之間為了形成會議產業網絡，更成立了亞洲會議及旅遊局協會[6]（Asian Association of Convention and Visitors Bureaus, AACVB）之組織，以促進各國之間的合作，目前加盟的國家區域有：中國、日本、香港、印尼、韓國、澳門、馬來西亞、菲律賓、新加坡、泰國。其中如國家級規模的日本會議局（Japan Congress Convention Bureau, JCCB）、新加坡旅遊局展覽及會議署（Singapore Exhibition and Convention Bureau, SECB）、香港會議及展覽拓展部（Meetings and Exhibitions Hong Kong, MEHK）、泰國會議展覽局（Thailand Convention and Exhibition Bureau, TCEB）等單位為正會員；而各都市的會議局為準會員。

個案研究—中國會展產業

中國會展產業發展是在經濟全球化階段中，出現新的區域經濟成長過程。中國因為龐大的市場商機，吸引來自於不同國家、地區的經濟實體或其他機構進行投資，通過會議和展覽呈現商品、技術和動態資訊的形式，從而帶動了經貿、觀光、交通運輸、電子資訊服務等多面向的產

---

[6] 亞洲會議及旅遊局協會（Asian Association of Convention and Visitors Bureaus, AACVB）：成立於1983年，創始成員包括香港、馬來西亞、菲律賓、新加坡、韓國和泰國，後來中國和澳門參加。該協會的使命是強化亞洲國家成為舉辦國際會議的良好地點。

業發展。

中國會展業與前中國領導人鄧小平所領導的改革開放同步發展。在1978年，中國國內國際會展僅有6場，出國參展活動21場。到了1999年，中國國內辦理國際會展有694場，出國參展活動292個。到了2010年，會展的數量和規模已經增長了數十倍。會展產業對總體經濟成長影響深遠，根據統計，中國會展業務每年平均以10%左右的速度遞增，全國展覽項目直接收入在500億人民幣以上，會展從業人員估計在1,000萬人以上。

2000年以來，會展產業已經拓展到相關領域，從機械、電子、汽車、建築、紡織、花卉、食品、家具等，皆以發展出國際專業展。目前北京和上海已成為全中國最大的會展中心城市。以展覽規模觀察，北京為全國之最；從會展數量觀察，上海居於全國之首。目前中國形成了北京、上海、廣州三大會展區域中心，三大城市在全中國會展業市場占有率分別為：北京20%、上海18%、廣州8%。

以北京為例，北京2000年展覽會突破100個，2007年北京市飯店、場館辦理會議21.3萬場。其中，國際會議8,045場，展覽項目1,366場，會展產業年收入81.8億元人民幣。

歷年來在上海舉辦了國際商會年會、環太平洋論壇年會、亞太法官會議、APEC會議等700多個國際性會議。2010年上海舉辦了世界博覽會，奠定亞洲會展成功的典範。

到了2019年，中國舉辦539場國際會議，居全球第七位。

目前許多中心城市和省會城市紛紛興建現代化的大型展館，推動「會展經濟」。例如北京、上海、大連等城市，將會展業納入重點扶持的都市型產業和新的經濟增長點，以北京、上海、廣州、武漢、深圳、大連、瀋陽等城市為中心的全國性展覽網絡已經形成。現今中國的會展產業在國際合作的案例上，例如香港雅氏展覽服務公司在中國籌辦國際塑料橡膠工業展；德國展覽公司和中國大陸展覽中心合作行銷德國的展覽，共同招攬參展廠商與訪客。此外，亞洲電子展（AEES）則透過臺灣、日本、韓國、香港及中國五個亞洲最具影響力的電子展共同擔任主辦單位。

　　以國外參展商人數而言，中國的表現已經超過英國、美國、義大利等傳統參展大國，一躍成為海外參展商來源國。2000年中國大陸赴德國參展的企業為2,200家，到了2004年，中國大陸赴德國參展的企業為7,014家。近幾年，中國赴德國參展的企業數量，保持在20%～30%的成長率。

　　因應會展經濟的快速發展，中國大陸形成了兩個全國性的會展組織「中國展覽館協會」及「中國會展經濟研究會」。「中國展覽館協會」成立20餘年，業務範疇偏重於展覽場館和展位搭建領域，由於中國會展協會較為缺乏，「中國展覽館協會」的業務已經日趨多樣化，包含會展協會的相關業務。但是由於該協會的名稱限制，還不能承擔展覽業協會的角色。此外，「中國會展經濟研究會」是在中華人民共和國商務部下管轄的會展行會組織，由於成立時間較短，而且較為著重於會展學術研究，其在中國會展產業管理的作用方面並不明顯。

　　（資料來源：http://www.ruhrmesse.com/index.html；李中闖，2009；馬紅定，2010）

圖2-4　上海近年來舉辦了700多個國際性會議，圖為在黃埔江畔
　　　　位於上海浦東的上海國際會議中心（方偉達／攝）。

圖2-5　2010年上海舉辦了世界博覽會，奠定亞洲會展成功的典範，圖為上海世博文化中心（方偉達／攝）。

圖2-6　2010年上海世界博覽會園區內，36輛超級電容車將與氫燃料汽車、混合動力汽車共同承擔客運業務，成為展示和客運的主力車型（方偉達／攝）。

我們以2008年國際會議協會（ICCA）評估亞洲四強的國家，日本、中國、韓國、新加坡發展會展的歷程，以簡表概述如表2-1：

表2-1　亞洲各國會展發展歷程

2008年亞洲排名	國家	發展歷程
1	日本	1964　舉辦東京奧運。 1965　設置日本集會活動事務局。 1970　大阪世界博覽會。 1981　成立國際會議事業協會。 1981　神戶「港灣之行」活動。 1983　千葉新產業的三角構想。 1985　筑波世界博覽會。 1990　大阪國際花卉博覽會。 2005　愛知地球博覽會。 2025　大阪世界博覽會
2	中國	2008　舉辦北京奧運。 2010　上海世界博覽會。 2019　北京世界園藝博覽會
3	韓國	1979　亞太旅遊協會總會會議。 1988　舉辦漢城奧運。 1989　國際會議推廣協會（KCPCC）開始運作。 1993　大田世界博覽會。 2012　麗水世界博覽會。
4	新加坡	1974　新加坡旅遊局的展覽及會議署成立。 1995　新加坡國際會議及展覽中心（SICEC）開幕。

七、臺灣市場分析

臺灣原係以國際貿易導向為主的發展方向，自1966年起出超大於入超，自次奠定了臺灣出口導向的經濟模式。近年來面臨到自動化產業轉移大陸，經濟發展指標向下修正，以及產業發展低迷的問題，這些問題隨著2008年的國際金融風暴浮向臺面。此外，臺灣因為內銷市場空間並不如中國大陸那麼大，並且受到辦展成本高、場地資源受到限制等影響，形成大型會展發展空間之制約性。因此，我國會展經濟不像是中國大陸能夠快速地形成聚集的經濟（economies of agglomeration），經過改革開放後加速吸引外資企業投向市場，創造龐大的經濟商機。

過去臺灣在會展產業的發展，一直不受到重視。到了1990年臺北國際會議中心（TICC）興建之後，會展產業逐漸衍生相關商機，例如帶動航空旅遊、國內運輸、飯店餐廳、禮品印刷、專業會議顧問、筆譯與口譯、會展媒體傳播、會場設計與室內裝潢等。目前臺灣會展產業發展的特色偏重於電子及工業產業，例如：電腦、電子、工具機、自行車、汽車零配件等工業。目前政府推行各項會展專案計畫，興建第二代南港展覽館，訂於2012年完工，藉由興建基礎建設，如臺北內湖、南港捷運；加上第二代南港展覽館，攤位規模可超過5,000個，具備能力辦理大型展覽。

依據經濟部推動會議展覽專案辦公室2009年11月首次針對國內PEO、PCO，以及公關、旅館、旅行業、展覽及會議場地管理者、口譯員、設計裝潢廣告、展覽物流等周邊業者進行之調查結果，2008年臺灣會展產業產值為新臺幣257.4億元，就業人數9,936人。目前臺灣會展產業最大的受惠者，就是旅館業，產值達82.96億元；其次為旅行業，產值37.01億元。非PEO的辦展及徵展單位產值達34.44億元。至於場地管理及設計裝潢、廣告，合計超過40億元，PCO及公關亦已超過10億元。在調查中也發現，目前有會展業務的旅館比例已高達86.8%。公關公司從事會展的家數比例達42%，旅行社部分有24.5%的綜合旅行社從事會展業務。根據分析，我國會展產業SWOT如表2-2。

表2-2　臺灣辦理會展產業的SWOT分析

	（S）	（W）
會展產業	1.臺灣地理位居亞太交通樞紐，國際商業人士往來便利。 2.文化與語言優勢，成為臺灣會展產業進入大中華經濟圈市場之優勢。 3.具備完整之產業結構，能吸引各國買主。 4.我國部分產業如資訊、通訊、自行車等在國際上具競爭優勢。	1.囿於外交政治情勢及兩岸關係不明，爭取涉中的國際會展較為困難，降低會展競爭力。 2.展覽場地嚴重不足、現有場地周邊動線規劃不佳，無配套計畫與設施。 3.國際化不足，英語環境待改善，特殊語言人才亟為缺乏。 4.強幹弱枝，會展人才高度集中臺北。

外部機會 （O）	1.臺灣加入WTO後市場開放，可吸引國際業者來臺辦理活動。 2.亞洲已成為舉辦國際會展活動之主要區域，充滿商機。 3.我國高科技產業居全球領導地位，相關會議展覽具競爭優勢與成長空間。 4.臺灣人口集中，消費能力強，優質展覽易吸引眾多人潮。	（S）+（O） 運用條件，研擬對策。	（W）+（O） 運用條件，研擬對策。
外部威脅 （T）	1.競爭對手提供舉辦會展之優勢遠勝於我國。 2.中國大陸會展產業迅速崛起。 3.港澳與中國大陸之CEPA協定吸引國際會展業者進駐。 4.視訊影像科技發達，降低會展活動之舉辦頻率。	（S）+（T） 運用條件，研擬對策。	（W）+（T） 運用條件，研擬對策。

（資料來源：經濟部商業司，2005）

個案研究—臺灣會展產業發展現況

　　依據臺灣辦理會展產業的SWOT的分析結果，我國推動觀光及會展活動，具備人民好客、友善、旅遊環境安全；擁有合乎國際水準的會議場地及旅館；臺灣地理位置適中，交通便捷；豐富的中華文化及美食，多采多姿的夜生活等特色。集思國際會議顧問有限公司董事長葉泰民（2000）認為，仍有下列的問題：

一、國際政治地位低落，不利爭取國際會議來臺。

二、軟體及語言等專業人才不足。

三、機場交通不夠便捷，市區交通無法掌控。

四、物價高，旅館、會議設施、餐飲選擇性少。

五、城市無特色，景觀不良，英文路標不清楚，缺乏舒適之行人環境，無整體城市之形象。

六、會議產業相關協會、公會沒有權威，缺乏群體合作。

七、缺乏英文媒體及會議旅遊相關資訊。

八、計程車良莠不齊。

九、文化活動不足吸引外人參與。

十、公共設施如博物館、美術館無法彈性配合國際會議使用。

十一、政府及民間對國際事務參與不足。

十二、航空公司配合度不高。

　　由上述分析可知，國內展規模大的不多，較具規模的有資訊月、車展、書展等。因為舉辦大型國際展並不經濟，花錢購買海外廣告，邀請國外買主來臺等費用，都有可能讓展覽活動得不償失（石懿君，2007）。此外，國內會展產業的發展瓶頸，在於營運資源和人才資源都明顯不足。此外，旅行社投入比例偏低，更是獎勵旅遊無法大幅成長的關鍵，也成為未來臺灣會展產業持續發展的最大挑戰（楊迺仁，2010）。

　　因此，在政府和民間的攜手努力之下，我們著眼於海峽兩岸在2010年簽署兩岸「經濟合作架構協議」（Economic Cooperation Framework Agreement, ECFA）之後，ECFA生效後，會展產業納入了ECFA早收清單，臺灣將開放中國大陸會展產業或團體來臺進行經貿事務，並且與臺灣會展業者或會展公協會合辦展覽活動，但是展覽暫定限制為B2B專業展。在大陸會展業者和臺灣業者合辦展覽之餘，搭配大陸旅客來臺的自由行活動，可以刺激國內會展旅遊相關產業的內需市場，預計2010年國內招商金額可達新臺幣42億元。

　　今後在兩岸發展「經濟合作架構協議」之後，會展產業發展趨勢明顯。政府需要提出強化會展周邊配合之基礎建設計畫、加速扶植國內專業會展規劃機構、強化專業人才培育工作、提升國人外語能力、發展國際知名之獨特地方特色，以及建構完善與便利的金融體系，以因應

ECFA時代的來臨。

根據經濟部投資業務處的歸納，臺灣會展產業發展現況特色如下：

一、產業聚落發展迅速

會展是產業的櫥窗，如果沒有產業在會展後面支撐，會展硬體展示設施只是一個空殼子。在「兩創兩高」（「兩創－技術創新、品牌創新」與「兩高－高技術密集、高附加價值」的產業創新策略下，臺灣產業聚落競爭力持續提升。例如，整合在地文化、工藝、美學等傳統產業元素形成地方群聚，包括臺北市的數位內容、新北市鶯歌陶瓷產業聚落，新竹市的晶圓產業、汽車及玻璃聚落，臺中縣市的自行車製造、精密機械與樂器聚落，彰化縣的織襪、自行車製造聚落，臺南市的薄膜電晶體液晶顯示器（Thin film transistor liquid crystal display, TFT-LCD）、積體電路（integrated circuit, IC），以及紡織毛衣聚落等，以上都是產業聚落發展的指標，同時也是展現我國精緻化工業最好的櫥窗產業。

二、政府重點扶植會展發展

爭取國際會展來臺舉辦，是目前政府除在國際行銷上，積極輔導及發展的政策。例如，政府補助國際會展來臺舉辦，在2005年至2007年期間補助項目為250件，金額約為260萬美元。目前已成功爭取在臺舉辦的國際活動（event），包括2009年世界運動會（高雄市）、2009年聽障奧林匹克運動會（臺北市）、2010年花卉博覽會（臺北市）、2011年世界管樂年會（嘉義市），以及2011年世界設計大會（臺北市）等。

三、國際專業展蓬勃發展

在國際專業展主辦單位外貿協會多年的籌劃經營之下，臺灣目前已有10檔知名的展覽，包括：臺北國際電腦展、書展、自行車展、汽機車零配件展、秋季電子展、工具機展、橡塑膠展等，上開的展覽為週邊產業帶來可觀的經濟效益。例如，過去臺北世貿中心每年舉辦約20個臺北國際專業展覽會，攤位租金收入以新臺幣7億元進行估算，臺北世貿中心會展活動替臺北市政府每年至少帶入新臺幣60億元以上的經濟

效益。

　　此外，專業展覽會目前重心在2008年3月之後已經移到南港展覽館，定期展出的展覽包括：COMPUTEX TAIPEI、TIMTOS、AMPA、TAIPEI CYCLE、TAITRONICS、TIBE 等。以臺北國際電腦展爲例，在2008年南港展覽館啓用後，參展廠商超過1,500家、國外專業買主預計超過35,000位，可爲資訊通訊科技（Information and Communications Technology, ICT）產業挹注可觀的訂單。

　　2014年興建完成「高雄展覽館」，擁有1,500個攤位的展示空間。2019年擴建完成南港展覽館（2館），完成臺北「國家會展中心」，並且讓臺灣具備辦理5,000個攤位的世界大型展覽空間，同時並建構整合現行南港軟體園區、內湖科學園區、以及未來南港生技園區等高科技產業的聚落效應，完整建構我國會展服務產業發展基礎，使我國會展產業具備國際競爭力。

　　有關臺灣會展產業推動相關單位的網站，請參閱附錄二。

　　（資料來源：葉泰民，2000；石懿君，2007；經濟部投資業務處，2008；楊迺仁，2010）

　　爲了了解21世紀初期我國會展發展的狀況，本節依據經濟部國際貿易局的官方網站《臺灣會展網》來蒐集臺灣地區1999～2008年所舉辦的會議展覽資料，並據此進行該項產業之文獻蒐集、分類與統計分析（方偉達、徐雅萍，2009）。研究中排除各級學校辦理之學術研討會，僅就商務會議、展示會議、社團大型聚會等，與會展相近的活動進行分析，以了解近年來臺灣經濟發展的特色。本節對應經濟發展的樹窗型（window-like）會展產業趨勢進行說明，亦即「會展是經濟發展的樹窗」，是否因應經濟發展形式的不同，而有所差異？

　　經過分析顯示，在1999～2008年展覽舉辦的數量是：1999年12次、2000年39次、2001年79次、2002年4次、2003年36次、2004年38次、2005年103次、2006年123次、2007年118次、2008年124次，有逐年增加的趨勢，1999～2001年和2002～2008均有明顯上升之現象，2002年因遇SARS

影響，導致該年辦展數量大爲降低（圖2-7）。

圖2-7　1999～2008年展覽數量統計圖

　　根據《臺灣會展網》的分析，在2003～2008年會議舉辦的數量爲：2003年38次、2004年33次、2005年50次、2006年5次、2007年30次、2008年38次，有較明顯的變化在2005～2006年，應是受大環境之影響所致（圖2-8）。

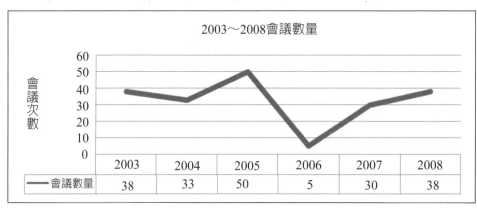

圖2-8　2003～2008年會議數量統計圖

　　自動化會展是經濟發展的重要指標，也是象徵國家二級產業（工業產

國際會議與會展產業概論

業）的外貿經濟櫥窗，其重要性不容忽視。根據經濟部國際貿易局的官方網站《臺灣會展網》進行分析，2001～2006年自動化（工業）會展數量依序為：2001年1次、2003年3次、2004年1次、2005年1次、2006年7次，2002年因SARS影響，所以該年未辦展，到了2006年開始有增加之趨勢（圖2-9）。可惜到了2007年，自動化（工業）會展即停辦，至今都沒有復辦的跡象。例如：臺北國際酒展、臺北國際春季電子展覽會、臺北國際光電展覽會、臺北國際進步夥伴展覽會、臺北國際自動化展覽會、臺北國際電信暨網路展覽會、臺北國際電子零配件展覽會、臺北國際電子成品展覽會，以及臺北國際數位電子展覽會已經宣告停辦或是改制。

目前自動化會展已與其他產業共同展出，例如：2009模具暨模具設備製造展、自動化科技展、機器人展、物流暨自動識別展四聯展，即結合模具、自動化科技、物流、機器人、環保等主題同期展出的一項活動。

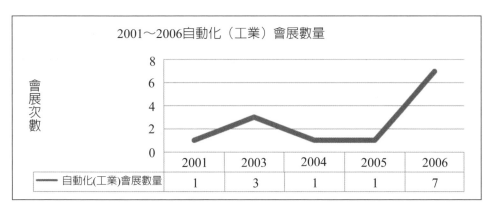

圖2-9　2001～2006年自動化會展數量統計圖

觀光產業會展是我國第三級產業（服務產業）的櫥窗，依據經濟部國際貿易局的官方網站《臺灣會展網》顯示，2005～2008年觀光產業會展數量為：2005年3次、2006年1次、2007年4次、2008年5次，由圖可得知有逐年增加的趨勢（圖2-10）。

在1999～2008年會展數量統計為：展覽是1999年12次、2000年39次、2001年79次、2002年4次、2003年36次、2004年38次、2005年103次、2006年123次、2007年118次、2008年124次；會議是2003年38次、

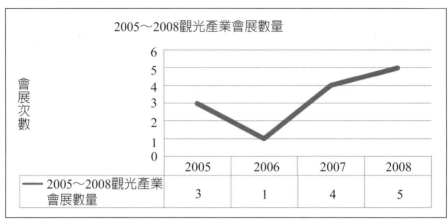

圖2-10　2005～2008年觀光產業會展數量統計圖

2004年33次、2005年50次、2006年5次、2007年30次、2008年38次，展覽
（78%）的舉辦次數較多於會議(22%)。展覽在這段時間內每年舉辦，而
會議是於2003年才開始發展（圖2-11）。

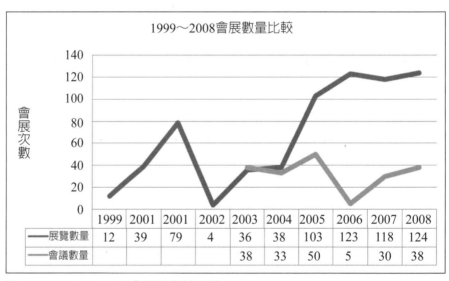

圖2-11　1999～2008年會展數量統計圖

　　2001～2008年自動化（工業）與觀光產業（服務業）的會展統計
為：自動化是2001年1次、2003年3次、2004年1次、2005年1次、2006
年7次；觀光產業是2005年3次、2006年1次、2007年4次、2008年5次，
可以看出前期是為自動化工業為主，後期則變動為觀光服務業為主

（圖2-12）。

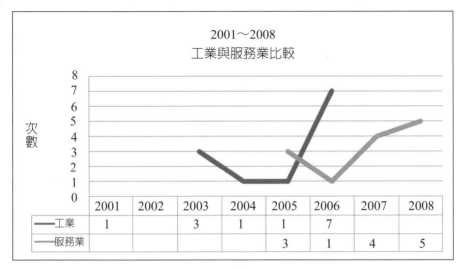

圖2-12　2001～2008年工業與服務業比較圖

　　雖然臺灣地區會展產業研究起步較國際先進國家甚晚，但從文獻上了解，近年來針對規劃經營或培訓教育層面的實踐，均有逐年增加的趨勢。目前著名的展覽，例如：旅展、光電週、五金展、珠寶展、生技月、安全博覽會、電路板展、建築建材展、聯繫工業展、綠色產業展、電子遊戲機展、汽車電子用品展、烘焙暨設備展、臺北國際連鎖加盟大展等，都是知名的展覽活動。此外，同類型展覽辦展的頻率間隔少則三個月，多則二年以上，藉以吸引「物以稀為貴」的買氣。依據上述的分析，目前臺灣會展活動具備下列的趨勢（方偉達、徐雅萍，2009）：

㈠整體的展覽次數越來越多。

㈡觀光產業會展數量有上升的趨勢，我國朝向以服務業會展（觀光產業）為導向的經濟發展。

㈢因為各國市場已經融合成巨大的全球性市場，國內企業經營者需要針對各國文化設計其展出產品。

㈣國際會展所推銷的產品以全球外包作業（global outsourcing）進行管銷，展出產品已經無法明確劃分是那一個國家的產品。

㈤國際展覽會命名，考量我國所處的特殊地理區位、產品定位，並且

納入整體行銷簡單易記的趨勢，以顯示出與他國相同或類似展覽之差異。

小結

　　近年來，由於跨國貿易迅速成長，各國之間商務往來日益頻繁，因而形成會展產業。會展產業由於和各國經濟、政治、文化及教育有著密不可分的關係，同時在辦理會議與展覽的同時，也是展現各國國力的象徵。因此，國際會議和展覽數量的統計數字，反映出該國社會經濟發展的現況。

　　臺灣位居全球產業供應鏈的樞紐位置，具備豐沛的科技、人力、效能、產品及服務，同時擁有一流的展覽與會議場地設備與服務設施，形成會展產業的絕佳地理和服務條件。近年來臺灣的會展發展，雖然不若中國大陸的蓬勃發展，但是臺灣應以國際貿易為發展主流，進行國際化轉型，例如：推動產業經濟、加強先進設施展示、促進國家綜合發展、傳遞流通資訊和普及教育文化。政府大力培訓會展專業人才，為會展產業的永續發展進行紮根與傳承工作。

　　會展是未來最具活力的行業之一，成功的國際會展品牌應具備獨特性、識別性，以及易憶性。因此，在網路時代，應該強化會展活動B2B通路建構與行銷理念，因應中國大陸會展產業或團體來臺辦理B2B專業展覽的競爭情勢，本地的會展公司組織更應該淬礪奮發，以迎接新的挑戰。

　　此外，政府應該積極選擇有發展潛力的城市，加以開發成為會議展覽重鎮，並進行國際展覽的宣導工作，以密集性的網路及媒體行銷方式，吸引國外參展廠商及參觀買主到我國進行展覽及觀光。

本章關鍵詞

毛展覽面積（gross exhibition space）

毛展覽面積（gross exhibition space）

主要買主（hosted buyers）

目標買主（target buyers）

目的地管理公司（Destination Management Company, DMC）

企業對企業的方式進行交易（business-to-business, B2B）

企業對顧客的方式進行交易（Business-to-consumer, B2C）

全球外包作業（global outsourcing）

供應鏈（supply chain）

淨展覽面積（net exhibition space）

買賣雙方會談（pre-business appointment）

專業會展籌辦單位（Professional Conference/Congress Organizer, PCO）

專業展覽籌辦單位（Professional

Exhibition Organizers, PEO）

資訊通訊科技(Information and Communications Technology, ICT)

會展產業（MICE Industry）

會展經濟（MICE Economy）

價值鏈（value chain）

積體電路（integrated circuit, IC）

薄膜電晶體液晶顯示器（Thin film transistor liquid crystal display, TFT-LCD）

總展場面積（total venue space）

問題與討論

1. 會展產業不單是舉辦一場會議的收益而已，請問會展相關產業因為辦了一場國際盛會，會有哪些額外的收益呢？

2. 臺灣的經濟產業活動和會展活動內容息息相關，請問展覽活動歷年來的主題歷程演變為何？

3. 兩岸簽訂經濟合作架構協議（ECFA），在臺灣會展產業的影響如何？請運用SWOT方法，進行評估。

4. 在2010年ECFA生效後，會展產業納入了ECFA早收清單，臺灣將開放中國大陸會展產業或團體來臺進行經貿事務，並且與臺灣會展業者或會展公協會合辦展覽活動。但是在2010年的清單中，展覽為什麼暫定限制為B2B專業展覽，而不是B2C的一般展覽，其原因為何？

5. 在2014年海峽兩岸服務貿易協議，擱置至今，請運用SWOT方法評估臺灣會展產業影響。

6. 2019年之後由於新冠肺炎（COVID-19）大流行，讓我們反思國際會議資料。在2019年，全世界國際會議總數再創歷史新高，達到13,254

次，比2018年的紀錄多了317次。請參考下列1963-2019年全世界國際會議的增長總數，說明2020年新冠肺炎（COVID-19）大流行之後，全世界國際會議的發展可能趨勢。

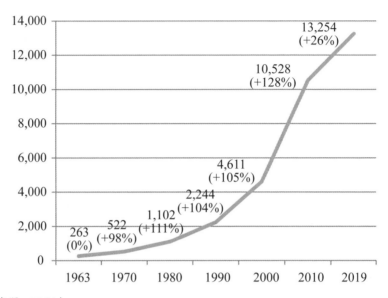

（資料來源：ICCA）

第三章

節慶觀光和國際會展

學習焦點

　　過去國際會展活動很少和節慶觀光活動取得聯繫關係，最大的問題是來自於國際文化差異、舉辦活動時間和地點隔閡、國人對於傳統節慶活動缺乏信心，不知如何運用國際語言進行海外行銷，導致傳統節慶活動侷限於地方舉行，無法為大都市舉行的國際會展活動加分。

　　在臺灣，傳統節慶係由宗族及鄉街組織扮演，然而邁向工商業社會後，因社會生產力發展，所帶來造節運動現象，導致宗族性非專業團體藉由社會分化，逐漸演變專業社團機構主導。此外，由傳統農閒節令慶典，演變至精緻化的市場行銷活動。過去我國舉辦會展的國際經驗雖然不足，但是若能累積相關的經驗，再結合臺灣自然地理環境的美景，辦理國際會展活動的會前旅遊（pre-conference tour）、會中旅遊（conference tour），或是會後旅遊（post-conference tour），例如：率團到日月潭、阿里山、太魯閣等地欣賞山光水色，再加上臺北故宮、名勝古蹟、節慶活動和夜市小吃，就能夠對國外與會者產生在地化的吸引力。

　　會展觀光產業可以提供的產品，即為創造異國文化的體驗過程，這些活動若以精準的國際語言、文字予以翻譯，讓與會者了解我國深厚的文化，可以讓國際會展活動更添生命力。本章撰寫之內容，以《臺灣造節運動之多元社會價值研究》[1]一文為基礎進行增添補充，

---

[1] 蘇成田、方偉達，2009。臺灣造節運動之多元社會價值研究，第六屆休閒、文化與綠色資源論壇論文集，52-75。臺北：臺灣大學生物產業傳播暨發展學系。

希望透過國際會展活動和節慶觀光活動產生連結關係，藉由舉辦活動，提升參與民眾的國際觀、文化素養與公益關懷，以提升國際會展觀光的無形利益（蘇成田、方偉達，2009）。

第一節　節慶的意涵

　　節慶是中華文化中，時令循環的節日根源。自古代中華文明到現代的臺灣，時令節慶和人民生產、生活和生命有著密不可分的臍帶關係。節慶一詞，包含了自傳統生活習慣到現代文化演進的遺跡。在廣義的節慶中，包含了傳統節慶和「造節」活動。這些造節活動透過過去的傳統節慶，衍生出新的節日意義，發展成「節」（festival）、「會」（fair）（市集、廟會、展售、展覽）等活動形式；另依據會展的定義，發展成活動（event）的概念。這些活動是根據傳統民俗慶典活動、地方新興產業觀光活動、運動競技活動、商業博覽活動及其他特殊項目活動而形成。

　　以傳統民俗節慶來說，中國人是喜歡趨吉避凶的民族。從先秦開始，中國古代歲時節慶，大多由自然節氣的年度循環而產生，這也是中國歲時觀念的人文概念。經過歷史的傳承，唐代有關四時節令的規定很多，從統治者的服儀、禮態、儀典等，到建築、都市營造，甚至到四季養生都有時令的觀念。至於民間農家曆法則包括了吉凶、占卜、禁忌、節慶等內容。例如七夕節選在七月七日，七這個字在古代易經卜筮中屬於陽爻數字，是吉數。選擇「七」這個數字，和現今單雙數的概念不同，是基於出古人喜歡選擇月日相同的陽數，作為節慶日令的習慣。這些概念，反應到春節、夏至、中秋及冬至日子選定的「陽數好日」（單數好日）理念中。以下我們以節慶和時令、節慶和觀光的關係進行分析：

一、節慶和時令

　　我國以農立國，在傳統社會中，農民多喜用農曆（民間俗稱舊曆），並依此為民俗節慶及耕種等農時的準繩。雖然我國自民國元年即採用世界通行的陽曆作為國曆，惟民眾仍以農曆作為時令及重大節慶的依據。並依

循農曆所沿習的24節氣，來進行一年中春耕、夏耘、秋收及冬藏的農耕及節慶活動。此外，依據傳統儒、道、佛及民間信仰元素所舉辦的民俗節慶，主要和神明誕辰、成道和祭祀典禮有關。上開祀典與傳統文化中多神崇拜的人文、自然和價值觀有著密切關連性。在節慶項目中，節慶多半具有從個人的「祈福」、「延壽」、「消災」、「解厄」、「求官祿」、「求財帛」、到求取家庭生活順遂的「求姻緣」、「求子息」、「求父母康泰」及「求闔家平安」的世俗價值有關。上開信仰象徵傳統華人慎終追遠、敬天畏神、求神拜佛及飲水思源的傳統價值觀。

臺灣先民源於福建、閩、粵一帶，祖先多為明清早期漢人移民。分析早期傳統節慶活動，保存許多漢人傳統的時令觀念和祭祀文化。到了今天，臺灣人民持續依據傳統歲時節慶的生活規律，渴望藉由神明和歷代祖先的護佑，及虔誠的信仰與宗教活動，獲得神明的加持和福佑。

在傳統文化中，十大節慶延續至今，成為全球華人共同的集體記憶和鮮明意象。例如在古代中國，春節、夏至、中秋和冬至是要放假的。春節，係指陰曆元月初一至初五，甚至包含到元宵節的時間。在古代中國，春節的名稱。在先秦時叫「上日」、「元日」、「改歲」、「獻歲」等；到了兩漢時期，又被叫為「三朝」、「歲旦」、「正旦」、「正日」；魏晉南北朝時稱為「元辰」、「元日」、「元首」、「歲朝」等；到了唐宋元明，則稱為「元旦」、「元」、「歲日」、「新正」、「新元」等；而清代，一直叫「元旦」或「元日」（丁世良、趙放，1995：1634；劉德謙、馬光復，1983：179）。明朝葉顒作《己酉新正》：

> 天地風霜盡，乾坤氣象和；
> 歷添新歲月，春滿舊山河。
> 梅柳芳容徲，松篁老態多；
> 屠蘇成醉飲，歡笑白雲窩。

題名《己酉新正》，是謂「己酉年春節」的意思。在臺灣，沿用明朝語言，過「新年」又稱為「過新正」，新正即新一輪的正月來臨，亦即一年時間循環開端。

過去夏至，因爲氣候炎熱，是官員的放假日。例如秦漢在正旦（正月初一）、立春、社日（二月和八月初一）、夏至、伏日（初伏）等日放假（韋慶遠、柏樺，2005：552）。據《史記‧封禪書》記載：「夏至日，祭地，皆用樂舞。」宋朝《文昌雜錄》記載，夏至之日始，百官放假三天。遼代則以夏至日稱爲「朝節」，婦女進彩扇，以粉脂囊相贈。這個在夏至放假的習俗，也因此延續至清朝。

到了八月十五日，是祭月的日子。中秋節祈神拜月，可以上溯至先秦的古籍。周朝君王有春天祭日、秋天祭月的禮制。《禮記》中記載：「天子春朝日、秋夕月。朝日以朝、夕月以夕。」夕月在此之意，即秋分晚上祭月。漢朝以後，祭月、拜月逐步演變成賞月的習俗（張傑，1993：238）。中秋節賞月的起源，應是起源於古代的祭月。

多至也是古代中國人必過的節慶。多至稱爲亞歲、多至節、多節、大多、小年。根據周朝的記載，多至早在先秦就稱爲「多節」，民間有利用「多至」日至郊外祭天的活動。周朝的正月等於現在農曆的十一月，所以拜歲和賀多沒有分別。甚至慶祝多節更爲隆重。臺語俗諺「多節大過年，晤返無祖宗」，意思是說多至是家人團圓的節日，比過年更加重要。如果外出不歸，那是不認祖宗的人。這句話也同樣流傳在廣西客家族群「多至大過年」的俗諺（廣西壯族自治區地方誌編纂委員會，1992：322），說明中國南方民族多至這天和過年同樣重要。

節慶和節氣有關，這是漢人農業文化特殊的現象。然而，漢人文明起源於火種。當華夏部族原始居民將火種引入居住空間後，以火塘當作起居生活特徵時，火種就形成了早期節慶、祭典、娛樂、飲食和起居的重要媒介，本節試以觀光和節慶對於「火」的認知關係，進行下列觀光和節慶關係的說明。

二、節慶觀光考[2]

在中國古代，節慶和時令、祀典有關，透過前人針對甲骨文、易經及先秦史料的考證，理解觀光和節慶的間的含意。以殷墟甲骨文爲探討案

---

[2] 本段落擷取自作者所著《休閒設施管理》（五南）第21-24頁部分內容。

例，觀光兩字起源於早期的節慶概念。觀光也是古漢語用詞，很早就出現於中國古代典籍《易經》，這是歷代典籍最早有觀光字詞的記載（方偉達，2009：21）。《易經》在觀卦六四爻辭上說：

觀國之光。利用賓於王。

易經《象》說：「觀國之光。尚賓也」。「賓」就是「仕」，也就是為官的意思。古代有德行的人，天子以賓客的禮儀招待，所以說賓。這個卦屬陰爻「六四」，最接近陽爻「九五」。「九五」象徵陽剛、中正和德高望重的君王，所以「六四」陰爻可觀看到君王德行的光輝。孔穎達（574 B.C.～648 B.C.）在《周易正義》解釋為：「居在親近而得其位，明習國的禮儀，故曰利用賓于王庭也」。說明「觀國之光」的意思是：「親自沐浴在四方美好的光輝之下」；「利用賓於王」的意思是：「在朝為官的人仰望君王，君王則禮賓他；不在朝為官的人，君王則理敬他。」「尚賓」的意思是「心志所趨，說明他的心志意願留在朝廷為官，接受君王的禮賓。」

在《左傳》中有一個故事，闡釋了「觀國之光」的含意。春秋時代陳厲公是由蔡國的女子所生。當蔡國人殺了五父，而立他為國君之後，後來生下敬仲。在敬仲少年時，曾有周朝太史帶著《易經》來見陳厲公，陳厲公讓他以蓍草替敬仲占卜，後來占到了「風地觀」這個卦象，卻演變為「天地否」這個卦象，陳厲公看到否卦很不高興。

周朝太史表示說：「這代表敬仲將出使他國，也有利於敬仲將成為君王的座上賓客。他將會代替陳國而享有國家的榮耀。然而這種榮耀，不在本國，而是在其他國家；不在自己本身，而是在於榮耀子孫。這種光輝是由遠方照耀過來的。」

「我所占卜到的『坤』象徵土，『巽』象徵風，『乾』象徵天。在這裡風起於天，而行於地上，這就是山的意思（觀的互卦）。當一個人擁有山中的物產，又有來自於上天的光彩照射時，就非常適合居住於土地上。所以敬仲將出使其他國家，這將有利於他成為君王的座上賓。」

「庭中陳列了許多諸侯朝覲的禮品，也進貢了綢帛的美玉，天底下所

有美好的事物都已經具備。所以說：『有利成為君王的座上賓。』而後面
還有許多等著觀賞的禮品，所以說：『將昌盛在其後代』。」「風吹帶起
沙土，將它落在遠方的土地上，所以說：『將昌盛在其他國家。』如果說
是在其他國家，必定是姜姓的國家〈的前姜子牙被封於齊〉。姜姓，是太
岳的後代，山岳高大足以和天相匹配，但所有事物不能同時併存，因此當
陳國衰亡之時，敬仲的後代就要昌盛了吧！」

　　等到後來陳國第一次滅亡的時候，陳桓子（敬仲的第五代子孫）便在
齊國崛起。後來陳國再次被楚國滅亡時，陳澄子（敬仲的第八代子孫）便
取得了齊國的政權[3]。

　　孔穎達在解釋「觀國之光」時，認為是敬仲親自沐浴在「他國君王美
好的光輝」之下。但是「觀國之光」又有其他的解釋，「觀」在此應當作
「看」來解釋，是指出聘他國，而觀察到其他的國家。觀在甲骨文中有
「見」、「觀」二字。

　　甲骨文中的觀，去掉見部，字形像是頭頂有羽毛，雙眼突出的貓頭鷹
（馬如森，2007：292）。「見」用作看見、渴見等義，「觀」義為觀看
（李霖生，2002：113；郭錫良，2005：149）。李霖生又認為，「觀」
字像是加戴毛角之形，是祭名，後來引申為「觀見」的含意（2002：
113）。「古者包犧氏之王天下也，仰則觀象於天，俯則觀法於地」[4]，在
這裡「觀」就是「見」的意思。

　　甲骨文「光」一詞的字形從火從人，可見光的本義是火光，火係從天
上而來。然而，觀光兩字的原形，字體都像是從古代的卜筮禮而來。尤其
光的下部，是一個跪著頂火的人形，更象徵筮禮的儀式性。古代節慶儀式
隨著用火、觀火，甚至以奴隸為犧牲品用以敬神的開始，都是有從宗教儀
式演進為節慶儀式的意涵。隨著宗教儀式的推演，因而展開節慶、祭典，
或是祀禮儀式，都和火光有關。

　　從《易經》觀國之光這一爻，原本春秋時代重在觀察其他國家的祭
禮，也就是著重於觀察一國的人文狀況；意即由觀察他國的風俗民情，就

3　《左傳》莊公二十二年。

4　《易經·繫辭下傳》第二章。

可以了解到君王的德行。後來演變成有志者應該趁年輕時遊歷他國，觀察其他國家的民俗風土和典章制度，體認民間疾苦；並且宣揚國威，以進行兩國國際經驗的交流。這是中國古代對於「觀光」的見解。

表3-1 「觀」、「光」從甲骨文、金文到小篆的演進表

觀			
甲骨文：字像頭頂有羽毛，雙眼突出的貓頭鷹。 金文和小篆：「見」是形符，「雚」是聲符。			
光			
甲骨文和金文：「光」的下部是一個跪著的人，頭上有一把火在照耀。有火光在人頭的上頭，人的前面就一片光明。 小篆：字的上部是「火」部，下面是「儿」部件，表示人的意思。			

（資料來源：馬如森，2007：292；425；方偉達，2009：24）

第二節 會展、觀光與節慶

在臺灣傳統節慶活動，是由宗族及鄉街組織扮演，然而邁向工商業社會後，因社會生產力發展，所帶來造節運動與會展、觀光結合的現象，導致宗族性非專業團體藉由社會分化，演變專業社團機構主導。此外，由傳統農閒節令慶典，演變至精緻化市場行銷包裝活動。有鑑於目前節慶活動具備商業化時代性格，我們了解到由於休閒價值的演變，現行臺灣造節運動具備多元異質現象、地方文化特色、商業工具性格、及媒體參與行銷的特性。

會展應結合民俗節慶、地方展秀、商務參訪，以及環境展示的方式，藉以和大環境下的資訊通訊產業，進行科技、經濟、教育、環境和文化整合。一個成功的會展活動，除了在會前舉辦旅遊參訪活動之外，在會後舉

辦旅遊參訪活動，也是添增國際會展活動引人入勝的地方特色。

　　根據交通部觀光局針對來臺觀光客調查結果發現，「夜市」蟬聯來臺旅客觀光的第一位，每100名外國旅客就有73人在臺期間會去逛夜市。臺灣「榮餚」、「風光景色」為吸引旅客來臺主要因素，「逛夜市」、「臺北101」、「臺北故宮」、「日月潭」、「中正紀念堂」、「阿里山」、「淡水」、「國父紀念館」、「九份」、「太魯閣」成為2009年調查的主要觀光景點，而人民友善、榮餚、風光景色乃是臺灣最具觀光競爭力的三大優勢。其中以榮餚在國外旅客來臺觀光因素中，排名第一。

　　學者分析，依據臺灣過去的歷史觀察，因為多元血統、異族文化不斷在本島上融和，於是在傳統與科技、日常飲食、藝文建築、以及文化展演活動上，都有國際友人可觀之處，也營造出國內特殊的觀光契機（曾弘煒、張素華，2009）。

一、會展、觀光與節慶的關係

　　依據會展、觀光與節慶的特色，我們認為會展、觀光與節慶活動的關係如下：

(一)觀光起源於會展考察

　　從「觀國之光」演變為「觀光」，即為觀察他國的風俗民情、典章制度，並且宣揚國威，進行國際經驗的交流。這種交流活動和會展考察的經驗不謀而合。

(二)會展衍生於節慶祭祀

　　上古時代人類進入部族及氏族原始社會，部族和部族間的媾和、締約、商討大事是最早的會議雛形，其中會議中若是碰到不能決議的情形，透過部落間的協商，或以卜筮進行釋疑的動作。例如中國古代商朝迷信神鬼，崇拜祖先大興祭祀，甚至需要以人祭、獸祭的方式進行會議中祭祀。

(三)節慶演變成觀光體驗

　　傳統節慶五花八門，古代擁有祈福、消災及團圓的意涵。但是到了現代，觀光包裝成節慶活動可以吸引更多的人潮進行體驗和消費。例

如：臺灣多年來舉辦臺灣燈會、平溪天燈、鹽水蜂炮、客家桐花祭、鹿港慶端陽、雞籠中元祭、頭城搶孤、宜蘭七夕情人節、中秋節、鯤鯓王平安鹽祭、高雄左營萬年季、東港黑鮪魚文化觀光季等活動。

二、現代節慶的現象

節慶活動是達成觀光與會展目標最好的策略之一，也是提昇國人地方認同（place identify）、地方依附（place attachment）和生活品質（quality of life）的途徑。以交通部觀光局所規劃的「臺灣12項大型地方節慶」，2001年共吸引1,095萬人次參與，增加觀光收益達新臺幣32億餘元；到了2004年臺灣節慶參與總人次為2,010萬（人次），觀光收益54億元。

上開收入對活絡地方產業具有實質的效益。在2006年，交通部觀光局在「觀光客倍增計畫」中，依據「臺灣暨各縣市觀光旗艦計畫」，將代表全國性觀光形象5大旗艦觀光活動和各縣市具代表性的旗艦觀光活動計16項進行行銷宣傳。透過上開節慶活動的舉辦，地方政府除了以豐富的旅遊資源、觀光基礎設施、觀光活動內容吸引遊客以外，觀光局也希望地方觀光產業營造旅遊景點串聯，規劃套裝遊程，為地方觀光產業創造更多商機。依據交通部觀光局統計資料顯示，十年來長期永續發展的節慶活動估計有90個以上（詳見：附錄三）。實際地方型觀光節慶活動應在1,300個以上（陳炳輝，2008：VI）。

相較於地大物博的中國大陸，動輒節慶活動在5,000個以上，臺灣要達到「節慶之島」的目標，尚有發展的空間。在分析10年來的活動顯示，發現臺灣現代節慶有下列的現象：

(一)多元異質現象

臺灣的節慶活動多元異質性強，雖然提供地方民眾不同的活動饗宴，但是因為地方民眾參與性較高，容易喜新厭舊，活動經常要配合民眾的需求而辦理，活動名稱經常改變；而且中央及地方執政團隊頻頻易手，經常主政者為確保「當代政績」不為前人所獨占，經常要求幕僚舉辦新的活動，想個新的主張，甚至因循者以「換湯不換藥」的換招牌方式換個活動名稱，以示新人新氣象。這種思維不利於創造臺灣節

慶悠遠的永續性，對於招攬國外觀光客來說，也嚴重缺乏建構我國旅遊歷史（travel history）的誘因和意象。

㈡地方文化特色

節慶活動離不開文化，因此，豐富的文化意涵才是吸引觀光客的誘因。地方特殊文化經常具備地方認同（place identify）、地方差異（place diversity）和地方旅遊產業（place tourism industry）發展的屬性，為提高文化地區的知名度、吸引力及增加地方收入，活動內容涵蓋傳統民俗、宗教、藝術、音樂、社居采風及地方特產等。例如：鶯歌陶瓷嘉年華、竹塹國際玻璃藝術節、苗栗國際假面藝術節、東港黑鮪魚文化觀光季、白河蓮花節、府城七夕國際藝術節、宜蘭國際童玩藝術節、花蓮國際石雕藝術季等活動。

㈢商業工具性格

節慶活動凝聚地方經濟、社會文化及政治參與（如選舉）等活動。藉由商業活動創造商機及地區就業機會，因此。節慶活動可以被視為一種地方產業的商業工具塑造行為。在旅遊資源較為缺乏的地區，以創意行銷產業列為人為觀光吸引力（tourism attraction）的主要因素。

㈣媒體參與行銷

近年來，臺灣的節慶活動琳瑯滿目，正是所謂「週週有活動，月月有盛會」的情況。在此情勢下，節慶活動如沒有新聞媒體的廣告宣傳，想要吸引人潮參與實在不容易。因此，時下的各種活動大都透過公關公司、活動行銷公司企劃辦理，以便於規劃吸引媒體注意有興趣報導的活動及話題。甚至有此商業性的節慶活動還與媒體結合，進行利益分享式的行銷合作，例如彰化縣政府舉辦的花卉博覽會即是最具代表性的案例。

第三節　地方觀光節慶活動

我們透過傳統中國人對於節慶的觀念，分析出節慶和觀光密不可分的關係。尤其中國古代社會歷經傳統民俗節慶（春節、夏至、中秋、冬至）

到現在的春節、元宵、端午、中秋等節日，歷經了文化傳承及歷史演進的痕跡。在臺灣，因爲是以來自中國的漢人文化爲主體，目前臺灣的主要節慶活動，仍以時令節慶及宗教民俗爲主。然而，因爲臺灣民族具備多元及包容性，以目前臺灣傳統的節慶活動來看，仍充滿了多元文化的象徵。

一、地方觀光節慶活動的分類

民俗節慶中，至今包含著中華傳統節日、地方宗教慶典、地方新興產業觀光活動及原住民祭典等四大類，示意圖詳如圖3-1（陳柏州、簡如邨，2005；黃丁盛，2005；陳炳輝，2008）：

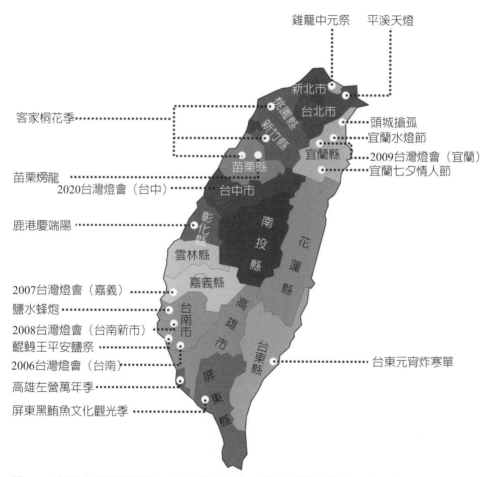

圖3-1　臺灣主要傳統節日、地方民俗慶典、及新興觀光節慶活動示意圖（方偉達、黃宣銘／編繪）

（一）中華傳統時令節日

　　春節、元宵（臺灣燈會、臺北燈會、高雄燈會、臺中燈會、桃園燈會）、清明、端午（鹿港慶端陽）、中元（雞籠中元祭、宜蘭水燈節）、中秋等節日。

（二）地方宗教民俗慶典

　　臺北平溪天燈、臺南鹽水蜂炮、高雄內門宋江陣、宜蘭頭城搶孤、臺東炸寒單、媽祖繞境祈福、全臺各地廟會等活動。

（三）新興產業觀光活動

　　茶藝博覽會、三義木雕節、黑鮪魚文化觀光季、客家桐花季、鯤鯓王平安鹽祭、高雄左營萬年節、宜蘭七夕情人節等活動。

（四）原住民祭典活動

　　阿美族豐年祭、賽夏族矮靈祭、布農族打耳祭、卑南族猴祭、鄒族戰祭等。

二、地方觀光節慶的特色

　　依據交通部觀光局彙整2006年到2010年的觀光節慶資料顯示（參見：附錄三），臺灣1～3月舉辦的地方觀光節慶活動共有22項；4～6月有15項；7～9月有30項；10～12月有23項。這些活動大略可區分為：傳統時令節慶、宗教民俗慶典、新興產業觀光活動、及原住民祭典等四大類（陳柏州、簡如邠，2005；黃丁盛，2005；陳炳輝，2008；交通部觀光局網站http://www.taiwan.net.tw/）。而上列活動大體具有下列特色：

（一）促進地方經濟發展，提供民眾更多的休閒選擇

　　地方特殊產業結合觀光時令，以觀光開發、遊程設計及文化導覽解說的方式，吸引遊客前來參觀遊覽，以期增加觀光收益。以元宵節的燈會為例，交通部觀光局所辦的臺灣燈會在公元2000年以前只在臺北市舉行（時稱臺北燈會），2001年起因中央政府指示移師高雄市舉辦之後，即成為巡迴各縣市舉辦的節慶活動，使臺灣各地居民皆有機會在家鄉欣賞臺灣燈會。而有些舉辦過臺灣燈會的縣市，並繼續自行舉辦燈會，如高雄燈會、臺中燈會、桃園燈會等，此舉使臺灣的元宵

節處處有各類的燈會、煙火等活動供民眾參與，使民眾的休閒機會更為豐富。

(二)透過節慶活動的舉辦，保存當地的傳統民俗節慶

傳統節慶活動多數源於農業社會，當社會變遷為工業化、都市化的社會結構時，傳統民俗活動即面臨式微的威脅，宗教信仰也一樣。然而由於發展觀光產業的需要，逐漸式微的傳統民俗活動成為創造地方文化觀光魅力的題材，而被重新重視，並發展成觀光節慶的活動，一方面發揮招徠旅客的作用，另一方面則有效的保存了傳統民俗活動。雞籠中元祭、宜蘭水燈節、臺北平溪天燈、臺南鹽水蜂炮、高雄內門宋江陣、恆春及頭城的搶孤、臺東炸寒單、媽祖繞境祈福，及原住民的祭典等活動皆是案例。

(三)新興的產業觀光活動亦以節慶為名，形成各地的造節風潮

發展觀光產業已是目前臺灣各縣市地方推展經濟的共同策略，即使是農業或工藝產品的促銷亦以結合觀光的手法來宣傳行銷，於是紛紛舉辦促銷產品的觀光活動，並冠以節慶之名，一時之間臺灣到處有節慶。大者如茶藝博覽會、三義木雕文化節，小者如各地的水蜜桃季、陽明山海芋季、白河及桃園蓮花季、大湖草莓季、東海岸旗魚季等，不勝枚舉，而且這種造節風潮持續不斷，雖然有些後繼無力，但卻不斷的有新興活動冒出，前仆後繼。

三、大型地方節慶

通過觀光產業的生命週期（life cycle）來驗證，10年來臺灣部份大型地方節慶活動的國際化和永續性值得我們關注。以交通部觀光局從2001年開始推動臺灣12項大型地方節慶活動為例，該活動係以觀光地區周邊景點配套推廣，目的在強化地方節慶活動的內涵，作為國際觀光行銷的基礎，因此特別著重促進地方節慶活動的產品化、觀光化與國際化。

依據2003年觀光年報資料，2003年一月開始實施國民旅遊卡以來，國內旅遊邁向新的里程碑。以12項大型地方節慶活動「臺灣慶元宵」的臺灣燈會為例，估計參觀民眾有540萬人次。在二月份來臺觀光人數，

達259,966人次，創歷年單月來臺旅客人數新高點（交通部觀光局，2003）。在交通部觀光局推動12項地方節慶活動期間，臺灣造節活動朝向地方產業觀光化發展，例如每年易地辦理臺灣燈會，將中央單位籌辦經驗傳承至地方政府。以臺灣首度規劃12項大型地方節慶觀察，有下列特色：

(一)地方授權化

　　強調地方政府參與，地方政府以舉辦節慶活動列為施政績效。

(二)在地觀光化

　　政府重視觀光產業，希望藉由觀光帶動經濟繁榮（例如：墾丁風鈴季、澎湖風帆海鱺觀光節及新港國際青少年嘉年華等）。

(三)節慶產業化

　　以中長程規劃，透過觀光局管理、輔導及協助，結合社區營造的力量，產生新的地方產業活動（例如：臺灣茶藝博覽會等）。

上述12項大型地方節慶活動在2001至2004年辦得有聲有色。根據觀光局12項大型地方節慶活動調查資料，總參與人次自2001年1,095萬人次上升至2004年2,010萬人次。在2002年交通部進行「民眾對交通部施政措施滿意度調查」報告顯示，有63%民眾對12節慶活動表示滿意。觀光收益每年自2001年32億元（新臺幣）上升至2004年的54億元（新臺幣）。

舉辦大型地方節慶活動，不但對國內觀光事業大有助益，同時也可藉以傳承及宣揚我國民俗文化。上述觀光人口多數為內需產業，以我國強調節慶觀光國際化的趨勢來看，尚有一段進步的空間。根據2004年1至10月來臺旅客統計，共計來臺人數2,403,109人，較2003年同期成長36%。但是相較2002年負成長1.38%。分析其原因包括：2004年第一季及第二季受SARS零星個案及亞洲禽流感等因素影響，導致來臺旅客和2002年同期相較分別負成長8.13%及1.49%，但是到了2004年第3季起則轉趨穩定成長，2004年10月已較2002年10月成長3.19%。這些10月來臺的旅客，以參加10月國家國慶日等慶典活動為主。

到了2006年，交通部觀光局選定12個節慶活動依舊為：1月：墾丁

風鈴季；2月：臺灣慶元宵；3月：高雄內門宋江陣；4月：臺灣茶藝博覽會；5月：三義木雕藝術節；6月：臺灣慶端陽龍舟賽；7月：宜蘭國際童玩藝術節；8月：中華美食展；9月：臺灣基隆中元祭；10月：有兩項節慶，一是花蓮國際石雕藝術季，另一是鶯歌陶瓷嘉年華；11月：一是澎湖風帆海鱺觀光節；12月：臺東南島文化節。但是自2007年起，陸陸續續已經有些活動停止辦理。

根據交通部觀光局2009年臺灣觀光節慶賽會活動表統計，宜蘭童玩節、墾丁風鈴季、澎湖風帆海鱺觀光節、新港國際青少年嘉年華已經停止辦理，到了2010年，宜蘭國際童玩藝術節才復行辦理。臺灣茶藝博覽會易名為南投茶香嘉年華（2006年）、南投茶香健康節（2007～2009年）、南投世界茶業博覽會（2019年）。

表3-2　臺灣12項大型地方節慶一覽表[5]

	名稱	2001～2006年	2010年	說明
1月	墾丁風鈴季	○	×	這是12項大型地方節慶計畫所新創的節慶活動，舉辦時間為12月底至2月中至春節後，在屏東墾丁地區各景點登場，以祈福、冥想、導引、裝飾、遊戲等意涵的風鈴為主題，企圖藉墾丁落山風的季節風創造別具特色的現代節慶，帶動墾丁的冬季觀光。
2月	臺灣鬧元宵	○	○	臺灣慶元宵是配合元宵節也是觀光節的概念，整合平溪天燈、鹽水蜂炮、臺東炸寒單等極具特色的傳統元宵節活動，加上由交通部觀光局在舉辦的臺灣燈會，及地方政府所辦的臺北燈節、桃園燈會等創新的現代燈會，構成臺灣到處都在這熱鬧慶祝元宵節的景象，期望成為吸引國際觀光客的文化觀光賣點。

5　根據交通部觀光局2005年新聞稿，2001年臺灣節慶參與總人次為1,095萬（人次），觀光收益32億元（單位：新臺幣）；2004年臺灣節慶參與總人次為2,010萬（人次），觀光收益54億元（單位：新臺幣）。

	名稱	2001～2006年	2010年	說明
3月	高雄內門宋江陣	○	○	內門宋江陣的節慶活動是觀光局在篩選臺灣12項大型地方節慶時，發現高雄縣內門鄉所保有的宋江陣極為珍貴、具有地方特色，而被納為推廣的地方傳統民間活動，在觀光局及高雄縣政府的努力贊助經營下，內門宋江陣已成為一項具觀光魅力的地方節慶。2007年起並開始創意宋江陣的推廣，以比賽方式吸引大專院校組隊參加，企圖將傳統武術表演與現代街頭熱舞結合，創新宋江陣的節慶活動方式。
4月	臺灣茶藝博覽會	○	○	此項節慶是為利用臺灣特產—茶葉行銷觀光的產業型節慶活動，2002年首次在南投縣鹿谷鄉等茶鄉舉辦之後，即在臺灣各產茶的地區巡迴辦理，但目前已發展成各產茶地區因應本地的推廣需要而各自規劃辦理，甚至成為商品展覽會型態的活動，例如由臺灣茶文化學會主辦的2008、2009年臺灣國際茶業博覽會等，及南投茶香嘉年華（2006年）、南投茶香健康節（2007～2009年）、2010年南投世界茶業博覽會、2010年坪林包種茶節等。
5月	三義木雕藝術節	○	○	三義木雕藝術節早在1990年代即已開始，2002年納入12項大型地方節慶之後，擴大發展成極具地方產業特色的節慶活動，甚至發展成國際性的木雕藝術文化節慶活動，透過國內外木雕藝術家的參展、交流、競賽，拓展大家對木雕藝術的認識，及木雕藝術家的視野，進而發揮自我原創性，每年皆吸引極多的遊客來三義參觀旅遊。
6月	臺灣慶端陽龍舟賽	○	○	龍舟賽是臺灣各地在端午節時經常舉辦的傳統節慶活動，包括有209年歷史的宜蘭縣礁溪鄉二龍村龍舟賽、臺北國際龍舟賽、鹿港龍舟賽等均即有特色及歷史，納入12項大型地方節慶是為了進一步將的推展成能吸引國外觀光客前來觀賞參與這項在臺灣一直保存延續的中國傳統節慶活動，但由於舉辦地點分散，有失焦的缺點。

	名稱	2001～2006年	2010年	說明
7月	宜蘭國際童玩藝術節	○	○	宜蘭國際童玩節是宜蘭縣政府於1996年開始於每年夏季舉辦的重要觀光活動，由於活動創意及行銷手法新穎，每年均吸引數十萬人參與。該活動是聯合國教科文組織認定的A級團體「國際民俗藝術節協會」邀請認證的藝術節活動。也是臺灣第一個公辦收費活動自給自足的新興節慶活動。但後來因入園人數漸減，縣府不堪虧損，而於2007年停辦此活動，到了2010年才復行辦理。
8月	中華美食展	○	○	中華美食展是交通部觀光局於1990年觀光節時，為推廣中華美食的觀光魅力，首次規劃舉辦的展覽型觀光活動，籌辦單位為臺灣觀光協會。創立的宗旨係為中華美食各菜系建立一個共同舞台，促進廚藝的交流，培育中華美食廚藝人才，提昇廚藝人員地位。中華美食展每年皆吸引十萬人次以上的參觀人潮，2007年此項展覽活動更名為臺灣美食展。
9月	臺灣基隆中元祭	○	○	中元普渡是臺灣的傳統習俗，基隆中元祭活動則緣起於咸豐元年（公元1851年），是目前臺灣最熱鬧的中元節慶之一。祭典活動自農曆7月1日老大公廟開龕門開始，延續一整個月，包括普渡、遊行放水燈等，是極具地方民俗特色的傳統節慶，納入12項大型地方節慶，乃企圖將它推展成有臺灣地方特色的觀光節慶。
10月	花蓮國際石雕藝術季及鶯歌陶瓷嘉年華	○	○	花蓮國際石雕藝術季源起於1997舉辦的「花蓮的石頭在唱歌」活動，納入12項大型地方節慶後，經過十餘年的發展已成為花蓮縣二年一度以及石雕藝術為主軸的藝文盛事。鶯歌陶瓷嘉年華是一個結合地方產業、文化藝術與觀光休閒三個層面的新興節慶活動，兩項活動被納為同時在10月間舉辦的地方節慶，目的是希望此兩項活動能成為具地方特色的國際性觀光節慶。

	名稱	2001～2006年	2010年	說明
11月	澎湖風帆海鱺觀光節、新港國際青少年嘉年華	○	×	澎湖風帆海鱺觀光節乃是配合12項大型地方節慶計畫，由交通部觀光局輔導縣政府發展的新興節慶活動，旨在推廣澎湖養殖的海鱺及帆船活動。新港國際青少年嘉年華，則是後來加入的歡樂型活動。前者舉辦至2005年後停辦，改由海上花火節替代，後者則因缺少奧援無疾而終。
12月	臺東南島文化節	○	○	臺東南島文化節首辦於1999年，由於是整合臺灣原住民節慶活動於一體，並結合南島文化的節慶活動而獲入選為12項大型地方節慶。本項活動企圖將臺灣是南島語族的發源地，以史前文化博物館為主體，將臺東發展成世界上研究及展現南島語族文化的重鎮。目前臺東南島文化節仍每年舉辦，但需要投入更多資源與努力。

（資料來源：交通部觀光局網站http://www.taiwan.net.tw/及相關網站；蘇成田、方偉達，2009）

第四節　會展與節慶管理

　　節慶是一種文化活動，在管理層面上視同文化商業活動。因此，舉辦節慶活動，應研讀市場學、人力資源管理、財務管理、景點規劃、節慶環境管理等。由於會展與節慶對於國家經濟的依賴關係相當密切，需要透過會展營銷戰略管理的概念，進行會展與節慶管理的會計、財務和成本控制，包括現金流動、財產管理、餐飲費用、人事成本進行資訊管理系統的控制和分析。因此，在針對會展與節慶管理中，需要進行下列專案範疇的釐清：

一、會展與節慶策略管理

　　會展與節慶最大的關連性，就是在一定的時間之下，以有限的資源和物力，將一場盛宴辦好。因此，需要讓相關人員了解如何規劃、安排、組織活動及辦理博覽會等。管理策略需要探討會展和節慶的主要人員的角色

關係，以及會展和節慶產業在觀光發展的重要性。

二、會展與節慶項目策劃和運作管理

會展與節慶項目策劃經緯萬千，需要以策略目標進行項目規劃，並且深入了解舉辦會展與節慶項目的分工和程序內容，例如：財務分析、營運監控、稅捐、管理結構、人力資源培訓，以及節慶社會原理。

三、會展與節慶景點（MICE's festival attractions）策略管理

深入了解會展與節慶舉辦的時間，並且進行景點行銷和包裝，探討並了解國外與會者對於本國文化的認識程度，以及對於觀光景點的選擇，並且推動國際化戰略行銷系統，並通過問卷調查、專家訪談，以了解觀光發展趨勢，並針對節慶景點進行英語導覽環境、英語解說設施、導覽地點安全維護，以及導覽活動成本控制進行評估。

四、會展與節慶景點整體規劃與保護計畫

許多著名的節慶景點，具備文化及古蹟保存價值，而且也有可能被政府列為重點保護的項目。因此，在評估辦理節慶景點活動時，需要妥善的規劃觀光旅遊發展計畫，因為過於急迫獲取短暫的經濟效益，常常失去國外觀光客的青睞，並造成節慶景點衰退；因此，需要了解節慶景點的生命週期，以及節慶景點的遊憩演替狀況，並以個案方式探討會展與節慶景點國際觀光的規劃與管理，並且將節慶活動納入整體發展及保護計畫的範疇。

第五節　節慶活動檢討與建議

在臺灣傳統節慶多數係由中原漢族所繼承下來，過去由宗族及鄉街組織來扮演，例如：八家將、迎神賽會、炮獅、炸寒單、放水燈、燒龍船等方式進行。然而，臺灣在邁向工商業社會後，因社會生產力發展，近十年來因為交通部觀光局的提倡12項大型地方節慶活動衍生出來的造節運動現象，導致宗族性非專業團體，藉由社會種種分化現象，演變專業社團機

構主導。

　　目前造節活動多數由政府主辦或補助，並由專業民間團體承辦。然而，觀光是不是淺層文化的象徵？由於傳統農閒依時序和宗教活動演變成的節令慶典，到現在精緻化市場行銷包裝活動，產生有識者對於傳統深層文化價值回溯上的困惑。

　　但是，從甲骨文中的考證，觀光具有歷史典範（historical prototype）的意象，而且觀光最初的意義，即是慶典、會展、祭祀及文化傳承的象徵。有鑑於目前節慶活動具備商業化時代性格，本章以歷史考古及文化社會學觀點，對此一社會現象進行最近十年節慶活動分析。我們應用12項大型地方節慶活動，衍生出傳統活動的新意，並且永續的傳承。例如臺灣燈會、平溪天燈、鹽水蜂炮、客家桐花祭、鹿港慶端陽、宜蘭水燈節、雞籠中元祭、頭城搶孤、宜蘭七夕情人節、中秋節、高雄左營萬年季、鯤鯓王平安鹽祭、東港黑鮪魚文化觀光季等活動，發現由於邁向21世紀現代休閒價值的逐漸演變，現行臺灣造節運動具備多元異質、地方文化特殊、商業工具性格、及廣告媒介行銷的特性。在思考傳統節慶意義的日益模糊化之際，一般民眾以為造節觀光屬於「風花雪月、吃喝玩樂」的層次，本章提出「深層聖日」（deep holy days）的觀念，除了強調節慶觀光活動的行銷理念，介紹國際會展來臺友人我們深厚節慶意涵的底蘊，更強調節慶深層存在的文化價值。

　　相較於走馬看花、缺乏反省的「淺碟節日」（shallow holiday）活動概念，本節透過策略管理（strategic management）和管理知識，來解決辦理節慶活動目前所面對的問題。作者建議各級政府在推動會展、觀光與節慶活動相互結合時，應正視下列事項：

一、造節活動應與地方文創產業結合

　　臺灣造節活動方興未艾或許是好現象，但節慶活動必要有充分的文化內涵，才能創造出「深層聖日」式的節慶。為讓節慶擁有文化上的生命力，及差異化的觀光魅力，則節慶結合文化創意產業的發展極為必要，例如茶藝博覽會就必須在茶的文化創意做密切的結合，發展出各式茶具、及茶的衍生產品。

二、造節活動應注重形象包裝

將地方產業、觀光旅遊與文化之生態資源進行串連。會展觀光活動納入節慶觀光、宗教觀光、農漁特產觀光、藝文活動觀光、運動觀光、溫泉觀光、環保生態科技觀光等活動，在活動舉辦前，建立於網路系統中，以利於中、英、西、日語的觀光客搜尋，並且訓練熟稔地方傳統文化及語言翻譯的會展導覽解說人員，以精確將我國豐厚的文化底蘊傳播給國際訪客。

世界各國對於造節活動多注意到服裝、音樂、舞蹈，以及民俗技藝的裝飾活動。以上海世界博覽會為例，在內蒙古的街頭表演中，傳統服裝與民族舞蹈結合遊行活動，以襯托出世界博覽會歡樂的氣氛。

三、造節活動應和大學教育結合

觀光節慶活動的規劃具備專業性，和觀光產業有關的藝術、文化、戲曲、體育、生態、建築、環保等活動內涵，在大學的相關科系皆能提供專業上及人力上的協助，臺灣的大學院校又遍布於各縣市，地方政府實應設法利用這項資源，尤其教育部自2008年起推動大學生服務學習的活動，更給這種合作帶來機會。不過，目前大學中尚缺乏培育規劃舉辦國內外盛會活動的科系（現僅中華大學及立德大學設有觀光與會展學士學位學程、國立高雄餐旅學院設有餐旅行銷暨會展管理系等），則是觀光教育單位應思考的課題。

四、造節活動應具備永續發展的概念

近幾年觀光活動如雨後春筍發展，促使地方節慶觀光活動快速成長，導致相互競合的現象。這些現象造成彰化花卉博覽會、臺南糖果文化節、墾丁風鈴節在風光一時之後，消失在節慶觀光的舞臺上，僅留歷史憑弔。企盼藉由政府經濟層面的觀光補助、政治層面的政績延續、社區環境面、技術、行銷和傳承的底層支持，進行整合性的觀光永續發展（丁誌鮫、陳彥霖，2008）。如此才能透過造節活動，達到觀光、會展和節慶綿延不絕的共榮目標。

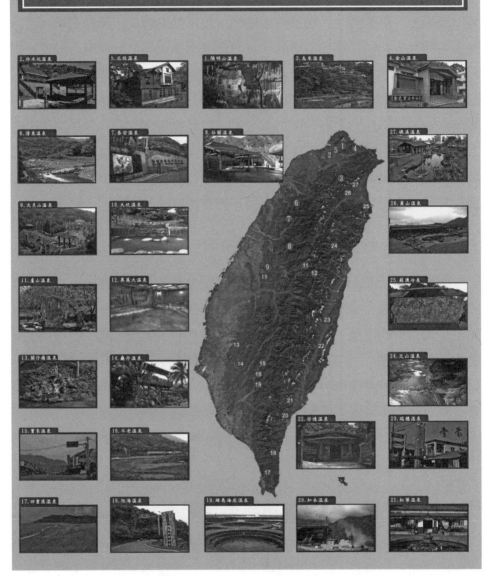

台灣溫泉分布圖

圖3-2　溫泉觀光和會展觀光結合，可以凸顯我國發展會展活動的特色，並能紓解與
　　　　會貴賓從世界各國遠道來臺長途旅行的疲憊感，圖為臺灣較為著名的溫泉分
　　　　布圖（方偉達、黃宣銘／編繪）。

圖3-3　2010年中國上海世界博覽會的內蒙古民俗表演結合服裝、音
　　　　樂、舞蹈及技藝的裝飾活動（方偉達／攝於上海）。

圖3-4　2007年景觀生態國際大會主辦單位安排觀賞世界音樂會的表演
　　　　（方偉達／攝於荷蘭瓦特林根）。

圖3-5　2007年景觀生態國際大會主辦單位安排觀賞荷蘭男扮女裝的
　　　　踩高蹺街頭民俗技藝表演（方偉達／攝於荷蘭瓦特林根）。

圖3-6　位於新竹的中華大學在蘇成田前院長（曾任職交通部觀光局
　　　　局長）的規劃之下，首創觀光與會展學士學位學程，觀光學
　　　　院與雄獅旅行社合作辦理校內實習旅行社，提供學生實際操
　　　　作的經驗（方偉達／攝）。

小結

　　一場會展活動少則二天，多則不超過一星期，如何在短暫的會議與展覽期間，將節慶活動巧妙的納入到會展的情境中，這是在觀光、會展與節慶活動的安排上，最困難的工作。一場成功的國際會議，需要配合風景、節慶、祭典、嘉年華（festival, ritual, and carnival）營造歡樂的氣氛，以讓國外參與國際會展的友人不虛此行，是目前國際會展推動的趨勢。例如，結合臺灣自然地理環境的美景，如：日月潭、阿里山、太魯閣等山光水色，再加上臺北故宮、名勝古蹟、節慶活動、溫泉旅遊，以及鄉土小吃，就能夠對國外與會者產生吸引力。結合精緻化的音樂、影像、劇場、設計、演奏會，以及大型表演活動，提供巧妙融入的情境，讓國際友人參加精心規劃的會展活動之後，留下深刻而美好的印象。

本章關鍵詞

生活品質（quality of life）

地方認同（place identify）

地方依附（place attachment）

地方差異（place diversity）

地方旅遊產業（place tourism industry）

深層聖日（deep holy days）

淺碟節日（shallow holiday）

節慶、祭典、嘉年華（festival, ritual, and carnival）

節慶景點（festival attractions）

歷史典範（historical prototype）

觀光吸引力（tourism attraction）

問題與討論

1. 在國際會議中，會前旅遊（pre-conference tour）、會中旅遊（conference tour），或是會後旅遊（post-conference tour）舉辦的原因爲何？在舉辦時間先後上的優缺點爲何？

2. 臺灣傳統節慶活動具備季節性和時間性。因此，如何搭配國際會議來舉辦呢？

3. 傳統節慶對於國際觀光客來說，因為缺乏對於臺灣傳統基本文化的認識，常常讓他們對某些節慶活動興趣缺缺，甚至某些節慶活動突然會引起外國觀光客的驚嚇（譬如：聽到燃放鞭炮的爆竹聲，以為是發生槍戰）。因為遠道來的貴賓多是初次來到臺灣，嘗試臺灣特殊的文化活動。為了減少不必要的文化震撼（culture shock），應如何規劃妥善的行程安排？以及進行翻譯及解釋呢？

4. 臺灣的人情味十足，又十分的好客，是吸引國外觀光客的主要原因，應如何將國內的慶典活動，結合觀光資源，推廣於國際青年活動（例如：教育部青年發展署的青年壯遊點、尋找感動地圖、青年體驗學習計畫活動）之中呢？

第四章

國際會展組織管理

學習焦點

　　國際會展組織管理，和一般的產業不同。是因為國際會展組織存在的功能，著重於第三產業的服務，在組織領導上，需要以最新的組織領導理論，進行分析。在國際會展組織分類上，區分為政府組織、公司型態組織、以及非營利性組織（Non-Profit Organization, NPO）等。近年來，國際會展活動隨著工商企業多元化的發展，政府組織、公司型態組織，以及非營利組織皆有成長的情形，但是由於國際會展組織屬於第三部門中的組織，以拓展國民外交的國家使命為先，在經營組織和利潤之間，保有了理想主義的精神。目前臺灣的國際會展組織大多處於組織生命週期的發展初期，組織型態架構也較為靈活，但是面臨到資源競爭、效率不彰、資金與人才缺乏的狀況。因此，在組織管理中，需要確認組織領導，建立資源、財務和人才管理的模式，讓領導者在使命傳遞上，激勵組織創造出卓越績效，以建立會展產業發展的契機。

第一節　組織領導

　　組織領導顧名思義就是一個組織領導者對組織管理的方式、思考模式以及利用各種資源達到管理目的的過程。組織領導又分為三種階層：包括高階管理者、中階管理者、低階管理者，不同階層採取相互分工的方式，以達成組織成立的目標，並且確保組織正常運作。管理學者杜拉克（P. F. Drucker）曾說：「組織管理部門猶如器官，在其管理的機構中，負責生

命能源和行動的機能；但更重要的是，缺乏管理部門，組織只是一群烏合之眾。」因此，組織領導爲透過不同類型的人際關係程序和方法，得以影響部屬成員行爲，使其團結一致，達成既定目標的過程。

因此，組織領導部門是國際會展產業重要的指揮系統，除了負責政策研擬之外，還要負責日常事務，例如：文書管理、公共關係、人事系統、財務會計等項目功能，我們依國際會展組織型態、管理理論、管理特徵等，說明國際會展組織領導。

一、國際會展組織型態

㈠政府組織

會展產業在本質上是非常鬆散的，由許多不同的政府、民間企業及非政府組織所組成，其中包括會展地點、飯店食宿、餐飲服務、娛樂、技術支援、交通、會議翻譯、廣告供應商、會展管理和市場行銷等組成。各國政府在會展產業的發展中，扮演支援的角色，例如：吸引投資、減免稅收、補助貸款、輔助培訓及市場行銷活動（陳瑞峰（譯），2008）。

爲了拓展會展觀光業務，各國政府紛紛成立會議及旅遊局（Convention and Visitor Bureau, CVB），進行會展服務，希望以「產業聚落」（industry community）的方式，加強會展業者的整合（圖4-1）。因爲會展產業的發展，絕對是跟著市場脈動進行，而會展產業的動力，來自於各國的經濟成長。因此，各國的會議及旅遊局，無不致力於整合旅館會議設施、會議及展覽中心、零售商店、旅客資訊服務中心、娛樂藝文活動、餐飲業、交通網，以及旅遊景點等產業聚落，希望開創會展與旅遊雙贏的局面。

㈡公司型態

會展產業包含了旅館會議設施、會議及展覽中心、零售商店、旅客資訊服務中心、娛樂藝文活動、餐飲業、交通網，以及旅遊景點等產業的組合，因此，世界各國以公司型態經營會展產業因應而生。由於會展產業的工作非常繁瑣，有如下的工作性質：

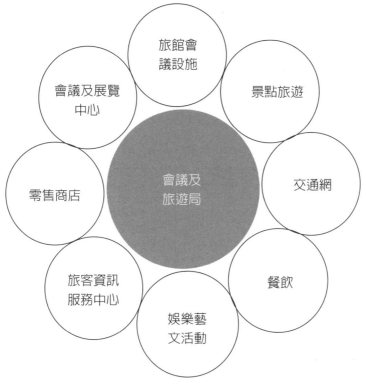

圖4-1　會議及旅遊局和相關產業的關係（Gartrell, 1994: 17）

1. 由多項會議和展覽籌備業務（tasks）組合成特定的會展工作
   （job）。

2. 利用會展上下游垂直整合和不同業別的水平整合來進行分工
   （division of labor），以形成會展高效率的流暢規劃、設計、經營
   和管理過程。採取工作簡單化、工作擴大化和工作豐富化的企業管
   理模式進行。以下運用水平整合和垂直整合的方式，建構會展公司
   組織的領導結構：

   (1)以部門為基礎的會展組織結構（divisional structures）：依據
   總經理執掌範圍內，區分為會計部門、工程部門（含營繕及總
   務）、客房部門、安全部門、餐飲部門、行銷及銷售部門分門
   別類，再將其中的工程師、技工、管理員、服務人員納編，形
   成產業聚落中的旅館會議設施、會議及展覽中心、旅客資訊服務
   中心、以及餐飲業項目的企業體組合管理結構。該項組織適用於

國外大型會展產業，已經將旅館、餐飲納入到會展設施之中（圖4-2）。

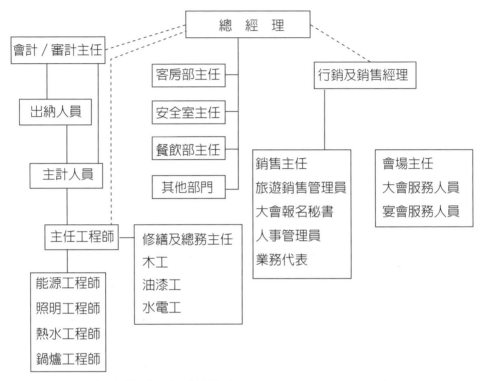

圖4-2　以部門為基礎的會展組織結構（Astroff and Abbey, 2006: 75）

(2)以服務產品為基礎的會展組織結構（product structure）：依據總經理的執掌範圍內，將會展銷售部門、作業部門、活動部門及秘書部門等相關部門進行橫向協調。一般國外投資的會展公司中通常設有行銷及銷售（marketing & sales）和活動（event）兩大部門，而行銷部門的銷售還分為會議銷售、媒體銷售等不同銷售管道（圖4-3）。

以服務產本為基礎的會展組織將業務進行扁平化工作，以門票銷售、會展活動進行區隔，在銷售經理的業務下，分為會展行銷和銷售業務。依據職位區分還有業務員、客戶服務、銷售協調專員、銷售經理等不同的級別。業務員對於學歷幾乎沒有要求，但是前提必需要有會展的銷售經驗，並能夠使用電腦等工具，而銷

國際會議與會展產業概論

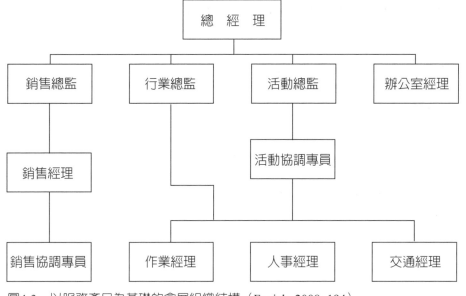

圖4-3 以服務產品為基礎的會展組織結構（Fenich, 2008: 194）

售經理則需要畢業於市場行銷或相關專業，具備廣告、展覽及會議的銷售和行銷經驗，並對會展市場具備有多年的從業經驗。在作業和活動部門，由協調專員負責作業經理、人事經理和交通經理的執掌調度工作。該項組織適用於中小型公司，以會議及展覽規劃和行銷為主要業務。

上述分類都是以市場為基礎的組織結構，前者因為公司產業採取橫向的整合工作，特別運用功能性的劃分，包括業務行銷、產品生產、和財務等部門皆有其司職；因為採取以服務產品為基礎的業務劃分，較為缺乏餐飲和住宿等服務產品生產的功能，因此著重於會展專業策劃和執行的業務。

依據上述兩種依據公司型態不同所發揮的領導方式亦各有異，我們以領導原理、公司規模大小、公司業務執掌、業務分工、業務承辦、領導特色及代表業別，彙整及說明其特色（表4-1）：

表4-1 會展公司組織的領導結構

領導原理	以部門為基礎	以服務產品為基礎
規模大小	大型會展公司	中小型會展公司
業務範圍	會展、旅館、餐飲	會展
業務執掌	依據總經理執掌範圍內，區分為會計部門、工程部門（含營繕及總務）、客房部門、安全部門、餐飲部門、行銷及銷售部門。	依據總經理的執掌範圍內，將會展銷售部門、作業部門、活動部門及秘書部門等。
業務分工	垂直與水平整合	扁平化分工
業務承辦	統合產業聚落中的旅館會議設施、會議及展覽中心、旅客資訊服務中心、以及餐飲業項目。	協調會議及展覽規劃和行銷為主要業務。
領導特色	將不同工作組合成功能部門。	可增進員工對工作的參與。
代表業別	一、基本業別：旅館會議設施、會議及展覽中心、旅客資訊服務中心、以及餐飲業等。 二、衍生業別： ㈠專業會展籌辦單位（PCO） ㈡專業展覽籌辦單位（PEO） ㈢目的地管理公司（DMC）	基本業別： ㈠專業會展籌辦單位（PCO） ㈡專業展覽籌辦單位（PEO） ㈢目的地管理公司（DMC）

㈢非營利組織

非營利組織（Non-Profit Organization, NPO）在國際會展組織型態中，也扮演了很重要的角色。所謂非營利組織，是指其設立的目的，並不是在獲取財務上的利潤，而且其淨盈餘不得分配給成員和其他私人。在本質上，NPO具備非營利、非政府、公益、自主性、自願性等特質。因此，非營利組織為具有獨立、公共、民間等性質的組織或團體，並具有下列的組織特徵、角色扮演及領導方式，形成不是以公司型態組成的民間非政府組織團體（張潤書，2000；蕭新煌，2000）：

1.組織特徵

非營利組織的性質介於政府組織和公司型態之間，非營利組織為政府提供另外一項服務社會的機會，並且補救政府在會展中執行上的不足；此外，非營利組織和公司型態的會展產業一樣，經手於會展

營利事業和會展投資活動，但是其成立的目的，卻不是為了組織成員賺取利益，其特徵如下：

⑴須有公共服務的使命。

⑵須在政府立案，接受相關法令規章的管轄。

⑶須組織成為一個非營利的機構。

⑷其經營結構必需排除私人利益或財物之獲得。

⑸其經營享有免除政府稅收之優待。

⑹享有法律上特別地位，捐助或贊助者的捐款得列入免（減）稅的範圍。

2. 角色扮演

會展產業的非營利組織，扮演了政府和市場無法提供的公共財。例如，在會展中，具有解決政府和市場失靈，提供會展公共財的不足，以及落實社會價值的多元化，鼓勵國際活動參與，活化經濟效能和增進公共服務效率等功能。因此，會展的非營利組織扮演下列角色：

⑴會展開拓、創新角色。

⑵會展改革、倡議的角色。

⑶會展價值維護角色。

⑷會展服務提供角色。

⑸擴大會展社會參與公眾教育的角色。

3. 領導方式

在經濟的領域中，會展產業非營利組織屬於獨占事業體，具備對社會的影響力。例如：提供社會創新實驗場、提高社會整體生活水準，監督整體社會結構性發展。因此，社會經濟越成熟、政治自由程度愈高的國家，公益性的非營利組織就越發達。依據《人民團體法》，會展產業人民團體以組織職業團體、社會團體為主，在成員中選舉理監事，並以定期改選的理事長作為民間團體的領導者，其分別如下：

⑴職業團體：以協調同業關係，增進共同利益，促進社會經濟建設為目的，由同一行業之單位、團體或同一職業之從業人員組成

之團體。例如：在1999年成立的臺北市展覽暨會議公會（Taipei Exhibition & Convention Association, TECA）；在2008年成立的中華民國展覽暨會議商業同業公會（Taiwan Exhibition & Convention Association），則依據《人民團體法》第37條規定，職業團體以其組織區域內從事各該行職業者爲會員，下級職業團體應加入其上一級職業團體爲會員。因此，臺北市展覽暨會議公會爲中華民國展覽暨會議商業同業公會的會員。依據《人民團體法》第29條及《商業團體法》第31條規定，人民團體及商業團體（如：商業同業公會）理事會、監事會，每三個月至少舉行會議一次，並得通知候補理事、候補監事列席。

(2)社會團體：以推展文化、學術、醫療、衛生、宗教、慈善、體育、聯誼、社會服務或其他以公益爲目的，由個人或團體組成之團體。例如：在1991年成立的中華國際會議展覽協會（Taiwan Convention & Exhibition Association, TCEA）爲會展社會團體。「協會」通常指非營利組織，即使沒有組織會議的專職人員，通常有管理會員會籍的管理委員會或是秘書處。依據《人民團體法》第43條，社會團體理事會、監事會，每六個月至少舉行會議一次，並得通知候補理事、候補監事列席。因此，社會團體的領導方式，至少以每半年一次的理事會、監事會決議進行最高領導方針的擬定，並且以人民團體會員（會員代表）大會爲最高議政機關。在所得稅賦部分，依《所得稅法》及相關法規的規定，教育、文化、公益、慈善機關或團體，符合行政院規定標準者，其本身的所得及其附屬作業組織的所得，應免予扣繳。但是採取定額免稅者，其超過起扣點部分仍應扣繳。

4.國際非營利組織

國際知名的會展非營利組織非常多，一般而言，目前會展產業之間仍然缺乏相互之間的合作，不同國家之間的協會合作機會甚微（陳瑞峰（譯），2008）。

基本上，我們很難從其名稱上區別該組織是否爲營利機構，但是國際會展中以協會（association）、學會（society）、聯盟

（union）、同業公會（council）為名稱的組織，多數為國際型的
非營利組織，並且以服務國際社會、協調會展同業關係、增進國
際共同利益，促進社會經濟建設、推展會展文化、學術、聯誼及
社會服務為公益目的所組成的團體。依據經濟部國際貿易局MEET
TAIWAN臺灣會展網（http://www.meettaiwan.com/）的估計，目
前約有12個重要的國際會展組織遍布全球，其中文名稱、英文名
稱、英文簡稱、網址及企業識別系統如表4-2：

表4-2　國際會議展覽協會組織

中文名稱	英文名稱	英文簡稱	網址	企業識別系統
亞洲會議展覽協會聯盟	Asian Federation of Exhibition & Convention Associations	AFECA	www.afeca.net	
德國展覽協會	Association of the German Trade Fair Industry	AUMA	www.auma-messen.de	
會議同業公會	Convention Industry Council	CIC	www.conventionin-dustry.org	
國際大型集會場所經理人協會	International Association of Assembly Managers	IAAM	www.iaam.org	
國際會展協會	International Association of Exhibitions and Events	IAEE	www.iaee.com	
國際會議籌組人協會	The International Association of Professional Congress Organisers	IAPCO	www.iapco.org	
國際會議協會	International Congress & Convention Association	ICCA	www.iccaworld.com	

中文名稱	英文名稱	英文簡稱	網址	企業識別系統
國際會議專業組織	Meeting Professionals International	MPI	www.mpiweb.org	
亞太旅遊協會	Pacific Asia Travel Association	PATA	www.pata.org	
專業會議管理協會	Professional Convention Management Association	PCMA	www.pcma.org	
國際展覽業協會	The Global Association of the Exhibition Industry	UFI	www.ufinet.org	
國際協會聯盟	Union of International Associations	UIA	www.uia.org	

（資料來源：經濟部國際貿易局MEET TAIWAN臺灣會展網http://www.meettaiwan.com/）

第二節 組織領導理論

　　會展組織具備橫向協調及縱向領導的特徵，而且許多會展組織領導人具備非營利組織（NPO）領導者的性格特質，例如：堅持理念、專業判斷、積極投入、道德訴求，並且具備通權達變的領導觀念，以因應國際會展場合瞬息萬變的變化情形。我們觀察會展產業領導實務作業，依據其領導型態和領導風格，以下列理論進行說明：

一、組織管理的領導型態

(一)連續帶領區領導型態

1.密西根大學學者李克特（R. Likert）

　將連續帶領導理論的基本觀念進行延伸，將領導連續帶領區分成下列四種基本的領導型態：

　(1)系統一：剝削／獨裁式領導

　(2)系統二：仁慈／專制式領導

⑶系統三：諮商／民主式領導

⑷系統四：參與／民主式領導

系統一屬於封閉式系統（closed system），領導者需要以外力控制維持領導局面。但是，封閉式的領導系統，往往產生最大亂數（熵）的現象，領導者常因為失去控制能力，終至於失敗。因此，需要以其他的系統進行開放式管理，並與領導環境進行參與式的諮商與互動。

2.譚尼柏和施密特（Tannenbaum and Schmidt）

依據領導的風格，將連續帶領導理論繪製成連續圖，將極權領導和分權領導進行分割示意，以7種決策模式形成經理人權威和部屬自由程度的比例（圖4-4）。例如：以左方最極端的經理逕行決策及公布決策，作為「極權領導」的代表，這時經理人擁有完全的權威，部屬沒有絲毫的自由程度；以右方經理允許部屬依據部門自行規定，推動業務為「分權領導」的代表，部屬擁有完全的自由程度（Tannenbaum and Schmidt, 1958: 164）。譚尼柏和施密特所倡議的管理模式，後來衍生為「X理論與Y理論」的管理極端模型（McGregor, D. 1960; Denhardt et al., 2002）。

㈡情境與權變理論（Situational Theory）

1960年代之後管理學者們開始從領導情境因素，著手進行研究領導理論。情勢論學者主張，一個有效的領導者，其最重要的工作即是診斷和評估可能影響領導效能的情境因素，然後再據以選擇最適合領導的方式。在下列X、Y理論之中，原來沒有考慮公司所處的情境，只針對個人人格特質進行管理；但是到了1970年代之後，學者開始考慮針對公司的情況，進行不同面向的管理，以因應時代情境的要求，形成後來的Z理論。

1.X、Y、Z理論

美國心理學家麥格雷戈（D. McGregor）在1960年代提出「X理論與Y理論」（McGregor, D. 1960; Denhardt et al., 2002）。Z理論（Theory Z）則是由日裔美籍學者大內（W. G. Ouchi）在1981年所提出來的理論，代表一種日本式管理的形式（Ouchi, 1981）。

集權領導 ⟵⟶ 分權領導

運用經理人權威

部屬自由程度

經理逕行決策及公布決策

經理行銷決策

經理提出想法廣徵意見

經理提出暫時性決定並容許改變

經理提出議題，依屬下意見進行決策

經理規範限制，要求下屬制定決策

經理允許部屬依據部門自行規定推動業務

國際會議與會展產業概論

圖4-4　領導理論連續圖（Tannenbaum and Schmidt, 1958:164）

麥格雷戈從人力資源管理、組織行為學和社會心理學中有關工作激勵的理論進行分析，他認為管理者對人性的假設和採用的管理方式，具有緊密的關係。例如，管理者認為員工基本上是懶惰的，這種認定很顯然會影響管理者對待部屬的態度。相反地，若管理者相信員工都是負責任的人們，則管理者會採用另外一種管理態度，而這些態度都和領導理論連續圖在管理上的鬆緊程度有關。

麥格雷戈依據美國在1950年代的調查進行分析，認為部屬都是懶惰需要督促的，稱之為「X理論」假設。之後，麥格雷戈改變調查

的性質，並發現了另一組有關部屬心態的另一種假設，稱之為「Y理論」假設。從這兩種假設來看，X理論與Y理論剛好相反。持X理論的管理者，會趨向於制定嚴格的規章制度，讓一般員工遵守，以減低員工怠惰而造成公司營運的傷害。但是由於X理論所保持的管理幅員大太，有效管理程度受到很大的經費和人力限制，經常需要付出高額的成本，甚至由於過度嚴厲的管理方式，會打擊到自主性較高部屬的工作意願；持Y理論的管理者，則會趨向於對員工授予更大的權力，讓一般員工在工作上擁有較大的發展空間，以激發員工的工作潛力（吳繼文，2007：16）。

但是在1980年代，大內依據「科學管理」和「人際關係管理」提出Z理論，主張引進部份日本企業文化到美國企業。Z理論認為，在一個員工心智完全成長的環境之中，Y理論將可發揮「人性本善」的作用，但是僅限於人性發展較高層次的工作族群。因此，Z理論認為對於一般員工的看法不適合太主觀，最好的管理方式是在客觀環境之下，仍然符合客觀要求的方法。所以，Z理論認為，想要成為一個好的經理人，在工作心理層面必需對於個人成長及自我實現感到滿意（表4-3）。

2. 三構面理論（3-D Theory）和路徑－目標理論（Path-Goal Theory）

1970年管理學者雷定（W. J. Reddin）提出三構面理論（3-D Theory），他認為員工的本質不是公司應該考慮的方向，管理者應該根據下列三個構面，進行有效的領導：

⑴任務構面導向；

⑵關係構面導向；

⑶領導構面效能。

雷定認為，領導方式是否有效，取決於當時領導方式使用的情境，如果使用正確即為有效的領導方式。但是如何評定是否正確使用領導方式呢？到了1974年，豪斯（R. J. House）提出了「路徑－目標理論」（Path-Goal Theory），他認為領導者需要滿足下列範疇，以對部屬行為發揮正確的影響：

表4-3　X、Y、Z理論的分析表

X理論	Y理論	Z理論
人性本惡	人性本善	團體大於個人
機械式（mechanistic）	有機式（organic）	有機式結構（organic structure）
1.X理論認為一般員工的天性厭惡工作，希望工作越少越好，並會選擇逃避工作。 2.一般員工人對組織目標漠不關心，因此管理者需要以強迫、威脅、處罰的方式，進行逼迫、控制、命令員工付出努力，以達成組織目標。 3.一般員工缺少進取心，是因為缺乏誘因，所以需要藉用金錢利益等誘因，激發他們的工作原動力。	1.Y理論認為工作上投入的體力和腦力，和娛樂和休閒活動投入的體力和腦力相仿，所以一般員工覺得工作是很自然的。所以沒有外界的壓力和處罰，一般員工依然會努力工作以達成工作目的。 2.一般員工在對於自己所認定目標的實踐過程中，會發揮自我指導和自我控制的功能，以盡最大的努力發揮創造力和聰明才智。 3.一般員工不僅會接受工作上的責任，並會追求更大的責任挑戰，以創新能力解決問題。	1.Z理論重視團隊合作，而非個人的表現。 2.一般員工對於公司擁有責任感。 3.公司期待員工屬於通才，而非專才。 4.公司更注重與一般員工的長期雇傭關係。 5.一般員工需要在各部門之間進行輪調，以對公司的整體運作環境更加了解。 6.一般員工的升遷是緩慢而持續漸進的。

（資料來源：McGregor, D. 1960；Ouchi, 1981；Denhardt et al., 2002；吳繼文，2007：16）

(1)工作動機；

(2)工作滿足；

(3)對領導者是否接受。

豪斯認為，領導者的任務會隨人員的工作結構而有所不同，其主要的工作是協助部屬完成他們所要達到的目標，並提供必要的指導和支援。如果員工面對的是高度結構化的工作，領導者應該偏重於和部屬之間關係的調整，以降低一般員工因為工作枯燥而導致的不愉快；但是如果工作結構化程度較低，也就是該工作具備變化和挑戰性，領導者則需致力於目標上的擬定，以期許員工在工作上達到要求目標。例如：基層主管可致力減少部屬對於公司資源的浪費；中階主管把握競爭行動時機；高階主管決定新的策略，以面臨外界各

項情境的挑戰。

三構面理論（3-D Theory）和路徑－目標理論（Path-Goal Theory）將情境因素考慮在內，符合權變領導理論的內涵。

二、組織管理的領導風格

在組織管理的領導風格中，希望領導者透過激勵與引導的效果，讓部屬以自發型的意識，認同組織目標，透過組織發展和個人生涯規劃，共同迎向組織的計劃性變革。其風格可以區分為交易型領導（transactional leadership）、轉換型領導（transformational leadership），以及魅力型領導（charismatic leadership）三種方式，其中交易領導和轉型領導屬於團體重於個人的領導；魅力領導屬於個人重於圖團體的領導風格，說明如下：

(一)團體重於個人的領導

Z理論認為，對於個人成就的看法，不適合太主觀，最好的管理方式是在客觀環境之下仍然符合客觀要求的方法，並且在組織變革或是組織文化轉型期中，部屬能夠從領導者的團隊精神感召形成共識（Ouchi, 1981）。因此，交易型領導和轉換型領導的想法即應運而生。在交易型領導和轉換型領導中，都必需要訂定組織目標，藉由目標管理（management by objectives, MBO）方式（詳如第七章說明），以特定目標的達成率來衡量員工的表現，現以交易型領導和轉換型領導方式說明如下：

1.交易型領導（transactional leadership）

交易型領導需要告知部屬什麼是正確的行為，透過賞罰分明的措施，以進行服務產品品質的控制如下：

(1)權宜獎賞：訂定努力及獎賞的契約，對於績效良好者予以獎賞。

(2)積極的例外管理：領導者注意組織業務是否偏離常軌，並且在組織業務未能達到標準時，透過官僚式控制，以組織規章、標準作業程序（SOP），以及其他相關規定，適時的介入和導正，藉以塑造員工的行為。

(3)消極的例外管理：領導者關心部屬的偏差行爲，如果沒有按照標準進行，而給予適度的處罰，並試圖導正部屬錯誤與偏差的行爲。

交易型領導經常制定組織規程及制度，常常會導致繁文縟節（red tape），以及賞罰不明的情形。此外，標準化的賞罰標準制定之後，常常缺乏彈性，因此交易型的領導只能適用於應付會展例行性的組織業務。

2. 轉換型領導（transformational leadership）

最早由朋斯（J. M. Burns）在1978年所提出（Burns, 1978）。轉換型領導是結合交易型領導與魅力型領導，以促進組織變革的一種領導理論。轉換型領導是一種能結合組織成員共同需求和願望形成的組織變革過程，透過領導作用建立部屬對組織目標的共識和承諾，以形成部屬卓越的信念，並透過道德風範的影響，轉變他們的行爲。交易型領導談論的也是改變部屬的行爲，但是忽略了領導者和部屬之間的道德動機和行爲目的；轉型領導著重於領導者以個人風範鼓舞組織，以達到組織轉換的目的，其方法如下：

(1)建立願景；

(2)建立共識目標；

(3)關懷個別員工；

(4)啓發個人智慧；

(5)身體力行示範；

(6)獎賞與鼓勵。

轉換型領導的理論基礎雖然源自於交易型領導，但其所謂的交易，並不是物質、金錢或職務上升遷交易，而是基於工作價值的認同而衍生的情感交易，是一種由內而外所產生的領導關係。

(二)個人重於團體的領導

領導者以自身個人所具備的天賦與人格特質，散發出來的魅力形成的領導風格，稱爲魅力型領導（charismatic leadership）。魅力型領導透過個人的意志來獲得部屬的信賴與服從，以熱情、勇敢的形象魅力出現，並且擅長溝通技巧、果斷的能力，以及善於描繪組織未來願

景，並且鼓勵部屬與時俱進，通過組織變革來達成組織改造的領導理論。

1. 魅力型人物的特性：高度自信、支配他人和對自己的信念深信不移。

2. 魅力型人物的能力：
   (1)具備長遠規劃的目標和理想；
   (2)明確地對下級溝通這種目標和理想，並產生認同；
   (3)始終貫徹對於理想的追求；
   (4)知道自身散發的魅力，並善於運用這種力量。

自1980年代起，隨著經濟不斷的發展，而且因應市場競爭，形成組織快速變革，需要魅力型領導者帶領組織進行改革，以因應市場環境的挑戰。組織管理的領導風格，會影響到會展的成敗。尤其會展規劃趨向於幕僚性的規劃和設計居多，如果會展組織領導太過於強調個人魅力，一昧地要求部屬服從，則很可能產生不良的結果。

表4-4　會展組織的領導風格

名稱	領導風格	方法	具體印證
交易型領導	團體重於個人的領導風格，由外而內的領導。	1. 權宜獎賞：訂定努力及獎賞的契約。 2. 積極的例外管理：領導者注意組織業務是否偏離常軌，並適時導正。 3. 消極的例外管理：領導者關心部屬的偏差行為，而予以適度的處罰。	導之以政，齊之以刑，民免而無恥。《論語·為政篇》。
轉換型領導	團體重於個人的領導風格，由內而外的領導。	1. 建立願景； 2. 建立共識目標； 3. 關懷個別員工； 4. 啓發個人智慧； 5. 身體力行示範； 6. 獎賞與鼓勵。	1. 導之以德，齊之以禮，有恥且格。《論語·為政篇》。 2. 為政以德，譬如北辰，居其所而眾星拱之。《論語·為政篇》。

名稱	領導風格	方法	具體印證
魅力型領導	個人重於團體的領導風格，由內而外的領導。	1.透過個人的意志來獲得部屬的信賴與服從。 2.以熱情、勇敢的形象魅力出現。 3.擅長溝通技巧、果斷的能力，以及善於描繪組織未來願景。 4.鼓勵部屬與時俱進，通過組織變革來達成組織改造。	1.君子之德風，小人之德草，草上之風必偃。《論語‧顏淵篇》。 2.為政以德，譬如北辰，居其所而眾星拱之。《論語‧為政篇》。

二、領導決策（leadership decision）

領導決策（leadership decision）是指領導者在領導活動中，為了解決重大問題，必須通過科學的決策方法和技術，從不同的方案中選擇最佳方案，並在實踐中邁向領導目標的活動過程。會展組織管理首先是以舉辦會議的方式，進行會議中群體決策的目標，採取的是知識管理決策模式進行。

(一)領導決策的項目

在會展組織管理中，涉及到辦理會議過程的運作模式，需要進行下列領導決策項目如下：

1. 人力資源管理決策模式：會展組織人力資源聘僱、調配及管理事項。

2. 財務管理決策模式：會展組織內部財務、會計及統計管理項目。

3. 績效評估管理決策模式：會展組織辦理會議或展覽實獲績效評估項目（詳如第七章）。

4. 服務管理決策模式：會展組織辦理會議或展覽服務品質管理項目（詳如第七章）。

(二)領導決策的方法

決策（decision）是領導者的基本職能。決策領導的結果可以判視領導者是否具備決策制定和實施決策的魄力和精神。領導決策可分為確定型決策、風險型決策和不確定型決策。

1. 確定型決策：稱爲常規性決策，是指決策者在各項情形比較清楚的狀況之下，提出方案分析的結果，例如帳目財務管理決策模式，可使用線性規劃、庫存方法等數學方法予以決定。

2. 不確定型決策：稱爲非常規性決策，是指決策者面臨不確定的環境與人事狀況，因爲無法進行客觀的分析，需要將結果投注在外界繁複資訊的重複反饋之上。常用不確定型決策的方法有：悲觀法（小中取大準則）、樂觀法（大中取大準則）、折衷法（樂觀係數準則）、最小遺憾法（大中取小準則）、平均法等，以解決組織信譽、財務及人事問題。

案例分析—常見的決策方法

一、系統工程方法

系統工程方法是常見的決策方法。依據我們所要處理的問題加以歸類，確定課題限制，以進行動態規劃的方法。在系統觀念上，強調統整性和過程性，運用系統工具進行全面的分析和處理。例如，分析國際會議市場趨勢。

二、迴歸分析法

迴歸分析法是數值法的運用，是藉由兩項具備數值關係事物之間發展的趨勢，運用數學原理對於未來事物情勢發展進行預測的方法。迴歸分析法具備下列模式：

㈠確定的數學物理關係：以確定的數學函數關係進行趨勢發展，例如：牛頓定律、歐姆定律等物理表述關係。

㈡非確定的統計數值關係：數值之間具備某種關係，但是不能運用數學公式進行計算，而由統計方法中的迴歸方程式進行預測，尋找相關係數關係，以預未來發展的趨勢。

三、德爾菲法

德爾菲是古希臘傳說中的神祇，可以預知阿波羅聖殿。在決策管理方法中，藉用德爾菲法來引喻決策能力。德爾菲法屬於專家直觀預測

法，要求專家進行問題的評分和回饋，將回復意見整理分析，然後匿名回饋給評分專家，再次答覆意見，然後將成果予以綜合評分和進行回饋的一種方法。德爾菲法適用於學術研究，例如：無法數化的不確定型決策過程運用。

四、腦力激盪法

腦力激盪法（brain storm），本意是「突發性的腦力風暴」，是一種針對特定主題尋求解決方案時，利用議題討論的方式，以激發眾多想法的創意開發技巧。許多決策情勢具備及時性及迫切性的形式，因為需要民主決策，因此邀集專家進行腦力激盪，以達成專家會議的共識。腦力激盪法用於以共同開會的專家，藉由創造性思維模式，針對未知的情勢發展進行趨勢評估，並共同進行集中思惟的判斷，其技巧如下（Paulus et al., 1995；許通晏，2008）：

㈠自由聯想

小組成員討論出來的創意越「天馬行空」越好，不要限制或批評不合常理、不切實際，或是可笑的念頭。參與者在創意思考中，常會帶來不同的想法，也許「天外飛來一筆」的念頭常可以觸發他人的靈感。所以，應該讓每位與會者海闊天空地自由聯想，想法越自由奔放越好。

㈡排除批判

討論中不能有任何批判式的指責，因為批判性的言論或是打壓別人想法的行為，常會使得參與者急於保護自己，不願意再發言表達意見，而造成會議上的聲音越來越少。倘若有批判性的言論，應該盡量以委婉的口吻，提出建設性的意見，而不要一昧地指責。

㈢以量取質

意見越多，得到最佳方案的可能性也越高。所謂的腦力激盪，是藉由不同的想法持續累積而形成最佳的解答；因此，會場中眾說紛紜的想法，是腦力激盪最佳的情境。如果大家都可以提出個人的構想，先不評價這些想法的優缺點，但是可以拋磚引玉，激發

出最後可行的想法。

㈣尋求組合

腦力激盪會議是一種創意交流的會議，每位參與者都會被鼓勵在他人的構想中，加入自己補充意見，使想法更爲周延。因此，鼓勵大家修正及補充意見，以改進結論。在會場中，建議以「博採眾議」的方式進行，以產生新的方案，建構出最理想的會議結論。

第三節　組織發展

一、建立組織

廣義而言，會展組織分爲營利組織與非營利組織，不管是中小企業、微型企業，都屬於營利企業的範疇，而人民團體所規範的非營利組織，通常以非政府組織的型態出現，包含職業團體和社會團體，例如：公會、基金會、協會及學會等單位。在組織管理中，組織發展需要考慮包括事前規劃、組織發起、運作執行等領導、控制、處理及改善等議題。

㈠籌組公司

目的地管理公司（DMC）、專業會議籌辦單位（PCO）和專業展覽籌辦單位（PEO）多數是具備公司的形式，在公司的組成類別中，區分爲股份有限公司和有限公司。在臺灣，中小企業佔了DMC、PCO及PEO的多數，但是也有微型企業的特徵，說明如下（表4-5）：

1. 中小企業（small and medium enterprises）

由於臺灣會展經濟規模有限，以公司型態存在的會展組織多數爲中小型企業或中小企業，是指在會展經營規模、僱用人數與營業額有限，由單一個人或少數人提供資金組成的會展管理或籌辦團體，在經營上由總經理直接管理，而較少受到董事會的干涉。依據中華民國經濟部發布的中小企業認定標準，服務業一年的營業額在新臺幣

表4-5　臺灣會展相關產業組織的特色

名稱	經營人數	承辦項目	定義類型
會展中小企業	20～50人	裝潢設計、觀光旅遊、會議規劃、公關媒體、網路行銷。	在會展經營規模、僱用人數與營業額有限，由單一個人或少數人提供資金組成的會展管理或籌辦團體。
會展微型企業	20人以下	裝潢設計、觀光旅遊、會議規劃、公關媒體、網路行銷。	會展微型企業是由微型創業的過程衍生而來，是指從業人數和資本額都很少的企業，通常創業資金不超過新臺幣100萬元。
會展人民團體	沒有限制	協調統合國內會議、展覽服務相關行業，形成會展產業，落實會展產業聯盟，開發會展資源。	分為會展職業團體和社會團體，有發起人和主管機關、章程、會員，必需經過政府審核通過和登記註冊，才可以設立。人民團體經過法院登記之後，為獨立法人，可以設置分支機構。

一億元以下者，經常僱用員工人數未滿50人者，稱為中小企業。

中小型企業的優點，能夠對千變萬化的會展市場快速的適應，進行會展承辦、裝潢設計、觀光旅遊、會議規劃、公關媒體等業務。但在缺點方面，由於公司規模較小，在資金籌募方面比較困難，而且缺乏高階職位，薪酬較低，容易比大型公司較發生人才流失的問題。

2. 微型企業（micro enterprises）

會展產業具備行銷智慧和開發創意的特色，而且是提供商品服務，而非實際的物質買賣，因此，近年來專業會議籌辦單位（PCO）和專業展覽籌辦單位（PEO）亦以微型企業的型態出現。一般微型企業以員工人數在20人以下的企業都稱為微型企業，但是只要公司員工人數發展超過20人但是未滿50人，即稱為中小企業。

微型企業是由微型創業的過程衍生而來，是指從業人數和資本額都很少的企業，通常創業資金不超過新臺幣一百萬元。例如，以個人工作室的型態跨界PCO和PEO的發展，形成會展微型企業，以會展產業中的網路設計、會展人力仲介較為知名。

臺灣目前微型企業輔導較為偏重於觀光產業發展，例如經濟部中小

企業處推動地方特色產業之輔導，並且以中小企業信保基金提供微型企業從商業金融機構中取得貸款信用保證，提供保證的貸款種類包括一般貸款、商業貸款、出口貸款、小額商業貸款、創業貸款等。目前會展微型企業因為創立較新，尚待觀察其利基和優劣。

(二)籌組非政府組織

籌組非政府組織即為籌組人民團體，人民團體指除了政府官方機構、企業公司和事業單位以外的組織，依會展產業類別可區分籌組公會、基金會、協會及學會等單位。上述的職業團體和社會團體，多數是以非營利組織的型態，結合相關產業組織中垂直整合的關係和水平聯繫的關係。成立人民團體的目的是藉由創造新的組織結構以應付環境變化，並且以成立特定部門的方式，來回應環境變化。

會展非政府組織成立的目的，主要是為了協調統合國內會議、展覽服務相關行業，形成會展產業，落實會展產業聯盟，開發會展資源，進而提昇我國舉辦國際會展的水準。藉由會展非政府組織的成立，可以凝聚有關會展承辦、裝潢設計、觀光旅遊、會議規劃、公關媒體、學界團體共同組成特色產業，並以互通有無的方式，建立組織中人力、財力和知識經濟產業環境中，公司組織無法整合的社會合作群體關係。例如，會展需要交通、飯店、旅遊景點和政府部門來產生各種附加價值，為會展產業新增服務的內容（陳瑞峰（譯），2008）。

在非營利性的非政府組織中，通常具備角色重疊（roles overlap）的角色，以國內會展協會理事長、秘書長的身分進行國際交流活動，藉由非官方的身分進行聯繫與互動，可以針對國際會展快速的環境變化，進行迅速的回應。例如，美國在1914年成立國際會議局協會，後來在1974年改稱為國際會議局與觀光局協會（International Association of Convention and Visitor Bureau, IACVB）的非政府組織，在2007年又改為國際舉辦會議地點行銷協會（Destination Marketing Association International, DMAI）。這些非政府組織，其實都有政府成員（非該業務主管）在協會中擔任重要的角色。因此，在組織從事活動時，常具備了角色重疊的特色。在角色重疊之下，需要注意利益迴避，因此，如果政府之中，擔任會展主管的高階官員，

都會選擇迴避擔任理事長及秘書長的職務。

二、發起成立

中小企業和微型企業是以公司和企業社的形態成立：

(一)股份有限公司

　　1.發起人之一具名向經濟部申請公司設立登記名稱及所營事業預查。

　　2.經濟部審核後准予申請人保留公司名稱6個月及核定其所營事業。

　　3.發起人全體同意訂立章程。

　　4.收足股款。

　　5.召開發起人會議：訂立公司章程、選舉董監事。

　　6.召開董事會選舉董事長。

　　7.設立許可：視所營事業之需要，提出有關之申請。

　　8.委託會計師辦理公司設立資本額查核。

　　9.備置設立登記申請文件。

　　10.經濟部商業司或直轄市政府建設局或經濟部中部辦公室收文及審核。

　　11.核准並發文。

(二)有限公司

　　1.股東之一具名向經濟部申請公司設立登記名稱及所營事業預查。

　　2.經濟部審核後准予申請人保留公司名稱6個月及核定其所營事業。

　　3.全體股東同意訂立章程。

　　4.繳足出資額。

　　5.設立許可：視所營事業之需要，提出有關申請。

　　6.委託會計師辦理公司設立資本額查核。

　　7.應備設立登記申請文件。

　　8.經濟部商業司或直轄市政府建設局或經濟部中部辦公室收文及審核。

　　9.核准並發文。

㈢人民團體

  1.發起人申請籌組階段：

    ⑴發起人身份證明文件影本。

    ⑵社會團體申請書。

    ⑶發起人名冊。

    ⑷章程草案。

  2.主管機關審核階段。

  3.籌備單位籌備階段。

  4.立案階段：

    ⑴章程。

    ⑵會員大會會議紀錄（含籌備會工作報告、籌備期間收支決算表及
      下年度工作計畫、收支預算表等案）。

    ⑶理、監事會會議紀錄。

    ⑷籌備會移交清冊。

    ⑸人民團體現況調查表。

    ⑹會員名冊。

    ⑺會址使用同意書（或租賃契約）。

    ⑻理事長身份證正反面影本、照片。

    ⑼圖記印模單。

  5.主管機關核准立案。

  6.管轄地區法院社團法人或財團法人登記。

三、組織財務

組織財務是會展組織在成立之後，必須面臨的課題。在現代會展企業中，財務管理的原則包括籌資、投資、利息、股利分配等內容，目前中小型組織財務來源包括政府補助、會員會費收入（含利息）及企業贊助等經費來源（許傳宏，2010）。我們以非營利團體的某學會（2009年3月在內政部立案，6月在地方法院辦理社團法人登記）為例，說明會展相關組織的年度預算表、決算表、單項活動預算進行說明。

(一)制定會展組織年度預算表

1. 預計年度收入與支出分別彙集，共同編入單一的總額形式的預算書內。

2. 依據收入的來源和財政支出的具體項目，分別納入總額預算報表（範例如表4-6）。

表4-6　社團法人臺灣○○學會民國110年經費歲入歲出預算書（模擬範例）
中華民國○○年○月○日至○月○日

科目及名稱	預算數	上年度預算	增加	減少	說明
經費收入					
上年度結餘					
會費及捐款					會員繳交會費、捐款
計畫經費行政管理費					以計畫案8%計算
合計					
經費支出					
辦公費					文具、印刷、郵資、出差交通費、雜費
行政助理津貼					5,000×12（月）
稿費					撰寫編輯推廣叢書、電子期刊編審稿費、排版設計費。
網路維護費					網路空間租賃經費、維護及撰寫經費。
會徽設計費					設計會徽
合計					

理事長：　　　　監事長：　　　　秘書長：　　　　會計：

(二)制定會展組織年度決算表

1. 收入與支出分別彙集，共同編入單一的總額形式的決算報表內（範例如表4-7）。

2. 依據收入的來源和財政支出的具體項目，分別納入總額決算報表。

表4-7　社團法人臺灣○○學會民國110年經費歲入歲出決算表（模擬範例）

中華民國○○年○月○日至○月○日

科　目	收入金額	科　目	支出金額
會員收費（含利息）		經濟部補助辦理國際研討會（國際貿易局支出）	
經濟部補助辦理國際研討會		經濟部國際貿易局補助辦理國際研討會（學會自行支出）	
總計收入　　　　　　NT$		總計支出	NT$
結　餘　　　　　　　　　　　　　　　　NT$　　　　　　　　　（元）			

理事長：　　　　　監事長：　　　　　秘書長：　　　　　會計：

㈢制定會展單項活動預算

1.政府招標案件

邀標政府單位處理國際會展事務，需要委託其他政府、機關、學校、團體或個人等，辦理屬於法定職掌的國際事務所執行的公開招標活動，其程序如下：

⑴依據政府採購法的規定，隨時注意邀標政府單位委託辦理的招標文件，在網路上進行標案下載（http://www.taiwanbuying.com.tw/），或至邀標政府單位購買文件。

⑵在標案規定時間之內，擬定服務建議書，含計畫預算表，隨同其他政府、機關、學校、團體或個人相關立案證明文件，寄送邀標政府單位，以進行開標作業。

⑶資格標審查無誤，則進入評審，政府單位評審依據公、協（學）會投標辦理國際會展的豐富經驗，以最有利標進行審查及投票。

⑷得標後辦理簽約，將服務建議書依據得標後的議價金額，修改成工作計畫書，含計畫預算表，納入雙方契約後用印，列入法律文件（預算表範例如表4-8）。

表4-8　社團法人臺灣○○學會民國110年辦理政府出國計畫及國際工作坊預算表（模擬範例）

中華民國○○年○月○日至○月○日

編號	工作項目	單位	小計（新臺幣）	備註
1	人事費用			
	(1)計畫主持人	1人／8月		
	(2)協同主持人	1人／8月		
	(3)兼任助理	2人／8月		
2	國際年會出國研習訓練			
	(1)隨行人員國外旅費	1人／1次		費用應包含： 1.臺灣到美國來回機票；住宿、膳食等生活費。 2.國際年會報名費（含現地考察費用）。 3.美國簽證及保險費用。
	(2)即席翻譯	7日／1人		1.國際年會（7日）（含會後參訪）。 2.每日以1人，每日○○元計。
	(3)印製國際宣傳資料	300份		印刷費每份○○元
3	國際交流工作坊			
	(1)美國專家學者差旅費	1人／1次		費用應包含： 1.美國到臺灣來回機票。 2.專家來臺期間住宿、膳食等生活費。 3.講座鐘點費。 4.內陸交通費。 5.專家在臺綜合保險費用。
	(2)日本專家學者差旅費	1人／1次		費用應包含： 1.日本到臺灣來回機票。 2.專家來臺期間住宿、膳食等生活費。 3.講座鐘點費。 4.內陸交通費。 5.專家在臺綜合保險費用。

編號	工作項目	單位	小計 （新臺幣）	備註
	(3)現場翻譯（英文及日文）	7日／2人		1.工作坊現場座談會。 2.每日以2人，每日○○元計（英文及日文）。
	(4)印製書面資料	100本		含編輯、打樣印刷費用。
	(5)餐點	100人／2次		每份○○元 （臺北及臺南各乙次）
4	研擬國際期刊合作計畫			
	(1)資料蒐集及彙整	1式		
	(2)文件翻譯	1式		
5	國際公約作業			
	(1)資料蒐集及彙整	1式		
	(2)文件翻譯	1式		
6	報告印刷費			
	(1)期中報告書	15本		
	(2)期末報告書	15本		
	(3)總結報告書	30本		
	(4)國際公約書件及說帖	50份		每份○○元（公約書件黑白印刷、彩色封面），說帖彩色打樣完稿。
	(5)報告書光碟片	30片		含總結報告書、國際公約書件及說帖，每份○○元。
7	雜支費	式		文具、紙張、電話、交通運輸、餐飲、耗材、油料、紀念品等。
8	行政管理費	式		○○元
合計				○○元

2.政府評選案件：過程如同招標案件，但是經過政府邀請學者專家評選後，選定計畫書，含計畫預算表。政府評選案件通常以補助經費進行支應，提報及核准經費較低，而且無法支應相關費用，需要自籌經費。

㈣會展資金籌措

1.政府委辦經費：政府處理會展一般公務或特定工作所需委託其他政

府、機關、學校、團體或個人等，辦理屬於政府法定職掌的相關會展業務。因此，政府辦理國際會展招標案件的經費來源，大多是由政府編列的委辦經費而來。

2. 政府補助經費：政府所定的會展預算計畫，對中央各機關、學校、所管作業基金、地方政府、國內外團體或個人，提供經費支援。申請補助案件，下列經費不予補助：

  (1)人事費：但因特殊需要，經政府同意者，不在此限。

  (2)內部場地使用費。

  (3)行政管理費。

3. 企業贊助經費：屬於自籌經費的一部分。

4. 會員捐款（個人會員及團體會員）：屬於自籌經費的一部分。

㈤會展的成本控制和風險趨避

因為政府財源有限，僅靠政府補助或是委辦的會展辦理經費來源，通常入不敷出；因此，在經營非政府組織時，需要進行會展活動的成本控制，並且依據政府補助預算的一定比例，納為行政管理費，以支應非政府組織中日常開銷費用，例如：人事費、油料費、電話費、會址租金、印刷費、郵費、影印費、文具紙張費、雜費等管銷費用，並且量力而為承辦政府委託辦理案件。此外，經營非政府組織需要進行風險趨避 (low uncertainty avoidance)，以避免單一活動項目開銷太大，等到入不敷出，造成組織的財務和人事的龐大壓力，甚至形成組織的財務危機，則失去的編列預算和決算的意義。

㈥所得稅負及扣繳

在所得稅負方面，扣繳義務人（包括公司及人民團體）在給付所得時，將所得人應繳納的所得稅，依所得稅法的規定的扣繳率預先扣下，並在規定的時間內向國庫繳納，並且每年依規定時間之內填寫扣繳暨免扣繳憑單，向組織所在地登記的稽徵機關申報，並且將憑單寄（送）交所得人。

第四節　組織人力

　　人力資源發展（human resource development, HRD）是會展組織管理組織領導、組織財務和組織人力中的鐵三角的核心項目。會展活動因為屬於季節性、時效性及應變性高的產業活動，需要在一定時間之內匯集大量的人力和物力資源，所以在人員的聘任、調度和發展上，與其他的產業比較，具有專業性高、機動性高及流動性高的特色。

一、會展主要人力類別

㈠會展總監（MICE Director）

會展總監包括為銷售、作業及活動總監，是會展項目中主要的負責人，其業務職責為承接會展項目，負責項目活動組織、規劃、操作、營運及結案工作。會展總監必須領導旗下的部屬完成會展營運指標。一般來說，會展總監需要有5～10年以上會展相關工作經驗，熟知國際會展業務，並具備完整的產、官、學界的公關人脈和團隊企劃與執行能力；會展總監能夠獨立承接會展業務，熟知財務規劃及行銷原理，並具備熟稔的英語口語表達和翻譯能力。

㈡會展規劃師（MICE Planner）

會展規劃師主要工作為策展項目。依據過去的經驗，規劃會展目標，研擬新的會展主題，賦予未來會展主題新的方向、想法，與新的生命和價值。會展規劃師必須熟知市場趨勢、研究主題、會展運作、財務規劃、人員規劃、會展行銷的方法。國際策展需要英語流利，熟悉國際會議流程，簽約項目內容、國際專案行銷、國際項目策劃、國際市場調查研究經驗，並有出色的外語表達和溝通能力，取得或國際競標策展的經驗。

㈢會展設計師（MICE Designer）

會展設計師依據會展規劃師列出的需求，依據會展要求進行場地設計、媒體設計、網路設計及印刷設計等意象工作。因此，會展設計師必需要有空間設計和現場觀察的巧思與嗅覺，能夠依據會場空間構思

會議場地布置、展覽場地主題、形式，藉由電腦影像平面2D和立面3D的技術進行海報、展板、舞臺、旗幟、標語、花藝、展品、企業識別系統（CIS）、影音設施位置等繪圖、設計、擺飾及輸出，並在現場指揮安裝、擺設及排列。會展設計師主要具備建築設計、室內設計、環境設計、網路設計、媒體設計、平面印刷設計、景觀設計，或環境藝術專業背景。

㈣會展行銷（MICE Marketing）

會展行銷肩負國內外會展業務聯繫、公共關係及市場調查等業務，是會展產業中推廣和宣導不可或缺的靈魂人物。一些外資會展公司中通常設有行銷、銷售（marketing & sales）和活動（event）兩大部門，會展行銷和銷售經理需要畢業於市場行銷或相關專業，擁有廣告、展覽、會議等活動的銷售經驗，並對國內外會展市場有多年的執業經驗。

㈤會展服務（MICE Service）

過去會展產業要求現場服務為「遞毛巾、倒茶水」的低階服務項目，但是現代的國際會議會場服務需要具備專業的服務禮儀、外語表達和基本的英語溝通能力，才能掌控現場氣氛與會議順暢進行的效果。

會展服務可以區分為專業人力與臨時人力。在會展公司聘用專業人力進行現場服務時，需要具備相關學歷，例如會展管理、休閒管理、餐旅管理及外語相關專業術背景的大學畢業生。會展服務因為是雙向的服務工作，因此需要具備外語溝通，迅速進入會展主題和環境狀況，並能隨時向會展行政組織反應特殊緊急狀況，並具有協調和緊急應變的能力。

一般會展服務除了運用公司正式職員導引和解說之外，並依據人力調度的方式與公關公司簽約，在大型會展期間引進展演小姐（show girls）、禮儀小姐（ritual girls; hostesses）、以及櫃台小姐（counter girls）等、以甜美笑容迎接顧客及貴賓，並且為觀眾介紹參展廠商宣傳資料，或是提供現場音樂、歌舞和服裝表演等演出活動。

圖4-5　國際會議中需要以人力調度的方式，引進展演小姐（show girls）、禮儀小姐（ritual girls; hostesses）、以及櫃台小姐（counter girls）等、以甜美笑容迎接來賓，圖為2010年中國杭州灣濕地高峰論壇的報到櫃台（方偉達／攝於杭州灣慈溪）。

表4-9　會展主要人力類別

名稱	英文名稱	負責項目	工作資格
會展總監	MICE Director	承接會展項目，負責項目活動組織、規劃、操作、營運及結案工作。	1. 5～10年以上會展相關工作經驗。 2. 熟知國際會展業務，並具備完整的產、官、學界的公關人脈和團隊企劃與執行能力。 3. 能夠獨立承接會展業務，熟知財務規劃及行銷原理，並具備熟稔的英語口語表達和翻譯能力。

名稱	英文名稱	負責項目	工作資格
會展規劃師	MICE Planner	規劃會展目標，研擬新的會展主題，賦予未來會展主題新的方向和想法，以及新的生命和價值。	1.熟知市場趨勢、研究主題、會展運作、財務規劃、人員規劃、會展行銷的方法。 2.英語流利，熟悉國際會議流程，簽約項目內容、國際專案行銷、國際項目策劃、國際市場調查研究經驗，並有出色的外語表達和溝通能力，取得或國際競標策展的經驗。
會展設計師	MICE Designer	進行場地設計、媒體設計、網路設計及印刷設計等意象工作。	1.具備建築設計、室內設計、環境設計、網路設計、媒體設計、平面印刷設計、景觀設計，或是環境藝術專業背景。 2.具備空間設計和現場觀察、場地布置、電腦影像輔助設計等繪圖、設計、指揮、安裝、架設能力。
會展行銷	MICE Marketing	國內外會展業務聯繫、公共關係及市場調查等業務，通常區分為行銷、銷售（marketing & sales）和活動（event）等業務。	1.需要畢業於市場行銷或相關專業。 2.擁有廣告、展覽、會議等活動的銷售經驗，並對國內外會展市場有多年的執業經驗。
會展服務	MICE Service	1.導引、解說及介紹參展廠商宣傳資料。 2.提供現場音樂、歌舞和服裝表演等演出活動。	1.會展管理、休閒管理、餐旅管理，以及外語相關專業術背景的大學畢業生。 2.具備專業的服務禮儀、才藝表演、外語表達和基本的英語溝通能力。

二、會展產業人才特色

㈠專業性高：國際會展活動涉及到專業知識，國際語言溝通及表達能力，又需要具備國際事務規劃、設計及整合的專才，其專業性相當高。

㈡機動性高：會展專業人才包括會展規劃、會展設計、會展銷售、會場服務、同步翻譯人員，在會展籌備及進行之時，所有事項都相當瑣碎，而且環環相扣，需要任勞任怨、活潑聰穎、機動性高，以及可以立即解決問題的人才。

㈢流動性高：從事會展人員雖然具備溝通表達能力強、具有自我學習與解決問題之能力，但是因為該產業具備時效性，通常不如一般朝九晚五的上班族上班時間固定，在假日時需要動員加班，以辦理假日舉行的會議和展覽業務，工作挑戰性高，成就感高，同時挫折感也很大，導致人員流動性很高。

三、人力資源規劃（human resource planning, HRP）

人力資源規劃是提供會展組織所需要的人力的程序，包括人力招募、甄選、發展、報酬、考核等過程的作業方式。會展活動需要隨時進行人力資源規劃，以決定會展組織對於人力資源的需求，並確保隨時有適當數目的工作人員，在會展舉辦的時候，擔負起展演的工作。所以會展活動邁向綿密的分工方式，需要合理分配人力，以適應組織發展，並能滿足員工生涯規劃，以及計畫定時完成的需求。

過去傳統會展產業人才培育以「師徒制」為主，較缺乏專業訓練。因應國際會議和展覽籌辦的需求，也需要兼顧會展之外專業觀光活動。因此，現代會展人才需要辦理認證考試，提供給觀光、餐飲、旅館、媒體、公關、會場布置、導遊等從業人員報考。

有鑑於目前會展產業多數為中小企業，缺乏培養專職人才的環境，目前在臺灣會展市場，也無法同時支應大型公司常態性的人力升遷、加薪和優渥的福利需求；因此，我們在人力資源規劃方面，除了考慮依據大型規模的會展產業的人力招聘（recruitment），以及運用在勞力資源短缺，以及會展專業規劃在短期之內亟需用人之下，依據垂直分工（vertical disintegration）原理，以計畫人力委外（outsourcing）及計畫分包（subcontracting）方式，進行說明：

（一）組織人力招聘方式

會展產業招聘是指為了吸引具有會展工作能力和工作動機的適當人選前來應聘，並且以優渥的薪水及福利吸引人才前來應徵的過程。人力招聘是會展產業招募、培訓及任用會展人才的正常管道，在員工薪資、升遷、福利、辦公場所應依據公司規定，予以妥善規劃。

1. 程序：

　(1) 一般人才：預測人力需求→擬定招聘計畫→報名→審查資料→初步面談→任用面談→主管批示→甄選與聘用。

　(2) 高階人才：擬定招聘計畫→書面徵選→報名→審查資料→筆試→初步面談推薦徵信→任用面談→主管批示→甄選與聘用。

2. 方式：內部晉升、職缺公布、徵才廣告（104人力銀行）、校園徵才、現職員工介紹、學校推薦、透過第三者介紹、毛遂自薦、建教合作、向同業挖角、政府會展就業輔導機關（青輔會、臺灣會展網等）。

3. 人才認證：目前會議展覽人員認證考試為證書制，而非證照制，認證程序包括資格審查、考試、發予證書等三階段，為了鼓勵證書持有者終身學習，證書採取更新回流制，在3年期滿後必須再更新。資格審查採正面表列方式，包括：曾任職於會展及觀光行政單位、會展及觀光公協會、會展顧問、會場布置及設計、會展解說、同步口譯、翻譯、公關行銷、會議場地管理、展覽場地管理、活動場地管理、學校（會展、觀光、餐旅、休閒相關科系）、旅館、飯店管理、展品運輸管理、旅遊服務、導遊、領隊、新聞媒體及其他與會展相關工作等。

案例分析—國際會展管理人力招聘的基本要求

　國際會展管理機構在招聘人力時，將專業能力及外語能力表達列為錄取考量的重要。因此，在國際會展組織招聘人力時，應注意應徵者的在校成績單和相關訓練證書，可以任擇其中數項當作基本門檻，其基本

學力相關證照（證明）需求說明如下：

一、大學相關科系成績單必需要有一系列必修及選修的英語相關課程成績。

二、觀光英語、或是觀光日語的訓練證書（證書上含有訓練時數）。

三、曾經擔任國際會議相關活動人員之證明文件。

四、通過語言能力檢定考試證書。例如：多益（TOEIC）認證500分。

五、通過航空定位系統證照，例如：ABACUS訂位系統證照。

六、外語領隊人員證照，例如：英語領隊人員證照。

七、臺灣專案管理學會（IPMA）D級專案管理師證照。

八、會議展覽（MICE）專業人員初級認證。

九、會議展覽（MICE）專業人員進階認證，該項進階考試分為「進階會議」及「進階展覽」兩類，分開報考，需要多益（TOEIC）認證650分以上方能報考。

(二)計畫人力委外（轉包）（outsourcing）方式

人力委外是指中小型公司基於營運維護成本考量、釋出公司非核心業務、或者尋求專業會展設計、裝置廠商技術支援的人力委派方式。大多數的會展公司在沒有任何行政作業委外的想法下，多數選擇招聘新的員工，並嘗試完成業主所交付的會展業務。但是通常一個剛創立的微型會展公司，以一年的營業額新臺幣200萬元來看，聘請2位全職員工的開銷，加上公司的固定開銷，很難收支平衡。

此外，組織在擴充太快之後，需要進行組織瘦身（downsizing）以及組織流程再造（reengineering），以避免支出過多的冗員人事、場地和設備等固定成本。例如，會展公司的負責人在招募員工、管理員工、處理員工人事、處理行政作業，以及公司場地租金、裝潢設備、人力訓練、員工薪資、辦公用品等產生許多固定成本（fixed cost），事實上對於微型公司來說，僅需要以計畫人力委外的方式，就可以進行會展計畫垂直分工（vertical disintegration）。

1.程序：會展單項活動→切割活動項目→邀請委外單位共同參與→議

定工作項目→簽訂契約→定期追蹤進度→會展工作完成→驗收成果
→支付委辦費用→委外活動成效檢討。

2. 方式：在雙方釐清活動需求之後，委辦單位承諾計畫專案議定的
契約內容，例如：服務外派人力的品質、規模和時程內容，並且界
定人力服務的範圍，控制人力需求的變動範圍，交付驗收的成果項
目。

㈢計畫分包（subcontracting）方式

計畫分包是指從事會展計畫承包單位將所承包的計畫一部分，依法發
包給具有相關承接資格承包單位的行為，該計畫承包單位允諾承包關
係，其和第三者分包單位同時向委辦單位負起連帶責任。分包和轉包
是不同的行為。所謂轉包，是指承包單位將承包的委辦計畫轉給其他
單位的行為。分包和轉包的不同點在於，分包計畫案的承包單位參與
計畫，並自行完成委辦計畫的一部分；而轉包計畫的承包單位不參與
計畫。

1. 程序：會展單項活動→切割活動項目→邀請分包單位共同參與→議
定工作項目→簽訂契約→定期追蹤進度→會展工作完成→驗收成果
→支付分包費用→活動成效檢討。

2. 方式：在雙方釐清活動需求之後，分包和轉包單位不直接與委辦單
位簽訂契約，而直接和承包單位簽訂分包契約。分包單位承諾辦理
分項計畫的子計畫內容，例如：服務外派人力的品質、規模和時程
內容，並且界定人力服務的範圍，控制人力需求的變動範圍，交付
驗收的成果項目。

表4-10　人力資源規劃及管理方式

方式	管理方式	相關規定
人力招聘	1.組織培養、教育及訓練專業人才。 2.組織成員需要參與組織日常事務、專案會議、專案活動，以及完成組織所交付之規劃、設計、營運、管理等業務。	1.需要訂定用人條件，並辦理徵才活動。 2.依據員工薪資、升遷、福利、辦公場所應依據公司規定，予以妥善規劃。

方式	管理方式	相關規定
計畫委外（轉包）	會展活動勞力資源短缺，以及會展專業規劃在短期之內亟需用人的條件之下，由政府單位進行計畫委外作業，或是由承辦單位進行計畫轉包作業。	1.承包單位不參與計畫，由轉包單位完成。 2.依據計畫要求，進行會展整體計畫垂直分工。
計畫分包	會展活動勞力資源短缺，以及會展專業規劃在短期之內亟需用人的條件之下，由承辦單位進行子計畫分包作業。	1.承包單位參與計畫，並自行完成委辦計畫的一部分，其餘部分業務分給下包單位完成。 2.依據計畫要求，進行會展子計畫垂直分工。

㈣專案教育訓練

專案教育訓練是有鑑於管制考核部門評估出來的實際的績效和預估的績效指標有所落差，需要提供員工教育訓練的機會，以落實會展組織願景和管理策略目標。根據104教育資訊網2010年調查結果，「具備足夠專業能力」（占42.6%）、「擁有第二專長」（占12.6%），以及「順利取得證照」（占12.1%）為就業的保證，因此辦理專業教育訓練，保障考上證照為保證就業的基礎。目前政府舉辦「會議展覽服務業人才認證培育計畫」，是在建立學習評估，以提供會展專業人才資專業知識及技能活動，可區分下列的教育訓練課程：

1. 會展教育：會展教育是指針對會展從業人員進行專業知識及會展企劃能力的培養所辦理的動態和靜態教學活動，會展教育具備廣泛性、一般性、基礎性和啟發性的特質。

2. 會展訓練：會展訓練是指針對會展從業人員執行特定職務所必須擁有的專業知識、技能、態度，以及解決問題能力所辦理的動態和靜態的教學活動。

3. 教育訓練內涵：

   ⑴考慮在職進修的個人動機。

   ⑵考慮進行總體部門或各別部門的基礎訓練。

   ⑶考慮學習回饋職場原則。

   ⑷考慮強化特殊重點學習原則。

⑸注意加強會展學習課程的流暢性和一致性。

⑹加強課後練習與複習。

⑺注意訓練的間隔不宜太過頻繁，也不宜間隔太久。

4.針對高階主管、中階主管、基層主管及基層員工應該根據下列進行教育訓練課程的安排：

⑴高階主管：決策和管理課程。

⑵中階主管：企劃和協調課程。

⑶基層主管：會展業務和財務會計課程。

⑷基層員工：服務倫理、服務協調、會展技術、會展執行課程。

5.電腦課程培訓：國內許多會展專業人才策劃能力優秀，具有多年策展經驗，但一旦面對大量管理數據，需要整合會展介面，以及撰寫會展結案報告時，其電腦操作的管理經驗即顯得不足。除非大型公司具備足夠人力編纂檔案，否則經常發現常見找不到公文或會展相關報告的情形，一旦主管機關要求進行期中報告和結案報告時，則需要花太多的時間處理舊有檔案、計算報表數據，並需要加班撰寫報告。因此，具備制度的公司應加強電腦學習課程，以建立電子檔案的管理工具，延續經驗傳承（方偉光，2008a）。

四、組織行銷

組織行銷在於建立客戶和組織之間因為辦理會展所建立的信賴關係，這種信賴關係透過下列方式進行。

㈠組織行銷的內涵

1.關係行銷：透過與有關單位和客戶的長期關係合作，建立某種穩定的關係。關係行銷不是在建立市場的占有率，而是重視客戶的客戶忠誠度，並且建立與客戶之間長期的穩定關係，並取得客戶的信任。因此，在會展組織之間的關係行銷，屬於合作的夥伴關係。關係行銷通常屬於政府和NGO與NPO之間的夥伴關係。

2.通路行銷：通路行銷強調的是會展產品通路，由客戶直接和主辦單位進行交流，產生會展機構和客戶之間的互動，藉由買賣互通有無的關係，產生雙方互信的交易關係。通路行銷關係屬於會展產業上

中下游的協力廠商關係。

3. 網路行銷：會展網路行銷強調會展資訊快速傳播的特性，係透過網路建立個人友好關係。網路行銷強調資訊傳播，可用網路快速傳播的方式，藉由會展產業之中E化商務（E-Commerce）辦理訂位（會議報名、旅館、租車等事項）、上傳論文、E-mail主辦單位等方式，建立網路行銷的關係。

4. 公共關係行銷：公共關係行銷和關係行銷不同。關係行銷強調的是商機，而公共關係（public relationship）強調的是社會形象。公共關係行銷著眼於主辦單位的社會公益，其目的不在於賺錢與否，而是著眼於長期利益發展。

(二)組織行銷的作法

1. 會展單項活動銷售及行銷

會展單項活動行銷規劃可以藉由舉辦單項會展的目的，降低運作成本，達成人力資源效率化的效益如下：

(1)蒐集潛在參展廠商的資料。

(2)蒐集潛在觀眾的資料。

(3)蒐集潛在贊助廠商的資料。

(4)蒐集有助瞭解會展行銷環境的整體資料。

2. 組織整合銷售及行銷

(1)垂直整合（vertical integration)：依據組織發展目標，進一步考慮上下游垂直整合的方式，進行購買產品，以及考慮擴增營運據點的銷售模式。

(2)跨界活動（boundary spanning）：由於會展市場瞬息萬變，管理者為了針對未來市場進行預測，必需取得外界資訊，並且主動參與會展相關實務活動，以換取外界重要資訊的行為，都可稱為跨界活動。例如，和利益關係人（stakeholder）進行晤談，以影響利益關係人的認知和行為。管理者憑藉對外關係和立即資訊，可以進行並且判斷最佳決策，來適應會展產業快速的變化。

(3)招募行銷（recruitment marketing）：當組織辦理一場國際會議時，就是很好的行銷方式，可以增加組織吸引力，並能增加組織

的聲譽。透過會議辦理召募行銷，招募次級組織或其他團體成爲組織的團體會員，並儘量接觸其他組織的與會意見領袖，以爭取合作機會。

表4-11　會展組織銷售及行銷方法

方式	方法	效用
單項活動銷售及行銷	1.蒐集潛在參展廠商、觀眾、贊助廠商，以及會展行銷環境資料。 2.建立會展相關資訊資料庫。 3.建構會展交流人際網路。	1.降低運作成本。 2.擴大經營利潤。 3.有效運用人力資源。
組織整合銷售及行銷	1.垂直整合。 2.跨界活動。 3.招募行銷。	1.擴增營運據點。 2.換取外界重要資訊。 3.增加組織吸引力。 4.增加組織的聲譽。

小結

　　國際會展組織管理是國際會議管理中最新的實務領域。組織管理涉及到組織領導、組織發展和組織人力三大部門的建設，其中組織領導和組織人力涉及到組織心理學、組織社會學、組織政治學等專業學門；而組織發展又涉及到相當實務的法規層面議題，例如：所得稅法、人民團體法、行政程序法、政府採購法等專業法規制度。因此，學好會展組織管理是邁向會展中、高階管理人員的必經課程，不可不學。

　　有鑑於現今臺灣因爲教育普及，人才競爭激烈，觀察會展產業人才中，普遍有專業性高、機動性高，以及流動性高的特色，這是因爲會展產業具備時效性，通常不像是上班族有固定的上班時間，在假日時常需要加班，而且挫折感大，導致基層服務人員流動性高。有鑑於會展產業人才招募有一定的困難，而且訓練過程緩不濟急，建議經理人不妨利用會展組織，以及利用小型會展設計工作室和公關公司相互支援合作的特性，也需要了解該產業計畫人力委外（轉包）和分包的合作模式，以面對越來越高的會展工作挑戰。

本章關鍵詞

人力資源發展（human resource development, HRD）

人力資源規劃（human resource planning, HRP）

三構面理論（3-D Theory）

中小企業（small and medium enterprise）

目標管理（management by objective, MBO）

交易型領導（transactional leadership）

角色重疊（roles overlap）

非營利組織（Non-Profit Organization, NPO）

委外（轉包）（outsourcing）

招募行銷（recruitment marketing）

計畫分包（subcontracting）

風險趨避（low uncertainty avoidance）

封閉式系統（closed system）

垂直整合（vertical integration）

垂直分工（vertical disintegration）

組織結構（divisional structure）

產業聚落（industry community）

情境與權變理論（situational theory）

微型企業（micro enterprises）

領導決策（leadership decision）

會展服務（MICE Service）

會展行銷（MICE Marketing）

會展總監（MICE Director）

會展設計師（MICE Designer）

會展規劃師（MICE Planner）

路徑—目標理論（path-goal theory）

跨界活動（boundary spanning）

魅力型領導（charismatic leadership）

轉換型領導（transformational leadership）

問題與討論

1. 國際會展管理人力招聘的基本要求那麼高，要如何才能考上這些相關證照呢？

2. 您是一位有志青年，想要籌組一家小型會展及活動的公司，應該要如何以微型創業的方式進行籌備呢？

3. 會展組織中的人力資源規劃很重要，在組織中重要的成員不斷地離職，正是處在公司青黃不接的時刻。但是，新的會展活動即將要開

始，您是會展中的領導人物，如何解決組織人事不穩定的問題呢？

4. 會展活動轉包在會展管理中是大忌，對於政府公務部門來說，限制及禁止會展活動轉包或是分包是政府定型化契約中常見的條文。如果您主辦一場會展活動，需要大量的會展服務人力，因為人力調配的因素，需要將外派活動分包給朋友所開的公司，應如何進行而不至於違反契約呢？

第五章

國際會議規劃

學習焦點

　　國際會議的規劃涉及到一國整體國力和外交的延長。因此，需要以戰略目標、戰術目標分別予以策劃、分析、執行與管理，才能達到參與國際組織，爭取加入國際組織，然後爭取獲得國際會議主辦權之目標。在爭取獲得國際會議主辦權之後，應該進行國際會議籌備事務，例如：經費籌措、後勤支援項目、預算規劃方案擬定，以及大會相關組織、人力、場地、餐飲、住宿、交通等事項的籌備工作。在國際會議規劃過程中，因應國際情勢及產業環境的急遽變化，應以情境式規劃（scenario planning）方法，針對會議籌備期間所有可能發生的會議狀況進行預測，並且有效因應環境的變化，以改善會議籌備及規劃期程中，所遇到的種種障礙和問題。

第一節　什麼是國際會議規劃？

　　會議規劃是管理者為了會議有效進行，訂出會議目標，並且選擇推動會議行動方案的過程。在規劃過程（planning process）中，會訂出會議計畫（convention plan），以完成會議所要達成的目標。在規劃過程中，會訂出會議目標、制定會議策略，並完成策略。

　　我們在第二章的時候，了解到我國因為外交政治情勢及兩岸關係不明，爭取國際會展活動相對來說較為困難。此外，我國並非聯合國會員，許多全球性組織無法加入，要吸引相關組織之會議前來開會十分辛苦，況且在爭取主辦會議的過程中，還要面臨其他城市的競爭，因而降低了國

際會展競爭能力的突出性。再者，在國際場合中，我國使用「中華民國」（Republic of China, ROC）或「臺灣」（Taiwan）列名在參展／會議國別（Country Index）之中，經常招致國際阻力。因此，不容易以「中華民國」及「臺灣」兩種最常出現的「正名」方式，爭取到國際會議的主辦權。因此，目前我國的會議最高戰略就是要爭取重要國際會展在臺灣舉辦的機會，以及爭取臺灣在國際會展舞臺中施展的機會。

在國際會展的舞臺中，隨著政府推動「臺灣會展躍升計畫」的策勵下，2009年全球會議場次的ICCA排名，臺灣世界排名為32名，到了2019年名列全世界26名。固然舉辦國際會議的次數，是ICCA評估各國會展實力時考慮的項目，但是其次數的起起伏伏，不應單列為評估的項目，但是這項會議舉辦的次數，應該可以列為一國舉辦國際會議能量的相對參考。

國際會議規劃是為了解決會議籌備、程序、經費、庶務等問題，為達成會議成功舉辦的目標，所進行策略性的思考與計畫行為。國際會議的策劃行動就像是軍事戰略，以大戰略、國家戰略、軍事戰略、野戰戰略等不同的標的，為了提高作戰勝利的勝算，進行會議國家策略與商業策略的謀略和規劃。

依據決策所涉及的範圍劃分，可以將領導決策劃分為戰略決策和戰術決策。戰略決策也稱宏觀決策或高層決策，是指對全局具有長遠及重大影響的決策。戰略決策涉及的範圍項目複雜，具有整體性、長期性、穩定性等特點，主要表現在路線、方針、政策在規劃層面的焦點之上。戰術決策也稱微觀決策，是指對帶有局部性和方法設計性的決策。主要以實現戰略決策所規定的目標為決策的前提設計方法，是宏觀決策的延續行為，具有單項、設計和定量的特點。在規劃的層級中，亦可以區分為準據型規劃（standing plans）和單用型規劃（single-use plans）等（表5-1）。

本章因應我國所處的國際情勢進行分析，依照準據型規劃和單用型規劃方法，再將國際會議規劃區分為國際戰略規劃、國家戰略規劃、產業戰略規劃、策展戰略規劃等層級，以進行分析：

表5-1　國際會議規劃的層級

類型	分類	內容	說明
準據型規劃	國際戰略規劃	包括政策、規則、策略、法令規章的制定。	1.政策屬於一般性的指導原則。 2.規則屬於特別性的指導原則。
	國家戰略規劃		
	產業戰略規劃	包括政策、規則、策略、法令規章及標準作業程序的制定。	3.法令規章屬於限制性的指導原則。 4.標準作業程序屬於通則性的指導原則。
單用型規劃	會展戰略規劃	包括計畫及方案。	1.計畫為達成目標的完整性規劃。 2.方案為完成計畫的行動性方法。

一、國際戰略規劃

國際戰略是全球性的戰略，其著眼點為全球的政治、經濟發展。有鑑於全球經濟重點逐漸東移亞洲，但是目前歐洲的會議市場在2008年仍然超過5成的占有率，全球的會議中心仍然居於歐洲。但是近年來亞洲及中東的會議市場急起直追，與北美洲分庭抗禮。亞洲以全洲的會議舉辦次數，從2004年起，每年都舉辦超過1,000場次的國際會議，雖然只有歐洲的三分之一，但是其影響力不容忽視。所以因應亞洲整體經濟力量抬頭，近年來在亞洲各國舉辦的會議和展覽，都不可小覷。例如以國際展覽為例，2005年愛知地球博覽會（日本）、2008年北京奧運（中國）、2010年上海世界博覽會（中國）都是亞洲近幾年在國際迅速崛起之後，具備舉足輕重的國際會展經典之作。在國際戰略規劃中，應進行下列的規劃策略：

(一)形成區域經濟共同體

以相互合作代替「零和」競爭，例如以區域間國家共同參與國際事務，打破國家與國家之間的藩籬。

(二)形成區域聯盟的中心區位

以亞洲中心的模式，設立區域聯盟中心，進行中心國家與衛星國家的整合，以建立盟主國家的形式。例如提升國家在亞洲地區中位於世界

重心的份量，並且吸引跨國公司將總部或區域營運中心設於國家的首都或是商業重鎮。

二、國家戰略規劃

國際會展既然是傾一國之國力展現「國力櫥窗」表演，在國際上揚名吐氣就有賴於一國的政治、經濟、文化、教育、科技、環境等各先進領域的具體呈現。因此，國家戰略規劃是著眼於目前一國在國際間舉辦會展的過去情形、現在條件以及未來潛力，在籌辦一場成功的會展時依據所處的條件進行商業戰略規劃與策劃謀略，其相關的規劃如下：

(一)以國家名義參與國際組織

參與國際組織是舉辦國際會議的前提條件。國際組織參與由觀察員、個人會員、個人永久會員、團體會員、團體永久會員、個人理事會成員、團體理事會成員等不同的組成，形成組織內的外圍成員、組織成員及骨幹成員等。在成為組織成員之前，需要增加與國際機構組織接觸的機會，例如：參加會外會活動、參加國際組織主席演講活動，以及參加國際組織小組活動，運用這些參加活動的機會，接觸到組織高層人物，並且利用機會邀請訪問、接受頒獎、並且介紹政府高層進行面對面的私下磋商，這都有利於爭取加入或是參與國際組織的方式。

(二)以國家名義爭取國際會議主辦權

國際會議主辦權的爭取，通常是由會議幕僚單位，以學者、教授、企業經營者的個人身分爭取參與會議，在會議中了解整個會議流程，並且以國家整體眼光評估是否有利於爭取下一屆的主辦權利，這些評估需要針對國內的會議客體（會議展覽設施）、會議主體（籌備及參與人員）、活動預算，以及預期效益進行主辦戰略規劃。

(三)以國家名義建立國際會議中心

吸引政府或非政府組織將支部設於國家首都，或將國家的首都或是經濟重鎮以「國際會議中心」的模式進行規劃經營。

三、產業戰略規劃

產業戰略規劃如同戰爭中的軍事戰略規劃，屬於以國家團體的名義，在國際戰略及國家戰略的指導之下，進行會展產業的策劃、分析及評估。

(一)創造會展產業機會

政府及民間大型企業投入建設，並且創造會展相關產業就業機會，吸引國際菁英到國內工作，使「國際會議中心」成為服務業的國際重鎮。

(二)提升國際會展形象

增進本國產業與國際間的文化交流，與國際最新資訊接軌，拓展會展產業經營者的國際視野，以整體產業發展，促進會展與觀光產業的繁榮。

(三)進行會展產業研究

執行會展產業的市場研究，選擇目標市場，並且界定會展的屬性，以確定的國家戰略目標及產業戰略目標擬定行動計畫，並且進行後續監督、審查行銷計畫，以擬定策展戰略規劃。例如：在鎖定目標會議的規劃前期，進行會議調查，評估國際會議是否對於提升國家形象、政府管理、及國內民間團體技術是否有所助益？在會議規劃時應評估主辦單位、協辦單位、承辦單位、贊助單位的可能名單，以作為策展戰略規劃時，會議競標的人力及財務後盾。

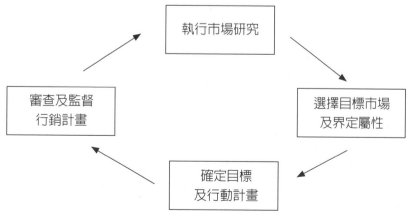

圖5-1　會展產業市場研究的流程（Astroff and Abbey, 2006: 39）

四、會展戰略規劃

　　會展戰略規劃如同戰爭中的野戰戰略規劃，屬於政府單位、工商團體或是個人經營會展事業的規劃活動。在會展規劃中，應透過各種不同的管道，蒐集不同類型的國際重要會展資訊，掌握各種會議舉辦的頻率、資格和條件，了解申辦流程，會展競標經驗的傳承，作為未來開發主辦國際會展的資源。

(一)會展競標（MICE Bidding）

　　目前國際會議是各國極力爭取在該國舉辦的重要櫥窗活動，因此在爭取國際會議時，無不卯足全力進行國際會議的競標活動，會展競標（MICE Bidding）的程序如下：

1. 會展前期分析

　　知名的國際會議多數都有歷史的淵源，相關的會議情形，了解招標主辦單位的需求。主辦單位會先將辦理會議的先決條件列在邀標書（request for a bid proposal, RFP）的結構中。例如：會議頻率、舉辦地點、會議規模、與會國家等資料都必須取得，例如下列資訊應該進行沙盤推演。

(1)申請承辦有哪些基本的條件？何時可取得完整的標單？歷年會展舉辦的情形如何？該項會展之前是哪些國家及單位承辦的？還有哪些國家參與競標？

(2)舉辦城市對全球的與會者來說，是否有足夠的吸引力？該地是否有成功舉辦大會的基礎？

(3)舉辦城市地區性的會議活動，是否有許多與會者？

(4)有無地理、文化、宗教或安全上的不利因素？會展舉辦是否考慮區域發展？下一屆的主辦權有無區域平衡的考量？會議主席及委員會是否有國籍的偏見？會員國之間是否有國與國之間的矛盾？

(5)誰是會展決定權最終的決策者？何時進行最後決定？如何進行私下遊說、協商、禮遇、辦理旅遊及招待活動等，爭取到主辦權？

(6)會展所需的基本設施為何？何時勘查會議場地？場地勘查人員有哪些人員？

(7)決標之後到正式會議期間的工作期有多長時間可以準備？

⑻是否有旅遊或是簽證的限制？

⑼是否提供的實際經濟資助？

⑽是否其他事項皆能符合RFP所有的要求？

2. 招募競標籌備團隊

籌備團隊包括會議主辦單位、協辦單位、承辦單位及贊助單位，其成員包含政府部門、專業會議公司、旅館業者、會議中心等，因此，組成競標籌備委員會需要公私部門齊心協力，以爭取到國際會議舉辦權利。例如，舉辦業界國際會議，業界可以負責60%的會議經費，40%來自於參加會議者的報名費。此外，應該爭取旅館或航空公司提供會議代表折扣優惠、接洽餐廳提供免費餐飲或優惠活動等。

3. 會展備標

在會展競標機制中，具備爭取國際會議的標準作業流程（standard operating procedures, SOP），其備標程序如下。

⑴準備申請文件：依據國際組織要求的申請文件進行說明，文件中需要具備主協辦單位、贊助單位、政府同意合作文件、會展前言、會展規劃內容、會展活動議程、會展行銷推廣策略、預期會展效益、會展預算項目、會展執行主要人員學經歷、會展執行主要人員學經歷佐證資料、過去重要國際會議舉辦經驗等。在佐證資料中，應列入國家領導人的邀請函、國際友人推薦信、會議國家介紹、會議場地介紹、住宿詳細資料、住宿及會場網路設施、休閒娛樂活動、環境及文化介紹、幣值與稅率等。

⑵協助備標考察：依據會展競標流程，由國際組織的理事所組成的競標評選委員，進行主辦國家的實地考察。考察項目包括：導覽行程、會議識別系統、會議標語、會議場地、住宿旅館、餐飲項目。備標考察應由專人陪同參訪並且解說。可以致贈勘查人員紀念品，但絕不可以致贈金錢及行賄。

⑶進行備標報告：準備PowerPoint內容進行備標報告，並備妥印刷書面報告及PowerPoint資料，以便備詢。簡報內容要有創意、文字精練，並且採用圖文並茂的方式吸引評審委員。在簡報時，以

熟稔英文、口條清晰、邏輯性強的簡報人員擔任主講者。簡報使用時的視聽設備應先進行測試，並且避免逐字唸稿，而是以生動活潑的口語和肢體語言進行現場溝通，並且適時導入幽默元素，以吸引評審的注意。簡報完畢後，由競標團隊中的PCO、PEO、觀光與會議局、國家會議中心等政府單位及公司重要成員在現場擔任備詢的角色。

(4)評審委員評估：評估項目包括舉辦國際會議的能力、該國地理位置、該國通用語言（以英語為主，否則應該備有同步翻譯設備和英語同步口譯人員）、該國設置的會議廳的設施、參與人員簽證問題、是否辦理禮遇通關、外幣匯兌是否便利、會展相關規劃（城市參訪活動、攜帶眷屬遊覽活動）是否具備吸引力。最後，評估該國環境安全、旅遊趣味及城市交通條件等是否具備舉辦國際會展的條件？

圖5-2　競標者需要準備PowerPoint內容進行備標報告，圖為2007年在美國加州沙加緬度國際會議中心爭取國際濕地科學家學會第一屆亞洲濕地大會備標報告簡報情形（方偉達／提供）。

SOCIETY of WETLAND SCIENTISTS

"an international organization dedicated to the conservation, management and scientific understanding of the world's wetland resources"

www.sws.org

6 August 2007

Wei-Ta Fang, Ph.D.
Secretariat for the 2008 Asian Wetland Convention
Country Designate of Taiwan
Society of Wetland Scientist (SWS) Asia Chapter
5F 63-3 Hsing-An St.
Taipei Taiwan 104

Dr. Wei-Ta Fang,

    The international Society of Wetland Scientists is quite pleased to learn that the Asia Chapter is holding the First SWS Asia Chapter Asian Wetland Convention and Workshop in Taiwan next September (2008). Taiwan is home to several of internationally renowned wetlands, and it provides an ideal setting for scientists from many nations to discuss current research on wetlands. The event is fully endorsed by the Society of Wetland Scientists and we will provide business management support to the extent we are able. Chief among your duties will be to raise financial support for the gathering, which we understand is no small task. We appreciate the hard work you have volunteered to do on behalf of the Asia Chapter of SWS to make this event a success.

Sincerely yours,

Patrick Megonigal, Ph.D.
Society of Wetland Scientists, President

Copied to Prof. Isidro T. Savillo, Regional President, SWS Asia Chapter.

1313 Dolley Madison Blvd. • Suite 402 • McLean, VA • 22101 USA
Ph: 703-790-1745 • Fax: 703-790-2672 • Email: SWS@BurkInc.com

第五章　國際會議規劃

圖5-3　順利得標後，才是會展工作的開始，主辦單位主席會寫信給策展單位，請求策劃並積極展開會展的籌備、行銷與策展工作。圖為國際濕地科學家學會會長請求本書作者策展的核准信函。

(5)決標：競標僅有一家單位可以得標，因此應有「勝不驕、敗不餒」的運動家精神，如果未能成功，應該積極檢討失敗的原因，以作為下次投標成功的跳板（spring board）。若是順利得標，應該了解得標才是工作的開始，主辦單位主席會寫信給策展單位，請求策劃並積極展開會展的籌備、行銷與策展工作，相關信件稱為推薦信（supporting letter, SL），推薦信係指策展人可向政府官方及民間相關組織取得徵信的信件，以證明決標後已經爭取到主辦權的徵信文件。

個案研究─評估國際會議申請及辦理標準

一、整體評估
　　㈠全球區位
　　㈡硬體設備
　　㈢餐飲安排
　　㈣交通運輸
　　㈤專業人才
　　㈥文化與旅遊
　　㈦政治與經濟
　　㈧安全
　　㈨語言
　　㈩本地支持程度
二、角色分工
　　㈠政府機關
　　㈡企業單位
　　㈢學校單位
　　㈣會議公關公司
　　㈤民間NGO團體

三、財務規劃

　　㈠編制預算

　　㈡成本效益

　　㈢行銷效果

四、專案管理

　　㈠議價簽約

　　㈡統籌與規劃

　　㈢籌備會議召集

　　㈣分組支援調配與聯繫

　　㈤辦理國際會議

　　㈥會議成效評估

　　（資料來源：沈燕雲、呂秋霞，2007）

㈡其他取得會展主辦方式

　　在國際會議的策展政策中，通常除了競標方式之外，也有下列的主辦方式（沈燕雲、呂秋霞，2007）：

1. 會員國輪流主辦

　　以入會先後次序或國名英文字母順序等方式輪流主辦，也有以會員國主動提出優惠條件申請，經會員國的理監事會同意即可申辦。

2. 地區性輪流主辦

　　有些重要國際組織會員分布全球，以區域平衡的觀點，每年或每二年在全球各地重要城市召開國際會議，以利會員國都有機會主辦因此訂定輪流在某些地區召開。

3. 以加強關係方式爭取承辦

　　上開的兩種方式，因為我國不是聯合國的會員國，在以會員國輪流主辦或是以地區性輪流主辦方式，我國在爭取聯合國組織的相關會議時，都是行不通的方式，因此，以強化競標關係方式爭取國際重要會展活動來臺舉辦，亦不失為一種可行的方式。

　　⑴增進國際關係：以競標方式承辦，需要加強國際關係，才能增加

得標的機會。通常競標失利，不一定是因為備標報告或是服務建議書書寫不佳，有很多因為是因為國際關係不夠，導致主要決策成員因為不了解而沒有投下贊成票。因此，增進國際關係在會展國際競標的激烈環境下，是必要的。增進國際策展關係不是短線操作，而是具有長期維繫的象徵。例如：鼓勵及協助民間及政府單位加入國際組織，在長期協助及觀摩的情況下，逐漸掌握國際重要會展的脈絡，並爭取國際組織的重要席位，以增加爭取國際會展在我國舉辦的可行性。此外，邀請國際組織會長或主席來臺，或是邀請主辦單位重要成員來臺勘查，以及建議理事會來臺舉辦理事會議，透過交流活動以增進雙方的了解。

(2)推動兩岸和解：因為1949年中國分裂的問題，導致海峽兩岸之間的關係緊張關係，海峽兩岸的代表機構過去經常在國際會展場合中壁壘分明，甚至演變成互挖牆角的情形，這在國際會展歷史中是極為獨特的現象。因此，如何促成兩岸合作會展活動，在共榮共信的合作基礎下，建立兩岸共創雙贏的局面，是海峽兩岸國際會展蓬勃發展的重要基礎。在此基礎之下，中國大陸需要給臺灣充分空間加入聯合國及國際相關組織，以掃除國際壁壘的障礙。這些障礙是臺灣未能充分加入國際組織，舉辦國際會展的原因。因此，透過兩岸政府和解，在近期目標是爭取國際重要會議來臺舉辦，中期目標是加入國際重要機構組織（聯合國），遠期目標是爭取國際總部設在臺灣，這些目標都不是短期能夠成功的，需要考驗海峽兩岸主政者的政治智慧與施政魄力。

五、會議組織規劃流程

依據策展戰略規劃，會議組織規劃國際會議時，考慮下列5個流程，依序為事前規劃、地點推薦、決定地點、舉行會議、會議評估，分述如下（圖5-4）：

(一)事前規劃

會議事前規劃階段屬於會前籌備期，需要考量會議的宗旨、目的、

效益、舉辦方式，以及預算編列等工作。事前規劃係由會議組織決定會議舉辦方式，包含會員國輪流主辦、地區輪流主辦及上述的競標方式。然而，會議舉辦需花費龐大的費用，詳細編列預算有助於成本控制。其會前準備項目分項表說明如下：

1. 蒐集會議相關議題，並且進行重點摘錄。
2. 運用網路資訊或是電子郵件將會議議事日程，以及相關文件進行網路或電子公文傳閱。
3. 確定籌備會議是否必要？是否可以通過其他小組工作會議的方式，使會議準備工作更能有效解決？
4. 確認籌備會議的目的為何？籌備會議試圖達到什麼樣的結果？會議將做出什麼樣的決定？預備達成什麼樣的行動方案？
5. 籌備時程是否擬定？必須列出和會議相關的時程內容，依據其重要性進行項目排序，並且將相關項目歸納到相同議題的籌備會議時間之中。

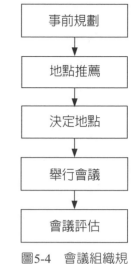

圖5-4　會議組織規劃的流程

(二)地點推薦

為了擴大會議的與眾召募基礎，會議的地點構成元素，應有助與會者的出席方便，而且增進與會者的出國效益。因此，國際會議的地點選擇，是以城市做為選擇的依據。會議地點選擇以展現城市意象為主，通常考慮到城市的政治、商業、交通及治安等綜合考量因素，通常具備多樣化設施環境的城市才能吸引與會者到此開會。在城市中選擇國際會議中心開會，才能滿足所有與會者的需求。典型的會議中心座落在不被干擾的地方，擁有提供會議與會者專用的旅館、咖啡館及飯店。會議中心提供全套會議服務項目，包括餐飲、客房、茶點、咖啡、以及娛樂設施等。

(三)決定地點

考量國際會議的屬性，評比各候選地點的優先順序，選擇最適合舉辦

會議的城市和國際會議中心。典型的國際會議中心備有20間以上的會議室，座位從最高可以容納1,000人的大會廳形式，亦可安排成劇場形式、教室形式、宴會廳式，或討論會式的空間排列。

(四)舉行會議

當主辦單位決定會議舉辦城市和國際會議中心之後，即著手進行會議舉辦前的籌備工作，與會議期間的議程作業。

(五)會後評估

會議結束之後，應進行會議善後處理與檢討評估，明瞭與會者對會議各項安排有何評論，以做為爾後舉辦會議之後的參考。

個案研究—國際會議籌備規劃流程

國際會議籌備項目中，因時因地制宜，具備相當彈性的措施。但是一場完善的國際會議，具備許多會議接待的關鍵項目，例如：安排會議接待人員、安排會議接待場所，以及安排會議接待所必備的物品等。在會議流程中，依據會前規劃、地點推薦、決定地點、舉行會議、會議評估等順序，進行下列會議規劃流程如下：

一、與會議主辦單位洽談會議大綱及細節。

二、向會議主辦單位提供會議接待策劃方案，並且提出報價。

三、邀請會議主辦單位實地考察會議舉辦場所，並推薦地點，納入地點候選方案。

四、與會議主辦單位確認會議接待的方案。

五、與會議主辦單位簽訂會議接待契約。

六、確認會議主辦單位預付會議訂金事宜。

七、在會議舉辦之前研議會議工作人員服務項目及會議接待手冊。

八、準備大會資料，包含邀請函、撰寫新聞稿、邀請媒體採訪、接送服務、會場服務、翻譯、通訊及秘書服務等項目。

第二節　國際會議預算

國際會議中，預算是規劃後勤項目的最重要的根本條件，會議預算屬於國際會議財務規劃的一環。在預算的細節編列中，會展的預算屬於清晰而明確的項目，而不僅僅是模糊的概念。一場成功的會議，從籌劃開始，到落實會議環節，其過程相當繁複與瑣碎。一般來說，如果國際會議是在主辦單位所在地城市舉辦，因為相關協辦單位相當熟稔，會議操作進行會較為順利；如果是在外地舉行的國際會議，其會議操作的難度和成本會大幅度增加，需要妥善考慮。因此，考量降低舉辦國際會議的預算，建議在主辦單位所在地的國際城市舉辦。

一、成本理論

預算是實現會議財務計畫的工具。主辦單位應事先作好財務規劃，編列收支預算，並且適切尋求相關單位支援，以有效掌控盈虧，達到損益平衡。會議預算編列費用會展活動的籌備工作中，應考慮專案專款專用的方式，提供相關的帳目明細，保留相關的單據以備查證，並且納入回饋計畫，以編列下列成本預算：

(一)固定成本

固定成本（fixed cost）又稱為固定費用。固定成本相較於變動成本，是指成本總額在一定時期和一定業務量範圍內，不受業務量增減變動而影響，而能保持不變。因此，固定成本不隨著參加會議的人數而有所變動，即使實際收益少於預期收益時，固定費用也不會改變。在公司成本中，不受收入影響的費用稱為固定成本費用，例如設備折舊、固定薪資等。

在會議籌備過程中，需要支付事前規劃、出國協商及其他相關公關費用，必須編列先遣費用以為預算支應。在簽約時，因應意外狀況、氣候變化、或其他影響會議出席人數的相關因素，而產生的出席人數的多寡應寬列經費，以確保編列支付定金、扣款或違約金等相關費用。

(二)變動成本

變動成本（variable cost）和固定成本相反。變動成本係指那些成本的總額在一定範圍之內，隨著參加會議人數的變動，而呈現線性增幅的成本。變動成本是根據出席會議人數，或其他舉辦會議因素而產生變動。變動成本會隨著會議人數增加產生的成本，也就是說隨收入上升而上升，隨著收入下降而下降的成本。例如，餐飲費用、住宿費用及稅付金額，屬於變動成本。

(三)損益平衡點

損益平衡點（break-even point, BEP）所在的位置點，就是指會議收入和支出剛好平衡，剛好等於0，這些支出又可以分為會議成本和支出費用，而會議成本包括固定成本和變動成本。

觀察辦理國際會議的損益平衡點，可知道會議人數增加時，會增加報名費收入，當報名費收入高於損益平衡點時，則會議主辦單位獲利；反之，會議主辦單位及面臨虧損的狀況。在國際會議成本效益評估中，以參加會議人數所代表的營收金額，判斷損益是否兩平。因此，在計算國際會是否損益平衡之前。首先，必須了解會議參加人數的最小目標，做為衡量會議經營成敗的財務指標，在損益平衡點劃向橫軸的參與人數，即為規劃參與會議人數目標。

二、成本估計

舉辦一場成功的國際會議，需要耗費相當大的人力及物力成本。其中邀請國外學者的人數和經費補助，應有一定的比例，並希望該會議的舉辦，能吸引國外學者自費參與。一般來說，國際會議預算包含下列編列原則：

(一)旅運費用

1.國外貴賓出差旅費

包括國外貴賓自出發地點到會場的一切交通費用，包括飛機、鐵路、客輪、捷運、租車、計程車等，以及目的地車站、機場、碼頭到住宿地的交通費用。

2. 國內人士出差費用

包括國內人士自本國到國際會議場合及國際會議組織所在地的一切交通費用，包括飛機、鐵路、公路、客輪、租車，以及目的地車站、機場、碼頭到住宿地的交通費用。

3. 會議期間的旅運費用

包含會議主辦地點的交通費用，包括住宿地點到會場的交通、會場到餐飲地點的交通、會場到參訪地點的交通，以及與會人員可能到達其他相關地點的旅運費用，包含飛機、鐵路、客輪、捷運、租車、計程車等費用。

4. 國外貴賓接送費用

包括住宿地點到機場、車站、港口等地的交通費用。

(二)會議廳及展場租借費用

1. 會議場地租金

會議廳租借通常有公定的費用，在淡季或是旺季具備價差。場地租賃費用應包含相關設施，例如：燈光系統、音響系統、投射螢幕、投影設備、座椅、展架、主席台、白板、白板筆等。但是特殊設施並不涵蓋在租借費用內，需要另外加收費用，例如：筆記型電腦、同步翻譯系統、錄影系統、多媒體系統，以及會場展示系統、會場裝飾盆栽花卉、大型布幕及展架等，需要另行增加預算。

2. 會議設施租賃費用

會議設施租賃費用包含：筆記型電腦、同步翻譯系統、會場展示系統、多媒體系統、錄影設備、網路系統、及時視訊系統等，以上設備需要支付保證金，相關產品租賃費用價差很大，需要多加比較。

3. 會場布置費用

會場布置包含攤位、展板、羅馬旗幟、布幕、掛條等項目。

4. 其他費用

其他費用包含人事經費、廣告印刷費用、運輸與倉儲費用、樂隊費用、表演費用、媒體費用、公共關係費用等項目。

(三)住宿費用

住宿費用係指旅館、飯店及酒店所開立的價格費用。針對會議來說，

住宿費用係爲國際會議主要的開銷經費。住宿費和飯店等級、房型等因素有關；此外，國內飯店有些消費金額必須外加，例如：長途電話、衣物送洗、迷你酒吧、網路通訊、傳真服務、水果點心等，都應列爲招待國際會議貴賓可能支出的項目。

㈣餐飲費用

1. 早餐

早餐通常在飯店中提供自助餐，採取中式或是西式的設計，餐飲費用以人數計算。

2. 午餐

午餐依據會議情形，可以採用自助餐形式、桌餐形式或是便當形式進行。其中自助餐及便當可以用人數估計費用，桌餐即以桌數進行估計。

3. 服務費

一般在飯店用餐，如果自帶酒類及飲料消費，飯店通常需要酌收酒類及飲料服務費。

4. 會場茶點

會場茶點是以人數進行估計，可在上午及下午提供不同時段的茶點，以人數來估計費用。茶點包括西式和中式兩種，西式以咖啡、紅茶、水果，西式點心爲主，中式則以冷熱飲、咖啡、水果及中式、港式或台式點心爲主。

5. 歡迎晚宴

歡迎晚宴的預算需要包含餐飲、場地、樂隊、表演節目等項目，其預算的估計項目需要仔細考慮，預算金額和節目表演難易程度和邀請貴賓有關。

6. 視聽設備

室內的視聽設備，除非是採用視訊會議的方式進行，否則視聽設備的費用通常已經涵蓋在會場費用之中。但是如果是在戶外舉行的活動，需要涵蓋戶外影音視聽服務設備預算：

⑴設備租賃費用。

⑵影音設備運輸、安裝調音，以及DJ技術人員費用。

⑶主持及表演人員費用。

⑷戶外餐點費用。

7.其他雜費

活動雜費係指臨時性活動費用，包括影印、運輸及裝卸、購置紀念品、臨時道具、傳眞、電話、手機、快遞、臨時醫療、翻譯、導遊、臨時派車，以及匯兌匯率差價等。

三、預算來源

舉辦國際會議的預算來源係藉由開發可增加營收項目，包含政府補助、民間募款及承辦單位自籌等方式，其預算來源可以區分如下：

(一)補助款

補助款係由政府機關補助而來，補助款項目通常僅限於印刷費、場地費、文宣費等與會議直接相關的費用，這些費用和大會手冊、大會論文集和其他相關文宣印刷項目有關，需要以原始憑證（廠商開立的發票或是收據）核銷。目前政府補助會議的經費相當有限，在國際學術會議補助費項目中，分類如下：

1.由跨洲際國際學術組織於世界各地輪流舉辦，且由我國取得主辦權，或與國際學術組織聯合舉辦，並針對國內重點研究領域主題的大型國際學術會議。

2.國際學術組織正式認可在我國舉辦，或與國外學校及文教學術團體主辦的國際學術會議。

以上的補助申請案件，需要依據國際學術會議的研究領域、會議論文、主題、規模、講員學術地位、預期效益、與會國家數目與人數、主辦單位的聲望、以往執行成效，進行經費預算編列向政府機關申請補助。

(二)委辦費

委辦費係由政府機關委託民間機構，例如委託公私立立案學校、立案之財團法人、社團法人、公司法登記之公司辦理國際會議的委託辦理經費。透過政府採購法之規定，辦理勞務性的招標，包含會議專業服務、技術服務、資訊服務、研究發展、營運管理、訓練、勞力及其他

經主管機關認定的勞務。目前政府機關以公開招標、選擇性招標，及限制性招標辦理委託招標案件。目前依據政府採購法相關法規的規定，超過新臺幣10萬元以上需要辦理比價，超過新臺幣100萬的案子都須經上網公開招標程序，在新臺幣10～100萬元的案子，也有採取公開招標的方式進行。委辦費需要以領據核銷，原始憑證則留在委辦單位（公私立立案學校、立案之財團法人、社團法人、公司法登記之公司）備查。

(三)贊助經費

贊助經費是由公司行號贊助會議的經費，須由主辦單位或是承辦單位開立受款收據或是發票，贊助經費通常區分為不同等級，較高等級的贊助者，可享有出席會議的機會，贊助單位的企業識別系統（corporate identification system, CIS）或標誌符號（Logo），能夠在大會文宣品、網頁，及大會展示布幕上曝光的機會。目前贊助經費分為：

1.直接金錢贊助：由贊助廠商、政府單位或是個人直接以金錢進行贊助。

2.直接實物贊助：由贊助廠商、政府單位或是個人直接以文宣品、紀念品及捐贈物品進行贊助。

3.間接贊助：主辦單位和專業會議服務代理商簽訂合約或是服務合作協議，以成本費用或是比市場行情價低的合作費用，取得價格相對比較低廉，而且較為專業的服務支援。間接贊助可用於學生樂團演出、專業表演贊助等服務項目。針對單項服務支援，主辦單位應詳列需求，並單獨簽訂合約或是服務合作協議。

(四)報名費

原則上國際會議的經費來源以會議報名費為主，所收報名費與支出項目，應能夠達到收支平衡（圖5-5）。

1.依據報名時間早晚，採取不同費率：

(1)報名時間較早：報名費較低。

(2)報名時間較晚：報名費較高。

2. 依據是否參加會員與否，採取不同費率：
 ⑴會員：報名費較低。
 ⑵非會員：報名費較高。
 ⑶團體會員：以團體會員報名，收受團體會員會費，則會員都能出
   席。

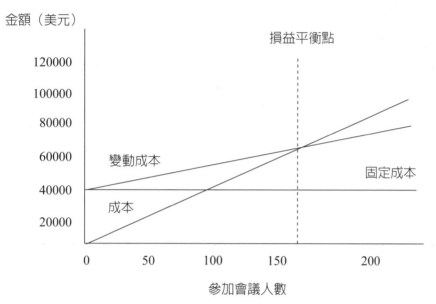

金額（美元）

圖5-5　國際會議成本考量（McCabe et al, 2000:356）

當國際會議採取不同的出席費費率定價時，必須避免影響可能出席人員的出席能力及出席意願，並且需要遵循過去舉行相似的國際會議的差價收費的慣例標準，以免引發收費上不必要的爭議。

第三節　國際會議籌備

國際會議取得主辦單位授權之後，依據財務規劃預算、成本估計及預算來源，確定舉辦該項國際會議財務初步分析來說，已經沒有問題，即應進行籌備，規劃成立籌備委員會，亦稱為「籌委會」（即中國大陸稱呼的組織委員會，簡稱「組委會」），依據人力資源規劃的原理，以籌備相關

會議進度、會議地點、會議食宿、媒體行銷，以及籌備會議等相關行政事宜。

一、人力資源規劃

㈠會議籌備組織

在會議組織方面，成立指導委員會、籌備委員會、執行委員會、科學顧問委員會或技術委員會，以及秘書處等，負責舉辦國際會議的各項具體事宜：

1. 指導委員會（Advisory Board）

   一般由指導單位及相關機構負責人擔任，負責會議籌備工作之指導，可設爲大會榮譽主席等職。

2. 籌備委員會（組織委員會）（Organizing Committee）

   籌備委員會負責政策原則之籌劃，會議組織以國際會議籌委會爲最高行政機構，依據籌委會組織章程，以籌備委員會主任委員爲行政決策者，籌備委員爲組織成員，並且交由執行委員會執行，並負責監督。

3. 執行委員會（Executive Committee）

   執行委員會設置主任委員（大會主席）一名，負責：

   (1)籌備進度控制；

   (2)決定籌備會議議程；

   (3)召開籌備會議；

   (4)定期向籌備委員會提出進度報告；

   (5)召開執行委員會議；

   (6)協調各項工作；

   (7)控制預算。

4. 科學顧問委員會或技術委員會（Scientific Advisory Committee or Technical Committee）

   簡稱學術委員會或論文審查委員會。負責保證國際會議論文合乎國際學術水準，審稿委員必須審查論文來稿，並挑選合乎國際學術水

準的論文納入會議論文集中，原則上科學顧問或審稿委員審查論文不支付審稿費。

5. 大會秘書處

負責具體實施執行委員會決定的與會議籌備相關的一切事宜，並且設置執行長（Chief Executive Officer, CEO）、秘書長或是總幹事一名，以進行會議籌備。CEO即首席執行官、行政總裁、行政總監，或是最高執行長，是美國人在1960年代進行會展行政機構改革時，所設置的產物。

大會秘書處是在籌備辦理國際會議中負責會議營運管理的最高執行機構。在會議執行長之下，設置財務行政業務、會議銷售服務、旅遊銷售資訊、會員會籍與社會關係，職司報名、議事、募款、會計、出納、庶務、旅遊、出版、公關等行政事務。面臨逐漸擴大的全球經營層面，建議依據部門結構（divisional structures)，依據地區為基礎的組織結構進行分區管理，例如：全國會議銷售、區域會議銷售等單位甚至以外派辦公室進行國外銷售管道的聯繫（Fenich, 2008: 71）。

在大型的國際會展中，依據專業分工原理，通常都是由專業會展籌辦單位（PCO）負責籌委會的部分事務，例如：會議服務、會議中心聯絡、旅館聯絡、會議研究服務、旅遊銷售、旅行社聯絡、旅遊招募，以及政府關係的聯繫等事項。大會秘書處主要工作內容包括：

(1)與籌委會、執行委員會成員、與會者進行聯繫溝通。

(2)會議宣傳（包括宣傳資料編纂、網站設置等）。

(3)接收論文摘要、全文等。

(4)會場布置。

(5)會議註冊。

(6)安排與會人員的住宿、餐飲、旅遊等。

(7)財務收支。

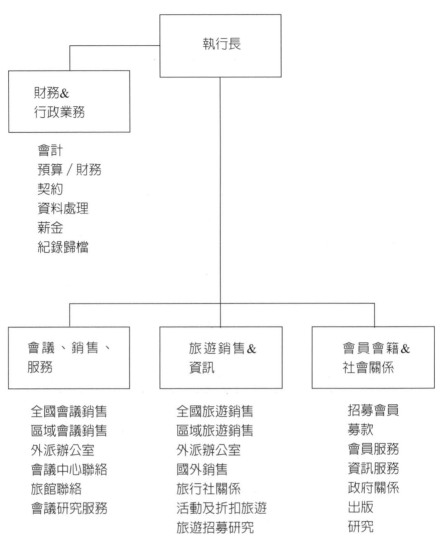

財務&
行政業務

執行長

會計
預算 / 財務
契約
資料處理
薪金
紀錄歸檔

會議、銷售、服務	旅遊銷售&資訊	會員會籍&社會關係
全國會議銷售	全國旅遊銷售	招募會員
區域會議銷售	區域旅遊銷售	募款
外派辦公室	外派辦公室	會員服務
會議中心聯絡	國外銷售	資訊服務
旅館聯絡	旅行社關係	政府關係
會議研究服務	活動及折扣旅遊	出版
	旅遊招募研究	研究

圖5-6　國際會議秘書處管理組織圖（Fenich, 2008: 71）

㈡展覽籌備組織

　　在大型的國際展覽中，以籌委會為最高行政機構，依據籌委會組織章程，以主任委員為行政決策者，籌備委員為組織成員，並且設置執行長（chief executive officer, CEO）、秘書長或是總幹事以進行會議籌備，籌委會主任委員、委員及執行長統稱為展演主辦者。在一場成功的展演活動中，需要依據專業分工原理，尋找專業展覽籌辦單位（PEO），以及主題活動目的地管理公司（DMC）負責整體籌備工

作。PEO和DMC需要統合參展商，成為展演主辦者、參展商和參加者之間的平臺。在專業的國際展覽中，PEO和DMC統合的下游單位如下：

1. 一般服務承包商：負責展覽中一般勞務事項，譬如：會場清潔、門票、安全、桌椅擺放等一般性非專業的事務活動。
2. 專業承包商：依據委託契約性質之不同，可以分為參展商委任的承建商和一般承建商兩種。
   (1)參展商委任的承建商：由參展商直接委任，並且直接由展演主辦者指揮，進行燈光、音響、攤位、舞臺、展板等搭建工作。以上項目不透過PEO和DMC的支援。
   (2)一般承建商：透過PEO和DMC的支援，進行燈光、音響、攤位、舞臺、展板等搭建工作。
3. 設施商：負責會場中展覽設施及服務設施等設置。設施商主要搭建臨時性設施，例如：商務中心、專題講座室、新聞發布室、記者休息室、展團臨時辦公室、對外聯絡室、多用途彩排教室、舞蹈室、咖啡座、酒吧、售票處，以及臨時郵局等。

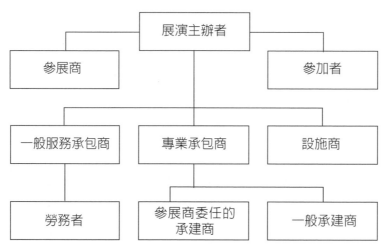

圖5-7　國際展覽管理組織圖（Fenich, 2008: 182）

㈢人力招募規劃

在人力招募方面，應規劃人力配置，並且進行人力招募。依據國際會

議禮儀與接待技巧辦理人力訓練，並以專才專用的方式，在現場進行調度及活動期間的接待工作。在人力規劃部分，需要納入工資計算，並且在會後進行人力評估及檢討，在人力招募的規劃過程中，主要是招募下列的人才：

1. 會籍、議事：設計線上報名註冊系統、會前報到、現場報到及註冊報名。
2. 公關、旅遊：協助與會者旅遊、機位、簽證、住宿。
3. 後勤、美工：進行會場設計、宣傳印刷及網路工程等設計。
4. 規劃、管理：進行會前會、大會及會議結束善後的規劃及管理。

二、籌備進度

在國際會議籌備進度中，需要規劃進度表，以群組方式進行規劃，表格中需要籌備時間順序，明列工作項目、預定完成時間、執行單位，以及執行情形進行規劃，以內政部辦理第一屆亞洲濕地大會為案例，共計召開下列會議，以準備相關的活動籌備事宜：

(一)籌備會議

籌備會議由籌委會召開，籌委會基本上分成兩種層次，由政府單位召集的籌備會議，需要擬定工作計畫、委外招標作業、企劃文宣、廣告事宜等事項。由國際組織召集的籌備會議，主要商討會議重大議程，確認國際會議政策原則的籌劃工作。籌備會議通過籌委會的召集，將會議結論納入執行工作會議的依據。

(二)工作會議

工作會議由政府委託招標得標機構（公私立大學、學術團體、民間廠商）負責工作會議的規劃、研商、設計及製作過程與內容。工作會議由得標機構（公私立大學、學術團體、民間廠商，上開機構通稱「廠商」）負責工作會議的簡報，由委辦政府機關聆聽簡報，並由籌備會議委員講評及審查工作會議的進度。

工作會議必須納入會議紀錄，通過討論之後，達成與會人員共同的意見，整理成結論。例如，國際研討會議採取公開徵求論文的方式進行

時，如果合格的應徵論文總數超過會議議程所能容納的數量，應以豐富會議主題廣度與深度的傑出論文納入口頭報告，其餘列入海報張貼論文為原則。

為了順利辦理活動，籌備工作會議辦理的頻率應訂定下列的時間表：
1. 會展前6個月，至少每個月辦理一次。
2. 會展前3～6個月，至少每3星期辦理一次。
3. 會展前3個月，至少每10天辦理一次。

個案研究──籌備進度文件紀錄

在籌備會議時，為了要掌控會議籌備的進度，必須要妥善記錄會議紀錄。會議紀錄是依據會議主席在會議進行的期間，將會議召開的過程、相關議程、決議事項，進行書面整理而成的書面文件，經由單位主管批示發文，具有公文書的效力。會議紀錄是開會時摘要性的紀錄，如果需要依據口頭發言進行記錄，稱為實錄。依據國際會議籌備會紀錄的內容，可以區分下列分類：

一、籌備會議紀錄的分類

　　㈠議決性紀錄

　　　議決性會議紀錄效力較強，係依據會議的議題、討論意見及主席裁示事項進行紀錄，具備解決議題的政策性指示，以指導籌備工作的完成。

　　㈡一般性實錄

　　　一般性紀錄係將會議的主要議題、全部內容、討論情況和結果詳加紀實，以達到傳遞資訊的目標，多用於討論會和座談會等。

　　㈢報導性紀錄

　　　報導性紀錄係為具備新聞報導性質的紀錄。內容包括會議概況、內容、議題項目、建議事項、會議結果等。報導性紀錄採用於學術性和協商性會議。

二、籌備會議紀錄的撰寫

籌備會議紀錄撰寫的結構包括會議標題、會議時間、會議地點、會議主席（含紀錄）、主席致詞、討論事項、決議等內容。

㈠會議標題：會議標題有兩種形式，第一種是由會議名稱和單位兩項構成，例如《國際濕地科學家學會2010年年會籌備會議紀錄》；第二，由主辦單位、會議名稱、承辦單位、會議內容三項構成，例如《臺北市政府辦理國際花卉博覽會籌備委員會第一次招標會議紀錄》。

㈡會議時間：列明會議時間，包含星期。例如：民國九十九年九月一日（星期三）上午九時。

㈢會議地點：列明會議地點，例如：國立臺灣大學醫學院國際會議廳。

㈣主席：列明會議主席職稱及姓名。主席之下列明會議記錄者職稱及姓名。

㈤會議出席人員：可用詳如會議簽到人員名單進行說明。

㈥主席致詞：列明主席致詞事項，簡介會議概況，說明會議屆次、目的、任務等基本會議內容說明。

㈦討論事項：可說明討論事項，以簡短文字將會議議題進行概括說明。

㈧決議事項：

1. 條列式：依據會議討論情況及主席裁示情形進行結論條列式敘述，適用於小型會議，討論議題及焦點較為集中。

2. 分散式：分散式紀錄用於大型會議，通常會議中不具備具體結論，會議決議事項較為模糊。

3. 實錄式：依據會議發言者的順序，將發言者敘述的主要內容記錄出來，詳實反映會議討論的分歧意見，實錄式紀錄適用於座談會議紀錄。

表5-2　國際會議籌備工作進度（範例）

	執行階段	群組	工作項目	預計完成時間	執行單位	執行情形
1	第一階段		召開亞洲大會「第一次籌備會議」			○
2			亞洲大會系列活動及國際會議工作計畫書			○
3			亞洲大會導覽手冊委外招標作業			○
4			企劃相關多媒體文宣、廣告內容			○
5			召開亞洲大會「第二次籌備會議」			○
6			銀行、廠商、學術單位贊助計畫			○
7			召開亞洲大會系列活動工作會議			○
8	第二階段		推動民間成立基金會活動發文			○
9			召開亞洲大會「第三次籌備會議」			○
10			簽訂備忘錄			○
11			洽談廣告承接媒體			○
12			大會受理報名，發送會議通告書（announcement）			＝
13			邀稿及投稿論文徵稿（call for paper）			○
14			製作網路廣告與宣傳網頁			○
15			「第一屆亞洲大會」委外招標作業			○
16			完成「第一屆亞洲濕地大會」委外招標案簽約			×
17			召開「系列論壇」—東部場次			×
18			「邀稿及投稿論文」摘要截稿日			×
19			召開「第一次工作會議」會前會			×
20			召開「臺灣濕地系列論壇」—南部場次			×
21			籌組／訓練志工團			×
22			啓動影像徵選活動			×
23			開始聯繫國外與會貴賓			×
24			研擬長期合作MOU中英文版			×
25			企劃專屬網站			×
25			企劃宣傳文宣			×
26			召開「第一次工作會議」			×
27			審稿會議			×
28			完成專屬網站			×
29			企劃專業雜誌報導			×
30			召開亞洲大會「第四次籌備會議」			×
31			印製宣傳文宣			×
32			完成長期合作MOU中英文版			×

	執行階段	群組	工作項目	預計完成時間	執行單位	執行情形
33			發送「投稿者論文」受理通知			×
34			「影像徵選活動」評選會			×
35			開始製作電視CF			×
36			NGO與學術團體籌募會及記者會			×
37			召開「第二次工作會議」			×
38			聯繫國外與會貴賓完畢			×
39			「邀稿者論文」全文截稿日			×
40			召開「系列論壇」—中部場次			×
41			刊登「專業雜誌報導」			×
42			召開亞洲大會「第五次籌備會議」			×
43			長期合作MOU完稿日			×
44			企業籌募會議			×
45	第三階段		協請公關室邀請記者採訪			×
46			撥放電視專訪			×
47			成立志工團			×
48			完成影像徵選活動			×
49			「投稿者論文」全文截稿日			×
50			召開「系列論壇」—北部場次			×
51			新聞採訪			×
52			召開「第三次工作會議」			×
53			「投稿者論文」全文審查通知日			×
54			召開「基金會」成立籌備會			×
55			出版彙編及導覽手冊			×
56			出版彙編及導覽手冊」新聞採訪			×
57			播放電視CF			×
58			召開「第四次工作會議」			×
59			編輯「大會手冊及論文」等相關導覽資料、光碟			×
60			召開亞洲大會「第六次籌備會議」			×
61			聯繫國外與會貴賓通關禮遇事宜			×
62	第四階段		印製「大會手冊及論文」等相關導覽資料、光碟			×
63			刊登報紙廣告			×
64			召開「基金會成立大會」			×
65			召開「基金會成立大會」暨「亞洲大會」會前記者會			×
66			完成大會場地及展示事項布置			×

	執行階段	群組	工作項目	預計完成時間	執行單位	執行情形
67			召開「第一屆亞洲大會」			×
68			開幕電視專訪播放			×
69			亞洲大會參訪活動暨工作坊			×
70			城市參訪與專題演講			×
71			論文修訂			×
72	第五階段		大會實錄、論文集製作			×
73			「成果年報、論文集及大會實錄」彙編及出版			×

（資料來源：第一屆亞洲濕地會議籌備會秘書處）

備註：已完成（○）；未完成（×）；進行中（＝）。

三、會議地點與食宿

在國際組織與政府主辦單位協議達成國際會議主辦城市之後，由政府委託得標廠商確認之後，隨即應該確認會議地點。一般來說，大型城市都會設立會議中心，會議中心規劃上可以安排成劇場式、教室式、宴會廳式，或是討論會式。在會議中的地點規劃上，主要環繞下列主題來確認活動地點：

(一)擬定會議需求

1. 會議場地要求：依據會員大會、分組會議、展示區、宴會廳等提出初步規劃，並且詳列活動具體時間，以及參加的人數等。在場地需求中，需要列出相關社交活動、特殊場地、設備、餐飲等需求。

2. 會議住宿要求：依據參加人員可能的人數，初步估計套房、單人房間、雙人房間的需求，並且估計與會者住宿的天數。

(二)查詢飯店供給

1. 飯店類型

(1)商務型飯店：商務型飯店多數具備會議廳，適合舉辦商務會務。此外，商務型飯店具備中、西式餐廳、商店、SPA、游泳池、三溫暖及健身中心等設施。

(2)度假型飯店：度假型飯店位於風景優美的度假勝地，例如山林、

海邊或是都市近郊。度假型飯店集合休閒、娛樂與會議為一體，並且提供會議設施、美食及地方節慶活動，以豐富會議假期的特色。

2. 飯店地點

(1)市區中心：位於市區中心的飯店特色為交通便利、設施多元、服務專業，以及籌辦活動利便；但是缺點為都市較為嘈雜、停車不易、物價高昂，但是在都市中舉辦國際會議可以呈現都市的風貌。

(2)風景名勝區：位於風景名勝區的飯店具備寧靜、高雅、生態豐富的特色，在度假會議中可享受海邊度假飯店的沙灘排球、沙雕、日光浴、水上運動、以及大型海濱音樂會等活動；在山林度假飯店可享受芬多精的森林浴效果。上開的度假飯店周遭環境可以呈現一國的環境保護及生態保育的成效。

(三)評估會議地點

1. 初步評估會議地點：依據評估參加會議的人數和預算之後，在評估城市中所有可能舉辦國際會議的地點，請會議中心管理單位初步協商時，請求提出下列項目：場地空間、價格表及平面圖。

2. 實地現勘會議中心：在預定大會地點的時候，應協商租賃場地的財務細節。最終會議地點的場地確認，應以親自視察建築物為準，並詳加考察建築物實際結構和相關會議設施是否良好，例如：座位容量、空間動線、照明通風、通道出口、休息室（記者休息室、貴賓休息室）、交誼空間等會議設施環境。

(四)勘查飯店地點

1. 實地現勘飯店房間：在住宿飯店中抽查單人房間、雙人房間和套房的空間與設備細節，檢查飯店設施是否清潔？空氣是否清新？是否有菸味？採光是否良好？床鋪是否加長？

2. 實地勘查飯店安全：實地勘查逃生路線、電梯安全及防火設施等。

3. 實地勘查飯店服務：實地勘查飯店三溫暖、SPA、室內運動設施、書報間、商務中心、社交娛樂中心、飯店酒吧等設施，並且了解服務項目、營業時間和社交與娛樂活動的付費價錢。

圖5-8　舉辦國際會議中心需要考慮許多因素，例如2007全球景觀生態大會的會議舉辦場所是一座知名的綠建築電影院（方偉達／攝於荷蘭瓦特林根）。

圖5-9　美國各主要城市都設有會議中心（Convention Center），圖為加州首府沙加緬度會議中心（方偉達／攝於美國加州）。

圖5-10　美國各主要城市都設有會議中心（Convention Center），圖為
猶他州首府鹽湖城會議中心（方偉達／攝於美國猶他州）。

4.實地勘查飯店至會議中心的交通：確定飯店與會議中心之間是否可
　以步行？有無接駁交通？或是停車空間？

5.檢查餐飲供應：要求住宿飯店提供菜單菜色，檢查衛生情形，並且
　考慮與會者之飲食禁忌，例如：素食者茹素、佛教徒不吃豬肉、伊
　斯蘭教徒不吃豬肉、猶太教徒不吃沒有鱗片的海鮮類，食用肉不可

圖5-11　國外郊區的度假型飯店集合休閒、娛樂與會議為一體，圖為荷
　　　　蘭瓦特林根的WICC旅館，擁有荷蘭傳統小鎮恬適的景觀（方
　　　　偉達／攝於荷蘭瓦特林根）。

帶血，而且不吃牛羊豬肉；美國人不吃動物內臟、環保人士不吃保
育類動物等禁忌。

6.考慮飯店替選方案：選擇臨時狀況發生之後的住宿替選方案，以備
不時之需。

(五)簽訂書面契約

1. 會議中心

(1)確定會議場地：房間名稱、使用時間、座位安排、視聽器材，以及其它設備的圖表都應列出需求，並且附在定型化的契約中。以2008年第一屆亞洲濕地會議的會場使用配置圖爲例，201爲主場會議室，202、203及205爲分場會議室，場外爲中場餐點區，濕地論文海報宣導區，以及濕地書籍雜誌攤位，在電梯出口明顯位置設置報到處，在會議廳較爲隱蔽的空間設置記者休息區及秘書處等單位。

(2)確定特殊設備安裝或改裝：在201增加同步翻譯設施、同步翻譯人員，並明確列明會場增加同步翻譯的開銷。

(3)繳交保證金：簽約時應繳付租金、保證金、費用，經過會議中心認可，並加蓋會議廳專用章，始完成簽訂書面契約的程序。

2. 飯店

(1)確定飯店保證的房間間數（含費用）：記載與會者到達和退房日期，並且計算房錢。

(2)確定飯店提供的免費服務：例如機場接機、免費早餐、水果、飲料、報紙等客製化服務。

(3)繳交保證金：在飯店專屬網路上或是飯店櫃台預付費用，始完成預訂飯店房間的程序。

3. 寄發會議通知

(1)會議通知內容：必須寫明大會召集人的姓名或組織、單位名稱，會議的時間、地點、會議主題以及會議參加者、會務費、應帶的材料、聯繫方式等內容。通知後面要注意附回執，這樣可以確定受邀請的人是否參加會議，準備參加會議的是否有其他要求等。對於外地的會議參加者還要附上到達會議地點和住宿賓館的路線圖。這個路線圖避免了外地人問路的許多麻煩。

(2)規劃會議議程：會議議程是會議活動在會期以內每一天的具體安排，它是人們了解會議情況的重要依據。它的形式既可以是文字的也可以是表格的。它可以隨會議通知一起發放。

(六)規劃觀光活動

在會議活動中，對於邀請參與的貴賓，應辦理觀光活動，在觀光活動中，搭配當地餐廳訂位、即席翻譯及社區座談活動，以地區或是都市旅遊的方式，進行會前、會中及會後的觀光活動。在觀光活動中，安排交通路線，準備當地導覽資料，例如英文版手冊、摺頁、地圖，並且邀請隨行眷屬共同參與觀光活動。

四、會展行銷

在會展宣傳中，會展行銷（MICE marketing）就是以會展為產品與服務，在國際及國內會展市場上尋訪顧客，以博得聲譽和進行經費挹注的規劃過程。在策略行銷方面，會展行銷首先需要積極改善會展環境、建立會展品牌形象、加強會展活動國內外宣傳推廣，及提升會議、展覽及獎勵旅遊產業對外整體國際形象。會展行銷屬於整體規劃的一環，以下列三種階段進行行銷步驟：

(一)市場偵測（market scanning）

在會展市場中，包含城市行銷、會議行銷、展覽行銷、會議場地行銷、展覽場館行銷、會展媒體行銷和會展網路行銷等。在市場分析中，需要了解國際經濟走勢與國內產業發展的趨勢。也就是說，會展行銷規劃的第一步是在蒐集有助瞭解行銷環境的整合資料。

(二)行銷策略（marketing strategy）

1. 積極參與會展組織：積極參加國際會展組織，建立國內及國際會展產業的聯盟合作關係，才能在全球會展人士中塑造該國家、城市及承辦單位的品牌形象。

2. 制定媒體行銷策略：根據美國行銷學會（American Marketing Association）對於行銷的定義，行銷具備置入性（placement）的媒體策略：

(1)置入媒體版面或時間。

(2)行銷訊息必須透過媒體擴散及展示。

(3)行銷的標的物為具體商品、服務或抽象的概念。

(4)明示贊助者（sponsor）。

㈢行銷組合（marketing mix）。

在進行行銷組合包裝的時候，需要進行有系統的整體行銷策略，才能在全球會展中塑造該國家、城市及承辦單位的特色。首先應以目的地行銷（Destination Marketing）的主體行銷方式，依據客戶組織、會議組織及價值呈現的方式，進行下列分析及組合：

1. 了解及分析參與者的需求，並且加強軟硬體的服務品質。
2. 創造豐富的旅遊經驗，滿足會議組織及客戶組織的需求。
3. 展現國家及城市的差異化，加強會議主辦國的多樣化服務特性。

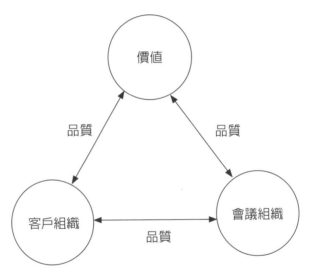

圖5-12　行銷應考慮客戶組織、會議組織及價值呈現的鐵三角（McCabe et al, 2000: 311）

案例分析─臺灣會展推廣與國際行銷計畫

　　自2009年起，經濟部國際貿易局開始主導「臺灣會展躍升計畫」，以發展臺灣成為亞洲最佳會議展覽環境、創造產業價值、塑造優質國際會展品牌形象，並建構臺灣成為國際會議展覽技術及人才培育重鎮，以及爭取國際會議展覽活動來臺舉辦的目標。其中「會展推廣與國

際行銷計畫」希望達到增加外人來臺舉辦與參加會展的機會，並創造國際對臺灣會展目的地的認知，工作內容如下：

一、臺灣會展業形象推廣與國際行銷

　　㈠整體行銷策略及推廣組合配置策略規劃：以最有限的資源，將廣告及推廣活動予以適切的混合運用，以達到最高的互補關係、最佳的溝通效果與均衡的推廣。

　　㈡國內外廣告策略規劃與執行。

　　㈢建立會展產業形象識別標誌（MEET TAIWAN），並推廣重新定位的品牌國際知名度。

　　㈣國家宣傳館形象設立，以利在海外知名國際性專業展覽會宣傳臺灣優質產品形象。

　　㈤策略執行國內外公關活動及媒體廣宣，運用均衡的傳播組合，發表宣傳溝通主題。

二、臺灣會展總入口網建置、管理及運作

　　㈠網站維運管理： 重建會展總入口網，包括四種語系網頁之改版，並完備會展資料庫內容建置會展相關產業的行業資料庫。

　　㈡網站行銷推廣：

　　　1.規劃及舉辦網路活動加強國內外網路宣傳，利用搜尋引擎登錄及關鍵字廣告等工具。

　　　2.行銷推廣臺灣會議展覽入口網。

　　　3.與國外展覽會洽商虛擬行銷合作。

　　　4.協助推廣及宣傳「臺灣會展躍升計畫」其他子計畫。

三、掌握國外參觀買主資訊

　　　1.建置買主預先上網登錄機制。

　　　2.規劃展覽現場登錄作業。

　　　3.設置展覽現場自助登錄機制。

四、刊登徵展手冊

　　徵展手冊的內容包括展覽的主題、地點、時間、過去展覽的記錄及分析，以及展位價格表。

（資料來源：http://www.meettaiwan.com/）

五、建立會展整合性管控系統（control system）

　　運用電腦進行會展自動化管理，除了國際大型會展公司發展會展管理套裝軟體來進行會展自動化管理工作之外，一般會展中小企業，少有資訊專職人員負責更新及建置資料。大部分的公司購置一次資料庫套裝軟體，常因為資訊專職人員離職，導致資料庫系統閒置，形成資訊管控系統浪費，而且無法整合運用，會展管理自動化亦無法同步升級。有鑑於會展管控資訊系統在國內並不普遍，一般僅以Microsoft Excel試算表軟體和word檔案進行日誌撰寫、人事登錄、財務報表計算等工作資料間無法整合。本節借用工程管控的觀念，依據方偉光環境工程技師所設計的管控系統，進行問題釐清，並以文書處理的方式建構解決途徑，試分述如下（方偉光，2008a）：

(一)建置管控系統需面對的問題

1. 會展產業人員流動性大：會展產業因為策展關係經常需要出差，工作辛苦而且不固定，從業人員流動性高。此外，會展專業人員要求時效性高，且需要有策展相關經驗，並能獨當一面，經常因為策展關係，讓知名策展專業專家曝光率高，而有挖角、跳槽及轉業的情形，因此很難要求會展產業人員重新學習管控系統。

2. 會展計畫項目複雜：會展項目種類繁多，共有會議、展覽、展演、大型慶典活動等不同種類的活動，無法用現成的制式資料庫進行資料建置。此外，活動項目又涉及到統包、分包、外包等上下游分工計畫，需要建立不同類別的資料庫，以示區別。

3. 會展建置報表複雜：會展產業涉及上下游的業務溝通與聯繫，制式報表無法應付會展活動的需求，例如，中央和地方政府的會計報表和公司企業的表格就有所差異，無法借用現成的制式報表。

4. 數據資料尋找不易：會展資料建檔不佳，資料散布於雜亂的Excel報表中，無法進行統計分析及整合運用。此外，關連性的資訊在電腦檔案中十分凌亂，無法相互連結。

5. 報表歸檔不夠確實：大量的報表歸檔後，為了查詢或管理需要，製作索引費時費事；甚至歸檔資料難以整理到結案報告之中，也無法進行會展彙編，作為爾後接案的參考。

㈡管控系統建置原則

國際會議規劃最終的目標是希望未來國際會議籌備是否能夠有效的運作。因此，在目標計畫之下，應設定管控系統，能監測、評估及回饋籌備資訊，使管理者確定目前策略與會議籌備機構是否能夠有效進行運作。在會議籌備中，建立管控系統，以彈性、精確和及時的資訊，以同時滿足下列的管控系統需求。

1. 前饋（feedforward）：用於會議規劃前期，在會議尚未進行之前，籌辦單位能夠防範於未然，詳查籌備問題，並且進行預防措施。

2. 同步（concurrent）：用於會議進行階段，在問題發生的時候，能夠即時彌補問題，進行有效的問題防治。

3. 回饋（feedback）：依據會議辦理之後的事實資料（fact sheet），例如客戶的回饋問卷、會計結算報表，進行會議辦理之後的反省和前瞻。

㈢管控系統建置方法

會展產業管理者可使用Microsoft Excel及Word（© 2010 Microsoft Corporation），運用下列觀念及實務作法，可逐步建立整個會展產業的管控系統，其實務作法如下（方偉光，2008a）：

1. 建立Excel資料庫

以Excel中的資料庫（Excel中又稱為資料清單）功能進行建置以Excel建立的會展管理資料庫，分別建立「來往文件資料清單」、「會展管理資料庫」、「品管表單資料庫」、「計價請款資料庫」等。

⑴將會展管理上所需的所有數據，建立在Excel的資料清單中，並持之以恆的維護更新，此資料清單，需建置於組織總部（headquarter）資訊網路的伺服器（server）中，以便大家都可以查詢和使用。

⑵預先規劃好資料清單的內容及架構。由於資料性質，以及職務上分工的不同，在規劃資料清單時，可以考慮將不同性質的資料予以分開。譬如初步可將展覽工程、會展品管、會展計價、來往文

件等資訊予以分開，由不同的承辦人員輸入數據，建立不同的資料清單。

(3)為了日後能夠將相關數據予以分析統計，因此當各類資料庫清單規劃好後，應盡量將所有的數據，包含人、事、時、地、物、單位、數量等資訊，建立在單一的資料清單，而非多個清單（sheet），甚至多個檔案（file）上。

(4)各類資料清單規劃好後，即應逐日輸入並持續更新資料。同時可利用Excel處理資料的相關功能，如「彙總」、「篩選」、「自動篩選」、「排序」、「小計」、「大綱」、「資料驗證」等來進行工程管理，並根據數據分析結果來進行決策。

(5)各類資料清單在計畫進行中，隨時可以用「自動篩選」的功能來檢索所需資料，必要時還可以將其中的資料經篩選或排序後予以列印出來，作為管理報表或者索引使用。在工程結束後，亦可以輕易的進行彙總、分析、及統計等工作，將結果直接應用於結案報告中。

2.所有Word文件報表所需資訊均應連結自資料庫

運用上述Excel所建立的資料清單雖然可以輕易的處理所有的會展數據與資料，但許多文件、報表、報告等，因其所需的印出格式複雜，仍需要以文件編輯軟體Word來編輯及列印。因此要建立例行（routine）文件、報表所需資訊，並應連結並擷取已建立的資料庫。先建立資料庫後，再與Word文件連結的觀念，就好比先建立姓名、地址等郵遞資料庫後，利用Word的合併列印功能，予以連結後列印出郵遞標籤一樣。

(1)針對會展活動需求，以Word逐步建立會展活動所需之例行文件、報表。如發文函件、會展日誌、品管表單、請款單、月報表等範本。

(2)利用Word「合併列印」的功能（Word指令中用以連結資料庫欄位，將資料庫中各筆紀錄之資料項插入到Word文件，進而可合併列印單筆或者多筆資料庫紀錄的功能）。將已建立好的Excel工程管理資料清單與所需印出的例行文件、報表予以連結。

⑶平日持續輸入資料至Excel資料清單中，同時並由Word列印出所需的文件或表單。由於Excel中的資料與Word文件或表單中的資料是一致的，因此當Word文件或表單歸檔後，若需列印索引，或者需要統計分析時，直接取材並列印自Excel資料清單即可。

3.資料庫與資料庫之間彼此能以Vlookup相互連結參照

利用Vlookup（有時候是Hlookup）傳遞關鍵資料項的關連資料的方式，連結Excel與Excel之間的資料清單。只要資料庫之間有相同的資料項欄位（例如：「會展管理資料庫」、「品管表單資料庫」、「計價請款資料庫」這三個資料庫都有「工項」這個欄位），彼此間就可以採用Vlookup等函數互相傳遞資料庫內的數據，並相互連結參照，可以彈性且迅速的引用蒐集相關資料，快速完成管理所需的報表。

⑴在會展計畫一開始時，就以Excel先建立一個「主核心資料庫（master list）」，此主核心資料庫內的欄位最少有「會展項目」、「工項ID」、「單位」、「數量」、「項目合約價格」、「協力廠商」等。其中「工項」應取自與業主合約中的計畫詳細價目表，如果合約中未能訂定，則應先自行編定工作分項架構（work breakdown structure, WBS），再將WBS最細的工作項目編定「工項ID」。此「工項ID」應為資料庫觀念中的「關鍵資料欄（key item）」，亦即此欄位中的資料是唯一、沒有重複的。上述「主核心資料庫」設定的目的，在於統一「關鍵資料欄」中的資料內容，以便將來資料庫之間可以連結參照。因此「主核心資料庫」可以不只有一個，並可以在需要時，陸續建立。譬如說要建立工地的人事管理系統，則可建立包含「姓名ID」、「姓名」、「電話」等在內資料表。而在有設備安裝的展演場館搭建工程中，「設備ID編號（tag number）」、「儀表ID編號」等，亦可等其確認後，編定為關鍵資料欄之一。

⑵其後任何人因為工作需要，即使在不同的時間之內，需要建立或製作其他的資料清單內容時（譬如設計部門要製作設備材料採購清單，品管部門要發展品管相關報表，展覽部門需建立展覽管

理資料庫，控制部門需設計出計價請款表單，會計單位需彙整工程會計帳等），只要是「關鍵資料欄」都取自於主核心資料庫，亦即大家都使用相同的ID編號，如「工項ID」、「會計科目ID」、「設備ID」等時，Excel中的函數Vlookup就可以發揮資料庫之間相互連結的功能。

(3)向業主計價請款時，需要建立計價請款資料庫。在此，資料中將有數千筆工項ID、以及各工項可計價款項等，等到報告送出後，業主對計價請款報告還有意見，認為其中還需列出各工項的品管報告編號。此時不需一筆一筆鍵入品管報告編號，只要利用Excel函數中Vlookup的功能，可以在數秒內，將品管資料庫中，相同工項ID的品管報告編號、名稱、日期等資料傳入計價請款報告，在數秒內達成這個目標。

(4)另外一個應用的例子是假設已經建立好Excel「工務管理資料庫」，並可逐日輸入數據後，業主要求每日填報並以E-mail回傳的工程日誌格式也是Excel，此時無法用Word文件以第二個觀念與作法來達成，但仍舊可以用Excel的作法來達成；亦即將日期作為「關鍵資料欄」，以Vlookup或Hlookup函數（視所建資料庫結構而定）以連結「工務管理資料庫」至工程日誌表單中，將相同日期的相關數據傳至工程日誌表單相關欄位中即可輕易完成。

㈣管控系統特點

1.容易推廣：整個系統用Excel及Word即可進行，這兩個軟體絕大部分管理師都會使用，不需靠軟體工程師撰寫資料庫程式，只要學會「合併列印」及「Vlookup」等兩套指令即可上手，很容易推廣，很適用於會展業因應不同業主所需建立的個性化文件。

2.容易維護：整個系統可以在會展計畫進行中逐步建立，只要持續維護好應建立的資料庫，並訂好「關鍵資料欄」中資料的格式，其後所需要的文件表單，無論是Word格式或Excel格式，都可以隨時連結資料隨時列印，亦可以隨時編輯內容，彈性很大，而且容錯性很高，很容易與舊有文件系統接軌。

以三個觀念，輕易的利用MS Word以及MS Excel
來建立「國際會議管理資訊整合系統」

觀念一： 永遠用Excel資料清單來建立國際會議管理所需的資料庫（包含人、
事、時、地、物、單位、數量、金額...等。）

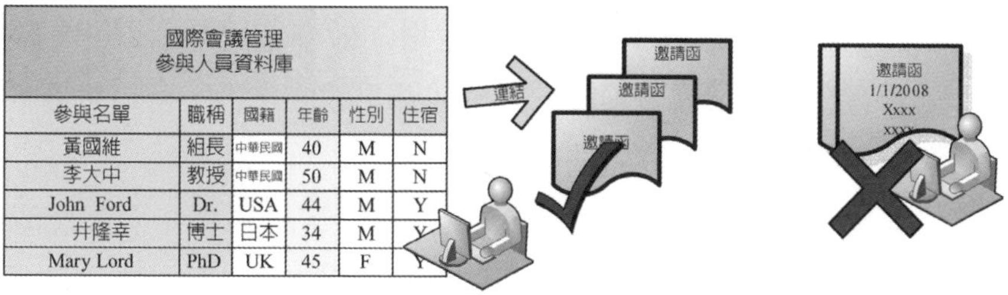

國際會議管理 參與人員資料庫					
參與名單	職稱	國籍	年齡	性別	住宿
黃國維	組長	中華民國	40	M	N
李大中	教授	中華民國	50	M	N
John Ford	Dr.	USA	44	M	Y
井隆幸	博士	日本	34	M	Y
Mary Lord	PhD	UK	45	F	Y

要訣：所有的會議資料應以資料庫型式放在Excel資料清單中，不要放在單一報告或報表中

觀念二： 所有文件報表所需資訊均應連結自資料庫。

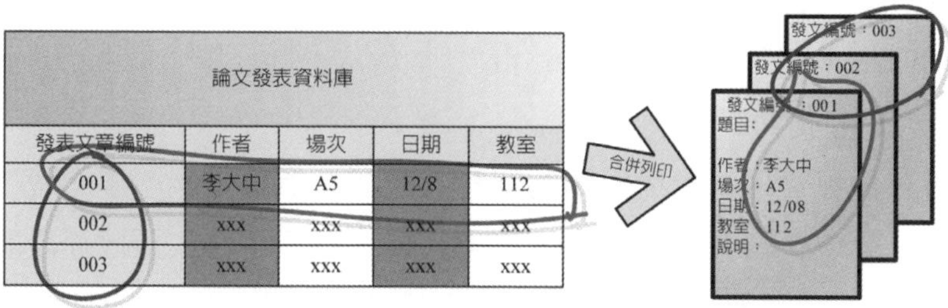

論文發表資料庫				
發表文章編號	作者	場次	日期	教室
001	李大中	A5	12/8	112
002	xxx	xxx	xxx	xxx
003	xxx	xxx	xxx	xxx

要訣：另用Word的郵件標籤合併列印功能，可以將Excel資料清單中的內容，連結至 Word 報告或報表中列印出來

觀念三： 資料庫與資料庫之間彼此能相互連結參照

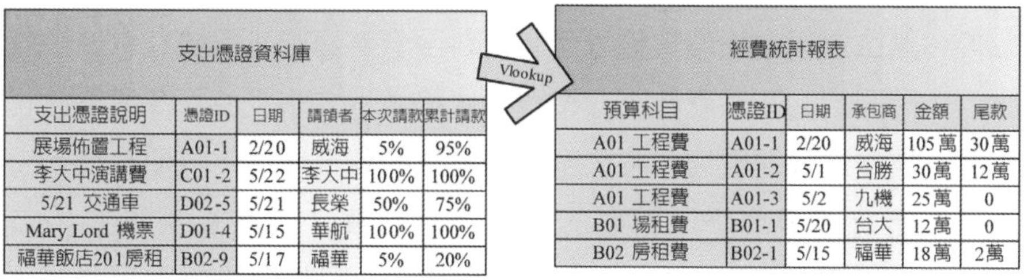

支出憑證資料庫					
支出憑證說明	憑證ID	日期	講領者	本次講款	累計講款
展場佈置工程	A01-1	2/20	威海	5%	95%
李大中演講費	C01-2	5/22	李大中	100%	100%
5/21 交通車	D02-5	5/21	長榮	50%	75%
Mary Lord 機票	D01-4	5/15	華航	100%	100%
福華飯店201房租	B02-9	5/17	福華	5%	20%

經費統計報表					
預算科目	憑證ID	日期	承包商	金額	尾款
A01 工程費	A01-1	2/20	威海	105 萬	30 萬
A01 工程費	A01-2	5/1	台勝	30 萬	12 萬
A01 工程費	A01-3	5/2	九機	25 萬	0
B01 場租費	B01-1	5/20	台大	12 萬	0
B02 房租費	B02-1	5/15	福華	18 萬	2 萬

要訣：另用Excel中Vlookup等函數功能，可以將各Excel資料清單予以連結，或編輯成報表以便列印

圖5-13　國際會議管理資訊整合系統（修改自：方偉光，2008a）

3. 容易查詢：由於需要持續性的建立資料，並且維護相關資料庫，以
列印例行管理所需要的報表，因此會展結束之後，有數個完整的資
料庫可以供統計分析使用。無論是成本分析、損益分析、會展場館
施工效率分析，以及會展結案報告檢討等，都可以輕易的完成。對

於後續類似會展業務極有助益，可以迅速累積個人及公司經驗與資產。

4. 容易除錯：由於例行印出的文件、報表都出自於所連結的資料庫，因此不需另行製作索引，可以節省時間，而索引的正確率是100%，可以減少校對時間，並增加效率超過30%以上。結案後，若有合約爭議需處理時，對於成篇累牘的文件，可以用資料庫以關鍵字搜尋，快速的調閱出檔案。

5. 容易操作：在建立此管理資訊系統時，可以靠一個觀念清楚的管理師，在短期內就建立，而只要觀念與作法一致，亦可靠多個管理師共同合作建立。其系統建立的程序和計畫規模無關，只要有電腦伺服器及網路，此系統可以應用到中小型會展計畫，也可以應用到10億以上的會展場館工程計畫。

伍管控系統成功關鍵

1. 所有營建管理每日所面臨的資料及數據，無論是人、事、時、地、物、單位、數量、金額等，都應該持之以恆地輸入至已經設計好格式的Excel資料清單中。管理師需要念茲在茲的就是這些資料與數據是否正確且即時的輸入至相關的資料庫之中。

2. 當會展或其場館工程相對龐大或有不同協力廠商或單位共同參與，無法單獨由一個人輸入所有資料至資料庫時，需要在會展場館工程一開始之時，就建立標準資料庫格式，要求下游廠商或單位將所需填報之管理數據，輸入至相同格式的資料庫中，以便彙整。

3. 所有資料庫中，必要的「關鍵資料欄」應該及早建立（如工項ID、會計科目ID、設備代碼ID等），同時嚴格要求相關部門、協力廠商在提送相關報表時，必須使用正確的資料名稱或代號。

4. 所有管理所需出版的文件、報表，理論上均可以藉由Word軟體中的「合併列印」功能，將已建好資料庫中的資料傳至Word文件中，或者藉由Excel軟體中的Vlookup等函數，將已建好資料庫中的資料傳至Excel表單中。因此，管理師應該深切考慮，將所有例行所需要的管理報表，都應該以此方式逐步建立，將文件、表單與資料庫結合成一個「管理資訊整合系統」，以確實整理會展計畫所衍

生的文件；並且根據文件歸檔原則，整理下列文件，包括：會議紀錄、媒體報導、卷宗歸檔等項目。

小結

國際會議的規劃需要具備國際會議規劃人才，包括語言能力、提案能力及表達能力的培養，這些工作都不是一朝一夕所能看到成效的。在增加國際會展的成效方面，政府需要補助出國競標的費用，以及增加國際組織來臺舉辦國際會議的獎勵，在爭取國際會議主辦國的規劃上，應強化競標時的提案與簡報、建立良好的國際關係、建立專業性的定位，例如：強化專業認證、建立我國重要成員在組織的知名度、提高規劃工作效率、精簡組織人力、協助所有參與會展產業專業者整合相關資訊，提升整體的工作效能。

本章關鍵詞

市場偵測（market scanning）

行銷組合（marketing mix）

行銷策略（marketing strategy）

技術委員會（Technical Committee）

固定成本（fixed cost）

要標書（request for a bid proposal, RFP）

指導委員會（Advisory Board）

科學顧問委員會（Scientific Advisory Committee）

執行長（chief executive officer, CEO）

推薦信（supporting letter, SL）

執行委員會（Executive Committee）

部門結構（divisional structures）

準據型規劃（standing plans）

單用型規劃（single-use plans）

會展競標（MICE Bidding）

損益平衡點（break-even point, BEP）

會展行銷（MICE marketing）

會議計畫（convention plan）

管控系統（control system）

規劃過程（planning process）

標準作業流程（standard operating procedures, SOP）

籌備委員會（Organizing Committee）

變動成本（variable cost）

問題與討論

1. 請以下列的國際展覽活動為例，2005年愛知地球博覽會（日本）、2008年北京奧運（中國）、2010年上海世界博覽會（中國），說明這些近年來在亞洲舉辦的大型活動，對於臺灣產業的影響為何？

2. 舉辦一場國際會展活動，經費是一項很重要的基本因素。請問贊助者除了政府之外，還有哪些可能的贊助單位（potential sponsors），可以進行籌募經費的工作？

3. 國際會議的議題規劃（topic plans）非常重要。通常國際會議議題規劃的來源，有哪些重要的管道和途徑？

4. 國際會議的籌備，需要透過不同的籌備會議和工作會議來進行協調。如果因為爭取領導權力，造成籌備時的抱怨、爭吵，甚至相互之間怒斥的情形，應如何處理？

第六章

國際會議設計

學習焦點

　　在國際會議設計中，從邀請國外講者、擬定會議議程、徵求論文、報名註冊、會場設計、會場布置、報到接待、會議資料印刷、通訊連絡、會議流程掌控、網路宣傳、隨行翻譯、住宿交通、餐飲活動、娛樂活動等，都需要以最大的耐心來進行會議全盤事項的掌握。國際會議的設計和規劃不同，在設計的層面上，其引申的會議紋理組織更為縝密。設計屬於技術面的操作，其目標是由規劃為前提進行策劃，並由技術面的操作達成整體國際會議計畫的完成。在計畫設計方面，是支援會議服務的綜合細節安排，包括會議場地、會議產品和服務產品三個面向。

第一節　什麼是國際會議設計？

　　會議設計（convention design）屬於會議前和會議進行中的硬體和軟體陳列事項，是會議服務的綜合細節安排，包括提供會議接待、提供便利住宿、提供會議設施、進行現場支援、提供會議資訊、安排會議中的交通、以及排定會前與會後的觀光旅遊活動等，會議設計主要由秘書組、服務組、議事組、公關組進行細節安排。

　　在會議設計中，由主辦單位進行規劃活動，並且委託策展單位進行綜合安排。依據會議詳盡的方案設計，進行會議規劃內容和目標的準備工作，例如委託專業會展籌辦單位（PCO）、專業展覽籌辦單位（PEO），以及目的地管理公司（DMC）、活動管理公司（Event Management

Company, EMC）辦理會議設計工作。通過採用企業活動設計（corporate event design）的方式，提升會議技術化（technical delivery）層面，並且使用成本管控、品質管控及媒體設計和建置的方式，進行會議設計。因為會議設計相當繁複，一般來說在設計層面需要委託專業公司進行設計，並且需要規範會議服務人員的工作步驟、工作程序，以及進行行前工作訓練等，因此要制訂大會工作手冊，大會工作手冊的架構如下：

一、接送設計

(一)以專人、專車方式，分批、分時段方式，在機場辦理接機事宜。

(二)確認特殊旅客身分人員的安排及接待工作，辦理禮遇通關。

(三)協調會議期間的交通工具的安排，例如大會旅遊是以觀光巴士接送，座位不宜過鬆或是過擠。

(四)以專人、專車方式，分批、分時段方式，辦理送機事宜。

(五)眷屬旅遊應注重行程安排的安全性和順暢性。

二、住宿設計

(一)秘書組安排住宿飯店現場進行接待。

(二)協助會務組確認和分發房間，確認VIP房間。

(三)設置秘書組發送會議須知、會議禮品，以及房間派送水果。

三、會場設計

秘書組協助會場布置及會場的會務服務。

四、會議設計

由議事組進行會議細節設計，包括安全維護事項。例如在國際會議前4～6個月前，即應設計信紙、信封、邀請函（紙本及電子檔案「便攜式文件格式」（Portable Document Format, PDF）的形式）等內容，以E-mail附件的方式，邀請與會國際貴賓。

五、餐飲安排

確認用餐時間、菜單、標準、形式、飲料、以及主次桌安排。

六、社交活動設計

(一)確認與會人員娛樂項目、娛樂場所、消費項目,以及付費方式。

(二)確認會議參訪的食宿、交通、購物、娛樂安排項目,包含日程、導遊安排。

七、會後工作

(一)撰寫大會成果報告,進行會議檢討與評估。

(二)編印大會成果報告、出版論文集及與會人員通訊錄。

(三)辦理申請公務部門補助案撥款及核銷工作。

第二節　接送設計

國際會議開場前和結束之後,接送設計是非常重要的工作。在接送過程中,包括:晚宴、參訪等活動,在交通聯繫方面都相當繁瑣,需要有專人負責協調,並且做到「零誤差」的接送計畫,同時其他接待人員要加強配合,以保證國際會議計畫順利完成。

接送設計是依據與會者實際的需要,進行交通安排,這是對國際友人最佳的接待方式,也是代表國人「有朋自遠方來」最高的禮遇方式。接送設計必須先商請來臺友人辦妥機票、簽證、並且將搭乘飛機及離開時間提前告知,以辦理相關程序。

在國際交流中,屬海峽兩岸中國和臺灣的交流最為費時費力。例如,大陸人士以開會來臺為例,需要辦理中華民國政府核發的「入出境許可證」、中華人民共和國政府對臺辦核發的「赴台批件」、公安部核發的「往來臺灣通行證」三項證件,總計花費申請項目往返時間需要耗時4~6個月以上,比來臺申請觀光時間較長。因此,在邀請大陸人士來臺交流,需要提前辦理。

一、簽證

(一)國際人士簽證

國際人士來臺，除了持有效美國、加拿大、日本、英國、歐盟申根、澳大利亞及紐西蘭等先進國家簽證（包括永久居留證），其餘國際人士來臺都需要檢送護照、邀請函，以及行程表辦理簽證。部分國家需要辦理簽證申請人所持有的本國護照，護照效期必須至少6個月以上，國際人士來臺需填妥簽證申請表，向我國駐外使領館或代表處、辦事處辦理。

(二)選擇性落地簽證

1. 依據外國護照簽證條例第6條規定：「持外國護照者，應持有效之簽證來我國。但外交部對特定國家國民，或因特殊需要，得給予免簽證待遇或准予抵我國時申請簽證。

2. 前項免簽證及准予抵我國時申請簽證之適用對象、條件及其他相關事項，由外交部會商相關機關定之。」因此，若邀請對象是與我國並無邦交的國際重要人物、可以檢送護照影本、中央政府機關公函、外國人來臺保證書等，備妥名冊（含確切行程及航班資料），循公務系統送外交部辦理選擇性落地簽證，核予外交、禮遇、停留簽證等事項。

(三)大陸人士來臺申請

1. 申請入出境許可證

大陸人士來臺，需要內政部入出國及移民署核發許可，邀請單位書寫大陸地區專業人士申請來臺從事相關活動理由及計畫書、照片、身分證影本、申請表、保證書、活動計畫及行程表（含飯店住址、參訪單位、參訪單位連絡人電話等）、邀請函、學會（協會）立案證明、大陸人士的職務證明、團體名冊等，在2個月前送移民署辦理大陸人士來臺申請核准中華民國臺灣地區入出境許可證事宜。移民署會邀集有關單位，以會報的形式討論核准事由（例如：內政部營建署主管項目，則劃歸營建活動）及許可停留期限。

2. 寄發入出境許可證

大陸人士接到附有主辦單位以快捷郵件寄送主辦人簽名的邀請函、出席會議團體名冊、活動計畫及行程表、中華民國臺灣地區入出境許可證，辦理下列立項程序、報批程序、辦理大陸居民往來臺灣通行證事宜，需要4～6個月時間。

3. 辦理國台辦立項程序

(1)立項材料按行政隸屬關係上報，向國台辦申請來臺批准，所需資料包括：立項請示報告（國台辦領取）、臺方邀請函、在臺行程安排、臺方邀請單位背景資料及證照、赴臺人員情況等材料，核准後通知臺灣辦理（亦可與國台辦之申請同時辦理）。

(2)交流項目經國台辦批准立項後，被邀請單位和個人方可回復對方接受邀請，並通知臺方辦理入臺手續。

4. 辦理國台辦報批程序

(1)上報審批材料：申請赴臺請示報告、臺方邀請函、在臺活動日程、赴臺人員名單。必要時應提供臺方政治社會背景、資信，和赴臺人員參加研討會的論文、或論文提綱，以及臺方邀請其他大陸人員的情況。

(2)體檢證明：對年事已高或身體健康不佳的赴臺人員，應附所在單位或組團單位同意，並負擔意外情況費用的證明，和省級醫院開具的同意長途旅行的體檢證明。

(3)赴臺人員名單按規定填寫，即如實填寫清楚赴臺人員的姓名、性別、民族、出生年月日、工作單位和職務、赴臺身份、戶口所在地等，按戶口所在的省、自治區、直轄市分別填寫，各一式四份。

(4)交流項目批准後，國台辦開具「赴台批件」。

(5)赴臺人員應嚴格遵守「赴台批件」核准的時間，按時返回。

(6)赴臺人員持國台辦的批件，在批件限定的有效時間內，到戶口所在地的省級公安機關出入境管理部門，或經授權的當地公安部門辦理「大陸居民往來臺灣通行證」。

5. 辦理大陸居民往來臺灣通行證

　　⑴公安部門所需材料：國台辦開具的赴台批件、赴臺人員所在單位出具介紹信、臺方邀請函，及入臺證影印件、本人身份證（備複印件）、戶口本（備複印件）及4張二吋免冠護照用照片。

　　⑵有的地區規定在申請辦理赴臺證件時，須提供由當地臺辦開具的有關證明。

　　⑶非公職人員赴臺，持國台辦公函，到當地公安機關申辦有關赴臺手續。

6. 辦理赴臺

　　⑴經香港前往臺灣，憑赴臺證件與機票過境香港7日內免辦簽證。

　　⑵持證人須持有中國護照或往來臺灣通行證始准入境，可由金門、馬祖、澎湖入境。

㈣通關

通關分為一般通關及禮遇通關兩種。

1. 一般通關

　　⑴國際人士：由機場入關，在非中華民國國民關卡進行護照、簽證、登機證驗證。

　　⑵大陸人士：由機場入關，在非中華民國國民關卡進行中國護照、往來臺灣通行證、入出境許可證驗證。

2. 通關禮遇

　　⑴通關禮遇是針對國際級貴賓提供最高等級的接待服務。

　　⑵由主辦國際會議的公務單位檢送入出境快速通關及公務通行證申請書，附來訪人員姓名、職銜、抵臺時間、離境時間、接機人員姓名職稱、來訪人員履歷及隨行人員基本資料（姓名、職稱、護照號碼），轉內政部警政署航空警察局辦理禮遇通關。

　　⑶航警局核發公文同意，當天接機人員赴機場領取公務通行證，由公務門進入航班入境出口的管制區，辦理接待貴賓通關服務。

　　⑷接到國際級貴賓，提領行李，通關、至服務台返還公務通行證，離開機場的迎客大廳。

(五)機場接送

1. 向交通部民用航空局申請在機場設置接待與會來賓的接機櫃檯。

2. 如果僅為接待一位國際級貴賓,則以會議主辦單位派遣黑色轎車以接送貴賓禮節,派員進行接送,在接送的過程中,可以沿途介紹景點,例如途經高速公路到臺北,可以用英語介紹圓山大飯店等建築。

3. 安排機場至飯店的接送,如果為團進團出的國際貴賓,則以主辦單位派遣合適的廂型車或巴士派員接送。

表6-1　國際會議外賓及接機送機人員名單暨用車時間表

編號	姓名	抵臺時間	航空公司	班機	接機人員	司機	用車時間	離臺時間	航空公司	班機	送機人員	司機	用車時間
1													
2													

4. 住宿至會場交通安排:建議會議和住宿地點相同,則無須接送;否則以巴士或是計程車接送。

5. 晚宴活動交通安排:建議晚宴活動和會議地點相同,則無須接送;否則以巴士或是計程車接送。

6. 參訪行程交通安排:以高速鐵路、轎車、巴士、渡輪、飛機進行載送。

(六)代辦機票

代辦與會貴賓返程機票,或是其他委託代辦票務的服務。

(七)現金給付及核銷

若會議補助與會貴賓來臺機票,則詢問是否匯兌成臺幣或是美金,在飯店交付,並予以簽收。其機票、登機證及購票證明則回收報帳,離臺時登機證則用數位相機照相存證印出,以送單位會計予以核銷證明。

第三節　住宿設計

在國際會議中，住宿扮演著重要的角色，預定實惠的飯店成爲主辦單位重要的工作。在臺灣，Hotel稱爲「飯店」、「旅館」，在中國大陸稱爲「酒店」。舉辦國際會議住宿的飯店，應具備餐飲、娛樂等服務和設施，大多數國際飯店位於城區的會議中心附近，其外觀講究、設施齊備，內部設施豪華，服務水準高，尤其是國際會議商務所需設備應有盡有。例如：國際直撥電話、傳眞、無線網路、有線網路、會議室、健身中心等，一應俱全（羅惠斌，1990；謝明成、吳建祥，1995；詹益政，2002；羅尹希，2005）。

一、國際會議飯店的規格

㈠需提供外賓住宿及餐飲；
㈡設施完善，符合國際水準，並擁有政府機關核發執照。

圖6-1　在國際會議中，住宿地點在西方稱爲Hotel，臺灣稱爲「飯店」、「旅館」，在中國大陸稱爲「酒店」。圖爲位於浙江慈溪的杭州灣大酒店迎客大廳（方偉達／攝於杭州灣慈溪）

㈢要為外賓提供房價所包含的網路、商務、視聽、娛樂、休憩及運動的設施。

㈣具備英語、法語、西語、日語等可以溝通國際語言的飯店服務人員，介紹周邊好吃好玩的景點。

㈤協助與會者順利抵達會場。

二、國際會議飯店接待流程

國際飯店的內部人力合作分工，其實相當嚴密，在服務上具備傳承式的接力方式，呈現出順暢的服務態勢，並且強調服務速度、精確性，以及熱誠度。在飯店接待流程中，以下列的流程呈現出國際會議中飯店接待的標準作業過程：

㈠訂房

由主辦單位負責貴賓訂房過程，訂房前應先看過房型，了解國際貴賓的高度，是否與床型相稱，必要時需要加長床型，以符合西方人的體型。此外，需要了解其中貴賓是否吸菸，否則一律訂非吸菸房型，並且選擇遠離街道的房間，以維持貴賓居住的安寧。

㈡櫃台報到

帶領貴賓到櫃台報到，領取房間鑰匙、早餐券、轉接插頭、網路傳輸線等設備。

㈢入住

請服務生提領貴賓行李，並且指引貴賓入住。

㈣客房服務

由貴賓打電話至服務台，決定是否要求客房服務，提供足夠的客房備品（amenity）。

㈤餐點服務

由貴賓至飯店享用早餐、晚餐。

㈥清潔服務

由飯店清潔人員進行每日的房務清潔。

(七)退房

　　會議完畢後，辦理退房，並協助了解是否需要主辦單位繳付網路、傳真、付費電視，或是貴賓在房間冰箱、飯店內酒吧消費的額外費用。

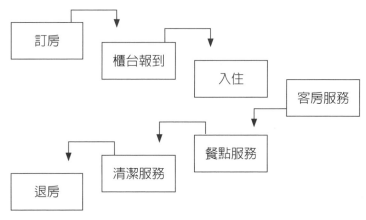

圖6-2　國際飯店接待流程（Kandampully, 2007: 196）

三、國際會議飯店服務細節

　　由訂房、櫃台報到、入住、客房服務、餐點服務、清潔服務及退房等流程，我們可以看到飯店的作業程序，在不同的場景，依據不同的飯店人員進行客製化的服務，通過飯店硬體建築、設施、設備、器材等硬體設施的設計，以及飯店經理、服務生、門僮、櫃台人員、清潔人員進行服務之後，所有的有形服務過程，都通過飯店服務項目讓國際貴賓賓至如歸。這些感受在互動和可視的狀態之下達成，詳如圖6-3及圖6-4。

　　但是近年來，由於科技的進步和個人隱私權的高漲，許多飯店為了節省人力，運用相關管理軟體應用，進行資訊科技的應用，例如多國語言網路訂房、電視自動退房，或是退房後房卡自動消磁的方式，以節省飯店整體營運成本，並可有效整合飯店內部資源和網路行銷功能，以提高飯店國際商務銷售的比例，在節省成本之際，同時也提高獲利率（Kandampully, 2007）。尤其參與國際會議的與會者，在消費檔次及能力方面也較高，除了固定大會招待的貴賓以外，其餘的與會者同時也成為飯店鎖定的消費族群，值得飯店業者用心經營。透過飯店創造顧客價值和國際品牌，提供

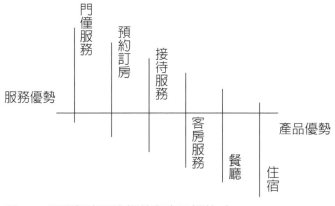

圖6-3　國際飯店服務優勢和產品優勢（Kandampully, 2007: 24）

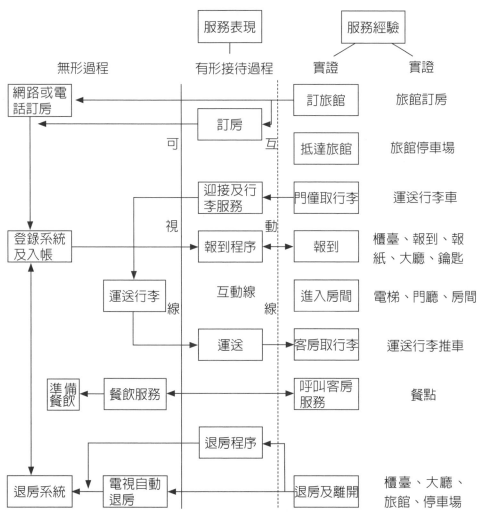

圖6-4 國際飯店服務細節（Kandampully, 2007: 271）

符合國際貴賓產品和服務，以飯店優質化的服務表現和服務經驗，建立會展共存共榮的永續關係。

第四節　會場設計

　　會場設計是在選擇國際會議中心之後，進行場地布置及相關人員的進駐，在會議的前一天進行場地驗收，以等待會議當天的活動進行。

一、會場選擇

　　國際會議中選擇會場，係依據參加國際會議的外國與會者人數，以及本國參與者人數而確定。要了解會議室的規格，首要的當然就是預估國內外出席人數，其次要考慮會議室布置、擺放座位方式，以及視聽媒體設備項目和數量。通常要預估臨時報名的人數，如果擔心報名人數超過場地所能容納的人數，或是報名人數太少，讓會場太過空盪，必須依據會議的需求進行考慮下列要求：

（一）地點適中

　　1.國際會議會場和住宿飯店不宜距離太遠，以免讓與會者奔波勞累。

　　2.國際會議設置的報到處，宜在明顯、明亮和寬敞的空間中，以免與會者報到時擠成一團，失去辦理國際會議的優雅氣氛。

　　3.國際會議中，在上、下午中場都有列入茶點時間，放置空間宜放置較為空間寬敞處，以能在中場時將人潮吸引到大廳。

　　4.在明顯的場所設置海報張貼處和攤位（包含政府組織、民間NGO和廠商），以提供諮詢服務。

（二）場地適中

　　會場上的人氣非常重要，所以在國際會議中，不宜使用太大的會議廳，讓場面顯得而不夠隆重；因此，需要準備一間主會議廳，列為大會開會之用，若有研討會或工作坊，則準備小型的會議室。例如，在2008年的亞洲濕地會議，201列為舉辦亞洲濕地大會的會議廳（圖6-5）。會中邀請聯合國濕地公約前秘書長、聯合國國際組織現任資深官員等貴賓前來致詞。

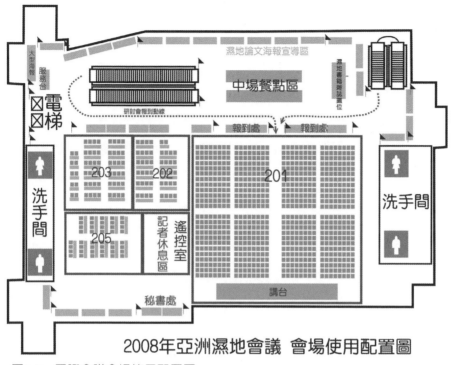

圖6-5　國際會議會場使用配置圖

(三)設施齊備

　　1.設置秘書處，以提供會議幕僚作業空間。

　　2.設置網路服務專區，以提供與會者上網服務。

　　3.會議前檢查大會會場和研討會會議室的桌椅、採光、空調、清潔、
　　　音效、錄音、錄影、同步翻譯等設備器材功能是否良好？貴賓休息
　　　室是否安全及寧靜？電梯和手扶梯是否狀況良好？洗手間是否保持
　　　通風、衛生？手紙及洗手乳是否足夠？在布置完畢後，確保展板、
　　　海報、布條等等架設布置工程，是否牢固？標示方向指標和羅馬旗
　　　幟是否插立完畢？

　　4.檢查國際會議廳或國際會議中心外停車空間是否足夠？是否有代客
　　　泊車的方案？

　　5.會場安全事項是否達成？搭建工作人員在會場及公共場所是否禁止
　　　吸煙？

6. 背板搭建時，是否遵守會議中心消防和用電相關規定？會場搭建中是否堵塞疏散通道？會場用電情況和消防設施是否有專人進行檢查？

7. 展覽開幕典禮及活動表演舞台，是否規劃設置於展場較偏僻場地？以方便在緊急事件時，容易疏散人群？

8. 國際會議場所的固定式座位，是否保留人員行走的空間？若是移動式座椅，是否保留人員行走的空間？是否需要重新排列？

9. 設施裝潢設計和燈光，是否朝向可回收、省能源、低碳量的環保概念進行？

二、會議設備

　　為使會議順利進行，無論大型國際會議的會議廳，或是其他不同形式的會議室，都需要依據避免回音繚繞的室內空間設計，安裝基本的會議設備，其設計需求如下：

(一)活動空間

　　獨立中控室、同步翻譯間、貴賓休息室、舞台、接待處、餐飲設施、洗手間、醫療室、室內空間活動隔板、活動空間、停車空間等。

(二)視聽設備

　　1.影像設備：單槍或三槍投影機、投影片投影機、幻燈機、攝影機、錄影機、放影機、實物投影機、投影屏幕、投影機架、電視、電子白板等。

　　2.音響設備：錄音設備、無線麥克風、有線麥克風、桌上型麥克風、播音設備、擴音器、廣播系統、同步翻譯機等。

(三)環境控制設備

　　1.照明設備

　　燈光強弱控制、燈光開關控制、燈光分區控制等。

　　2.空調設備

　　風量調節、風速調節、濕度控制、溫度控制、負離子空氣清靜機等。

3. 資訊設備

網路、行動電話訊號強波器、電腦、數位講台、同步翻譯系統、視訊裝置、電子投票系統、藍芽傳輸設備、視訊設備等。

4. 室內裝潢

插頭插座、延長線、消音裝潢、隔音門、反射或投射燈、講桌等。

5. 其它

花飾、海報架、雷射指示筆、計時器、告示牌、電子布告系統等。

三、會議視聽設備設置

由於國際會議採用的方式是以投影進行，多數是以電腦將演講者所製作的PowerPoint製成的電子媒體，利用電腦及單槍投影設備進行投影，然後進行演講活動。因此，會議視聽設備的裝置相當重要，因此，由於國際會議廳需要進行座位安排的觀察，才能夠了解與會者在進行視聽時，是否有視聽的障礙。由人體視覺的角度來觀察，視覺觀察投影屏幕的效果，區分如下：

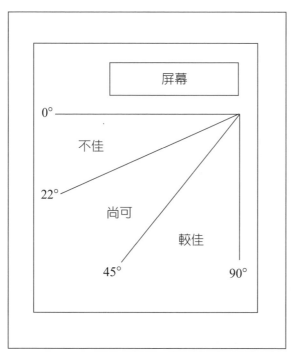

圖6-6　由人體視覺的角度來觀察，視覺觀察投影屏幕的效果（Astroff and Abbey, 2006: 478）

（一）視聽角度原理

1.正視（90°～45°）

為視角90°垂直或是以90°～45°角度進行觀賞，效果較佳。

2.斜視（45°～22°）

為視角45°或是以22°～45°角度進行觀察，效果尚可。

3.旁視（22°～0°）

為視角22°或是以22°～0°角度進行觀察，效果不佳。

（二）視聽設備角度設計

1.移動式投影機

移動式投影機考慮演講人、屏幕和觀眾的角度，在不妨礙視聽者的視聽效果之下，將投影機進行設置設計，移動式投影通常有投射角度不佳，產生影像歪斜變形的情形，如圖6-7。

2.固定式投影機

固定式投影機架設於天花板上，以垂吊方式進行正射影像投影，比較沒有投影影像偏斜的問題。

（三）視聽設備投影方法

目前多媒體會議廳、會議室等投影設備，甚至電影院的屏幕投影方法，都是採用前視投影和後視投影的方式，這兩種方法可以說是目前國際會議場館投影所採用的技術（表6-2及圖6-8）。

1.設備分類

(1)前視投影屏幕：彎曲屏幕（金屬弧型幕）、平面屏幕（金屬軟幕／純白幕）。

(2)後視投影屏幕：硬質背投幕（透射幕）、軟質背投幕（透射幕）。

2.裝置說明

(1)前視投影法：簡稱「前投」，前投屏幕是白色或是灰色的，由於它要把光線反射回觀眾眼裡，所以呈現不透明色。前視投影是將投影機安裝於觀眾的同側，然後操作投影機發射光線，直接投射到屏幕上形成影像，然後由光線反射到觀眾的眼睛。前視投影需要控制環境光線，適用於暗室環境。

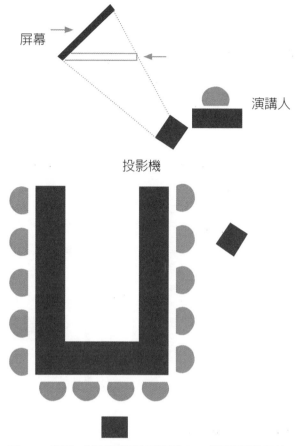

屏幕

演講人

投影機

圖6-7　移動式投影機考慮演講人、屏幕和觀眾的
角度（Astroff and Abbey, 2006: 483）

表6-2　前視投影和後視投影的比較

名稱	前視投影	後視投影
簡稱	前投	背投
歷史	前投的歷史較悠久，源自於電影和幻燈片的投影法。	背投歷史較短，為1980年代後期的發明。
預算	較低	較高
安裝方式	較為簡單	較為複雜
室內環境光線較亮	前投看起來較暗	背投看起來較亮
要求攝影機架設空間	空間較小	空間較大
會議用途場所	需要投射條件較為簡易的場所，例如：教室、電影院、多媒體會議室、中小型會議室、大型演藝廳等。	需要畫面達到較好效果的場所，例如：禮堂、運動場、會議室、控制中心、視聽中心、戶外空間等。

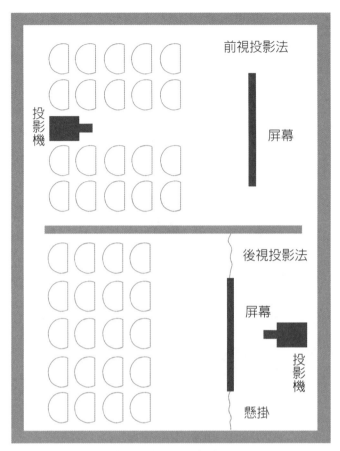

圖6-8　前視投影法和後視投影法（Astroff and Abbey, 2006: 484）

  a.優點：前視投影屏幕不受尺寸的限制，可以採用任何尺寸，從中小型會議室，或是大型演藝廳的電影屏幕都可以使用。

  b.缺點：前視投影會受到環境光線的干擾，影響投影畫面的品質。所以需要關掉室內燈光，才能看到清楚的影像。此外，使用前投影時，演講人在講解的過程中，不能站在屏幕前面，否則演講人身影會擋住光線；此外，光線還會直射演講人的眼睛，非常地不舒服。

⑵後視投影：簡稱「背投」，背投屏幕透明，是將投影機的安裝於屏幕的另外一側，由投影機發出的光線透過屏幕的另一側，光線穿過屏幕之後，進入觀眾的眼睛。後視投影機安裝在屏幕背後的

暗房，投影機產生的噪音不會從後方發出來。一般來說，後視投影室內空間適用於觀眾不多，照明很好的禮堂；或者是適用於戶外場所，例如運動場必須採用背投，因為場館中必須打開明亮的燈光，才能看清楚比賽。

a.優點：背投屏幕在尺寸上不如前投屏幕，但是不需要控制環境光線，同時不容易受環境背景光線的干擾等。此外，後視投影屏幕畫面整體感較佳，不受環境背景光線的影響，可有效反映畫質艷麗，形象逼真。

b.缺點：如果觀眾多於100人，則必須在屏幕後方找到相當寬敞的空間，安裝投影機和背投屏幕。

四、數位會議（digital conference）設施

一般的傳統國際會議系統中，是以人員親自現身到會場中演講和討論，但是近年來因應節能減碳，減少不必要搭乘飛機往返開會現場的需求；且因為國際交流頻繁，在國際要員無法分身前來參加國際會議時，因應資訊時代的要求，產生數位會議的設施和設備發明。這些數位會議的設施，主要包含3D影像系統、視訊會議系統、同步翻譯系統、以及會議管理系統等。在管理軟體方面，需要在系統中建立多國語言顯示桌面，在桌面上進行下列管理：會議程序管理、與會人員資料管理、音量管理、投票管理、翻譯管理、議程管理等項目。

(一)3D影像系統

目前的3D影像，都是在螢幕中所發生的，未來在國際會議中3D影像顯示技術發展上，要以「3D實況廣播系統」的「即時」和「互動」為未來視訊會議的發展目標。隨著3D影像的技術不斷成熟，3D立體影像在許多國際商務會議的影像展示效果更為臨場逼真。相較於傳統的平面2D展示來說，隨著立體影像技術的不斷成熟，在未來10年國際會議發展中，3D投影將成為數位會議視訊展示的主流。

(二)視訊會議系統

廣義的視訊會議包括了線上會議系統（voice conferencing）、網路會議（web conferencing）、視頻會議（video conferencing）、實況轉

播（a live broadcast）等功能，可以提供全球各地與會者同時啓動網路攝影機，進行同步會議的進行。此外，搭配會議現場麥克風和擴音設備，可應用於許多人齊聚會議室和遠端同時開會。

在輔助器材方面，可以同步使用電子白板、桌面、文字等即時資訊，作爲會議時的輔助工具。網路視訊會議應用寬頻網路，例如使用廣域網路（wide area network, WAN）、區域網路（local area network, LAN）等遠端登錄操作系統，運用視訊會議服務器、會議室終端機、個人電腦（PC）桌面顯示，以即時會議、邀請會議、預約會議等方式，與會者通過網路、電子郵件連結地址等途徑進入視訊會議平台。

會議中參與開會的成員透過不同的終端機連入多點控制單元（multipoint control unit, MCU）進行訊號交換，形成視訊會議網路。

1.多點控制單元（MCU）

多點控制單元（MCU）是視訊會議系統的核心部分，提供群組會議的連接服務。目前可提供32種用戶的撥入服務。然而，多點控制單元不應太過複雜，以利會議行政服務人員操作。

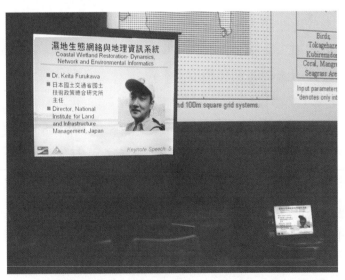

圖6-9　視訊會議網路讓全球各地與會者同時啓動網路攝影機，進行同步會議，成爲新冠肺炎之後視訊方式（方偉達／攝）。

2.會議室終端設備

會議室終端產品包括攝影機、遙控滑鼠、鍵盤、電視機、投影儀等設備。如果採用專業的攝影鏡頭,可以透過遙控的方式,將畫面帶到會場所有角落的與會人員。

3.桌面型個人電腦(PC)終端設備

直接在電腦上進行視訊會議,配置價格較為便宜的PC攝影鏡頭,一般情形僅能容許1～2人使用。

(三)同步翻譯系統

1.與會來賓

在國際會議舉辦時,與會來賓需要戴上同步翻譯耳機,藉由同步翻譯員的翻譯,了解會議進行的情形。在同步翻譯的時候,與會者需要戴上數位紅外線接收器和耳機,調整音量,以能接收清楚地語言翻譯。

2.口譯員

同步翻譯是一件費力費神的工作,需要能夠熟悉國際會議外國及本

圖6-10　從事同步翻譯的口譯員除了需要擁有語言方面的訓練,全神貫注聆聽會場與會人員發言之後進行即席翻譯,並且需要熟悉活動口譯室內設備的操作方法(方偉達/攝)。

國與會者的會議語言，然後即時翻譯成本國及外國與會者能夠聽得懂的話語。因此，從事同步翻譯的口譯員除了需要擁有語言方面的訓練，並且需要熟悉活動口譯室內設備的操作方法，例如：紅外線翻譯系統主機、紅外線發射器、同步翻譯機的操作方式，以利與會者聆聽、發言及討論。

個案研究—英語、國語同步翻譯簽約參考文件

國際會議經常需要不同型式的同步翻譯工作，包含連續口譯（consecutive interpretation）、同步口譯（simultaneous interpretation）、耳語口譯（whisper interpretation）等項目，需要在尋找翻譯者的時候，在簽約時註明。以下為英語、國語同步翻譯簽約參考文件。

客戶名稱：
聯絡人：
服務內容：
服務地點：
口譯團隊：
服務時段：
口譯服務費用：

○○年○月○日（星期○）09:20-12:20　13:30-16:20
NT$ 20,000 ／全天（6.0小時）×2位口譯員＝NT $ 40,000
○○年○月○日（星期○）09:20-12:20　13:30-16:20
NT$ 20,000 ／全天（6.0小時）×2位口譯員＝NT $ 40,000

總價 NT $ 80,000

附記：

1. 以上報價不包括同步翻譯系統設備。

2. 會議時間計算方法以主辦單位宣布的會議議程為準，會議時間包括茶敘時間，但是不包括午餐時間。

3. 會議時間若超過預定結束時間15分鐘以上，需要酌收超時費每人每半小時NT$2,000。

4. 主辦單位需要儘早提供書面資料，例如演講者PowerPoint文件。並請主辦單位安排時段，由演講者事前與口譯員進行面對面溝通，以利口譯員事前準備，提高口譯品質。

5. 側錄口譯員現場播音，依據智慧財產權相關法規，需要支付額外費用（口譯費用50%）。側錄播音僅提供大會會議紀錄使用，不得轉錄製錄音帶、影像或是網頁內容出版或租售。

6. 若因不可抗力因素，口譯員無法親自出席時，需洽商具備相同經驗及相同等級的口譯員代理。

7. 本合約書經簽章後即生效。若客戶取消會議口譯需求，請於會前三天通知，酌收50%費用，會前一天通知，仍需收取100%費用。如遇地震、颱風、戰爭等天災人禍不可抗力因素，不在此限。

8. 會議結束後30天內，請客戶以即期支票支付或將費用匯款至口譯人員指定之帳戶。

9. 檢送口譯員學經歷資料乙份。

客戶回條：客戶若同意以上條款，請簽名後回傳。

五、會議廳布置

會議廳布置，在國際會議禮儀中有很大的學問。桌椅擺設係為一種權屬、階級的象徵關係。在強化團體成員互動、促進與會者關係層面，以及保障與會者公平參與的機會上，會議廳座椅的排列是一門很大的學問。因此，座椅擺設方式需要依據會議的風格、氣氛、參與人數、主從關係、活

動內容、會議用途和視覺空間等要素，進行不同溝通模式之擺設位置的設計。

　　在國際會議場所中，無論是桌椅是否可以移動；或是會議主辦者決定桌椅排列的形狀；或是會議空間是否採用平面型，抑或階梯型設計，都可以成為會議場所分類的方式。一般國際會議廳都有專人負責會場的硬體設施，可以協助座椅的擺設和移動。許多會議廳設計位置都已經固定，通常有下列的放置方式：

(一)劇場型（theater）

　　劇場型是國際會議在研討會中，採用最多的一種形式（圖6-11）。劇場型的主席台位置和與會者相對而坐，與會者之間無須進行討論及廣泛交換意見。主席台的座次位置依據職務、社會地位進行排列。主席台的座位以正中央的席次為尊，其餘依據西方國家的外交禮節，以尊右原則依次排列，例如：主席右手方為尊，左手方為次尊。劇場型排列適用於用來傳達大會訊息、指示及說明為目的的會議。

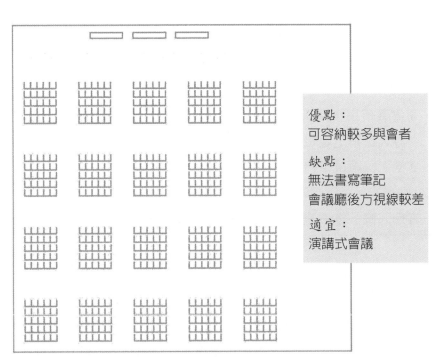

優點：
可容納較多與會者

缺點：
無法書寫筆記
會議廳後方視線較差

適宜：
演講式會議

圖6-11　劇場型排列（McCabe et al, 2000: 276）

1.優缺點

　　⑴優點：可容納較多的與會者。

　　⑵缺點：無法書寫筆記，會議廳後方視線較差，如果有服務人員在座位前方走動或站立時，對與會者將產生干擾。

2.適用

　　全體會議（plenary session）、劇場表演、大型團體的演講。

3.改善措施

　　⑴教室型（classroom）：同時擺設椅子和桌子，方便抄錄筆記。

　　⑵階梯型：依據階梯狀設計位置，可擁有較佳視線和聲音傳達的效果。但是缺點是在階梯教室常有上下階梯步履不穩，產生跌倒的情形。

　　⑶魚骨型（herringbone）排列：將座位排列成扇型或V型的形式。圖6-12區分劇場型排列為一般型排列和魚骨型排列，魚骨型排列依據角度可分為議事型排列、半圓形排列、Ｖ型排列。魚骨型排列同時以擺設可以容納最多的人來進行會議，是場地使用效率最高的擺設方式之一。但是，如果有服務人員或其他觀眾在座位前方走動或站立時，對與會者將產生視覺上的干擾。為了避免前方觀眾擋到視線，通常搭配階梯型劇場進行階梯狀高差設計，以方便後方的觀眾觀看表演。

㈡教室型（classroom）

教室型屬於分組會議時使用，在配置桌子排列時，需要讓與會者擁有一公尺以上的桌子空間，例如：兩公尺長的桌子，需要配置兩個椅子，以讓與會者感到座位舒適寬敞（圖6-13）。

1.優缺點

　　⑴優點：可容納較多與會者，並可抄錄筆記。

　　⑵缺點：會議廳後方的視線較差。

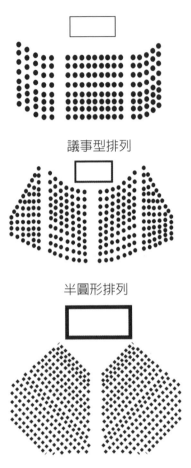

議事型排列

半圓形排列

V型排列

一般排列

圖6-12　劇場型一般排列和魚骨型排列方式（Astroff and Abbey, 2006: 413）

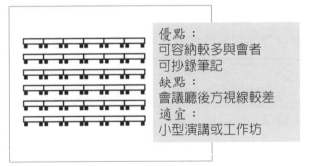

優點：
可容納較多與會者
可抄錄筆記
缺點：
會議廳後方視線較差
適宜：
小型演講或工作坊

圖6-13　教室型排列（McCabe et al, 2000: 276）

2.適用

小型演講或工作坊。

3.改善措施

依據階梯狀設計階梯教室，可擁有較佳視線傳達的效果。階梯型教室用於建築高度挑高的會議場所。但是階梯教室常有與會者因為上下階梯時步履不穩，常會產生不小心跌倒的情形。

(三)圓桌型（roundtable）

圓桌型排列可使用圓桌或橢圓形的桌子，這種布置使與會者感同和會議主持人平起平坐的感覺（圖6-14）。此外，與會者可以清楚地看到其他與會者的相貌，聆聽其他與會者的聲音，有利於相互之間進行交流及小組練習（group exercise）。圓桌型適合分組討論，每組10～20人進行分組。座次安排應注意以會議主持者為中心，越近越尊，女性貴賓忌排後座。在大型宴會中，會議主持人和最高等級貴賓坐在同桌（圖6-14中第3桌的位置），並且面對面坐，最高等級貴賓坐在朝門的位置，會議主持人坐在背門的位置，同等級的主客選擇圓桌的對角線相對而坐。如有宴會中頒獎，則選擇第3桌前方設置舞台和主席台以便頒獎及頒獎後致詞，並視需要安排會後表演活動舞台。

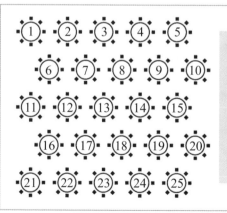

優點：
將與會者直接分組進行交流，可提供舒適餐飲服務
缺點：
個人空間太占位置，視聽設備難以展現效果
適宜：
宴會、研討會、圓桌會議

圖6-14　圓桌型排列（McCabe et al, 2000: 277）

1.優缺點

(1)優點：將與會者直接分組進行交流，可提供舒適餐飲服務。

(2)缺點：個人空間太占位置，視聽設備難以展現效果。

2.適用

　　宴會、研討會、圓桌會議。

3.改善措施

　　設計位置較高的舞台及主席台位置，並且提升現場視聽及收音效果，例如視需要裝設大型投影螢幕。

(四)其他排列方式

　　適用委員會議、管理會議及小團體討論（圖6-15）。

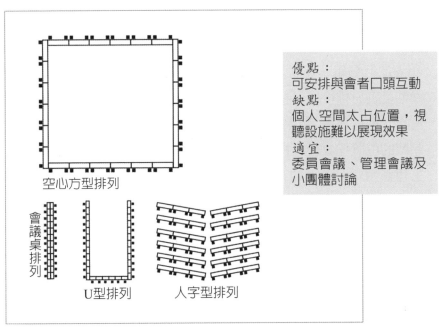

空心方型排列

會議桌排列

U型排列　　　人字型排列

優點：
可安排與會者口頭互動
缺點：
個人空間太占位置，視
聽設施難以展現效果
適宜：
委員會議、管理會議及
小團體討論

圖6-15　適用委員會議、管理會議及小團體討論的桌椅排列方式（McCabe et al, 2000: 277）

1.空心方型排列（hollow shaped）

　　又稱為「口字型」，座位圍成空心方形，座位之間只保留單一開口，或完全封閉開口。優點是所有與會者可以看見彼此的面貌且方便討論；缺點是太占空間，人數過多時，例如超過30人以上時，較不適合使用投影器材進行簡報。在空心方型排列中，又有其他的變形，例如：空心環、E形式、T形式等區別（圖6-16）。

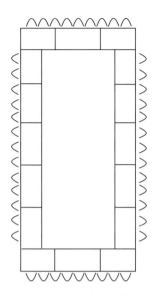

空心方形式

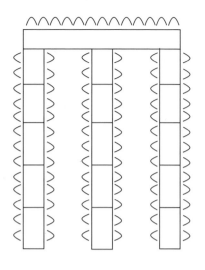

E形式

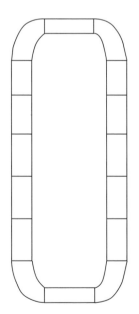

空心環形式

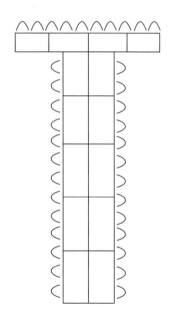

T形式

圖6-16　空心方、空心環、E形式、T形式（Astroff and Abbey, 2006: 418）

2. 會議桌排列（boardroom）

小型會議常採用此種形式進行會議，優點是所有與會者可以看見彼此的面貌且方便討論；缺點是人數過多時，例如超過30人以上時，較不適合使用投影器材進行簡報。

3. U型排列（U shaped）

將座位排列成半圓形或馬蹄形，使所有與會者皆能面對圓心的排法。此種適合小型聚會，鼓勵更積極的參與，並且讓參加者能做筆記並參與小組討論（group discussion）。擺設方法適合配合投影器材進行簡報，但同樣不適合人數較多的會議。在U型排列中，因應桌子角度的不同，一般最常見的又有垂直桌角式凹型排列法；但是四分之一圓桌角式U型排列，較不會產生碰撞的危險（圖6-17）。

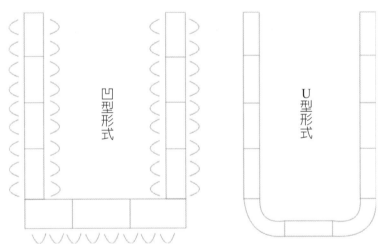

凹型形式　　　　U型形式

圖6-17　凹型排列與U型排列（改繪自：Astroff and Abbey, 2006: 417）

4. 人字型排列（V shaped）

可安排與會者和主席之間的口頭互動，是教室型（classroom）位置設計的改善排列方式，可擁有較佳視線效果。

表6-3說明目前國際會議廳中各種場地類別，以場地尺寸、座落、適用範圍座位安排及可容納人數進行分析，讓會議設計師了解會議場地布置時的需求和供給標的物，應如何安排。

（五）會場布置與接待

1. 主席台設置

國際會議中主席台依據設置的方式，可設置隱藏式麥克風、錄音設備（例如：錄音筆）、演講稿放置處，以及筆記型電腦的位置。在主席台上，主席台依據實際需要，可設置大講台和小講台，其中大講台設置於大會之中，小講台設置於各分場會議室中（圖6-18）。主席台講台可放置花飾、茶杯、飲料，講台應擦洗乾淨，物件擺放美觀。花卉不宜擋到演講者臉部的位置。

大講台　　　　　　　　　　　　　　　　小講台

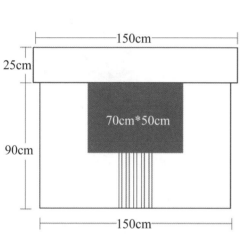
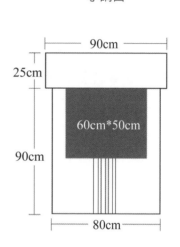

圖6-18　主席台大講台和小講台的設置尺寸

2. 舞台、背板設計

大型國際會議中，依據會議的要求，在會場內懸掛橫幅及羅馬旗幟。此外，依據展覽活動的需要，可加裝彩虹門、氣球門、升空氣球、橫幅、條幅、戶外旗幟、鮮花、禮花、剪綵用品等。目前會場展示包括大型演出活動的舞台燈光、音響、歌舞表演等，以及各項慶典活動的舞台策劃設計等。這些戶外安全島及路燈上插設的旗幟和標語，應向有關單位申請，例如：在臺北市辦理相關大型場館會議活動懸掛旗幟部分，需要向臺北市政府環境保護局申請，並獲得同意之後，才能懸掛。

3. 會場、展覽規劃設計

包括議程海報、桌卡、宣傳旗幟、背景看板、組合隔間及講台佈置等相關設計到電腦輸出服務。若是在展場搭建超高裝潢設施，應向有關單位事先申請，購買意外險，並且出具專業結構技師簽證之證明文件，方能搭設。

4. 接待處設置

(1)會議資料：會議資料包括報到繳費、報名領取名牌，大會手冊、論文集、紀念品等會議資料。會議資料由會務組在事前準備，由議事組確認大會報名需求及規則，蒐集及整理報名資料，寄發報名回復確認函，製作報名名冊，並在整理議程等資料之後，裝袋發放給與會者，以利與會者事前閱讀。

圖6-19　羅馬旗幟（樣張）（方偉達、劉正祥／設計）

(2)接待人員：會展接待人員首重本身的專業能力。接待人員由服務組負責，接待人員需要精選可以用英語溝通的人員，並予以會前訓練，以加強基本英語溝通的能力，以及基本接待禮儀。以下為接待人員的人力分配位置：

a. 報到：報到處設置簽名區，需要分配1～2名接待人員，如果報名人數甚多，可以區分為國際VIP區、民間NGO區、地方政府區等處接受報到。在報到處設置簽到簿和紙筆。如有收費的會議，並應事前準備收據。報到處應該彙整出席會議人數，以便進行統計。

b. 帶領入座：報到之後，會議接待人員應以接待禮節，指引與會者進入會場就座。對於較高級職的貴賓應帶入貴賓休息室，由會場負責人坐陪，在會議開始前數分鐘再接待到主席台或是貴賓區入座。

表6-3　會議廳場地類別（某飯店範例）

場地		長×寬（單位：公尺 m）	面積		高度（單位：公尺）	座位安排及容納人數					
			m²	坪		晚宴型（banquet）	酒會型（reception）	劇場型（theater）	教室型（classroom）	空心方型（hollow shaped）	U字型（U shaped）
						可提供舒適餐飲服務。	可提供舒適餐飲服務。	可容納較多的與會者，無法書寫筆記。	可容納較多與會者，並可抄錄筆記。	能做筆記並參與小組討論，參加人數較少。	能做筆記並參與小組討論，參加人數較少。
2F	中廳	12×8	96	30	2.8		90人	90人	60人	40人	30人
	小廳	10.5×6	63	20	2.8					30人	30人
1F 大廳		17×17	200	60	20.5	晚宴型（10～12人／桌）、酒會型					

c.自然輕柔：我國是禮儀之邦，非常注意會議中的接待項目。但是，由於會議中心多數不能帶入飲料餐點，以免污染地毯；因此，除了少數會議室可以由接待人員遞奉茶水、水果、毛巾之外，應注意會議中心的規定。在會議中的服務禮節中，應注意動作自然、輕柔、大方、敏捷、迅速，隨時保持自然的笑容，不要矯揉造作。

d.節奏流暢：在接待過程中，如有會議流程中規定的接待項目，需要在過程之前進行排練。例如：會議中有頒贈獎狀安排，則由服務接待人員導引受獎者上臺領獎，並且將證書依序遞呈，由大會主席或頒發人頒給受獎者。活動流程需要端莊典雅，不可太過雜亂，並且需要事前進行模擬，以能有效進行活動。此外，當司儀進行活動宣布的時候，如有重要事項需要宣布，用字條加以傳遞通知，避免司儀旁邊過多的干擾，影響會議的進行。

圖6-20　2008年的亞洲濕地會議邀請聯合國濕地公約前秘書長Dr. Peter Bridgewater（圖中）前來致詞，圖為中華大學英語接待人員和與會代表合影（方偉達／攝於臺北）。

圖6-21　若有重大慶典活動，女性會場服務接待人員（禮儀小姐），或是商展活動展示人員可穿著旗袍。白天可著短旗袍；晚間著長旗袍（方偉達／攝於蘇州）

案例分析─會議接待人員服裝及儀表

一、男性接待人員服裝：統一穿著黑色合身西裝，佩帶工作名牌。男士內穿白色襯衣，繫上領帶，領結不宜過大或是過小。配穿黑襪，黑皮鞋，皮鞋擦亮，上衣口袋不裝東西，後口褲袋不宜裝太多東西，保持服裝清潔，鈕子齊全，不漏扣及錯扣。

二、男性接待人員儀表：應定期梳洗、天天刷牙，鬍鬚應刮乾修淨，頭髮修剪整齊，不覆蓋額頭、不掩蓋耳朵、不觸及後領。立姿端正，抬頭、挺胸、收腹、雙手自然下垂。行走時，步伐自然適當；交談時，要神情輕鬆專注，表情自然大方。

三、女性接待人員服裝：統一穿著同一色系的套裝，內著素色襯衣，佩帶工作名牌。若有國家重大慶典活動，白天可著短旗袍；晚間著長旗袍。

四、女性接待人員儀態：以年齡、身份相符的化妝。梳髮盤髻，畫眉毛、薄施口紅、化上素雅淡妝，避免濃妝豔抹、香氣逼人、或是梳上誇張的髮式。工作時間不要當眾化妝。女性會議接待人員儀態，包括立姿、坐姿，舉凡舉手投足、一顰一笑、和藹的態度、輕盈的聲音，以及愉悅的表情，都是女性接待人員讓來賓賞心悅目的最佳儀態。因此，要注意立姿端正，抬頭、挺胸、收腹、雙手自然下垂。行走輕盈，不要雀躍搖晃；交談時，眼神自然專注，落落大方。坐姿要優雅，雙膝側併，坐座椅三分之一。

(六)會場布置評估的標準

1.舒適度

溫度調節是否舒適？溫度調節是否太慢？是否會場容易過冷或過熱？空氣是否清新？

2.明視度

是否能清楚看到主螢幕或舞台上活動？照明亮度控制是否良好？

3.清晰度

聲音傳播是否清晰？通訊設備收訊是否良好？沒有干擾？

4.寬敞度

報到處是否擁擠？會場挑高是否充足？不會讓人覺得有壓迫感？場外走道是否寬敞？設備線路是否隱藏？不會外露或是遮蔽不良？休息區是否空間足夠？

5.安全度

展覽場首重消防安全，裝潢時是否擋住消防箱、逃生門，或是逃生指示標誌？

個案研究——國內會議中心最常發生的問題

周勁言（2007）研究國內國際會議中心，認為下列問題是經常困擾與會者的問題，說明如下：

一、會場挑高不足，使人覺得有壓迫感

許多較小型的會場，設計使用人數為100～300人，缺乏3.6公尺以上挑高設計，當與會人員較多時，坐在後方人員的視線，常受到高度限制，而產生壓迫感。

二、走道狹窄，行走不便

國際會議場所的設計師或建築師，多數仿效或參考國內其他會議場所的現況進行設計，常常考慮到與會者開會時的舒適度，但是忽略了入場與散會時人員移動的便利性。

三、設備線路外露或遮蔽不良

會議進行時，為了增加視覺或聽覺的效果；或因現場預設器材不足以應付所需；或是會場在設計時未考量將來擴充設備的能力，而必須臨時增加機具設備，導致外接設備的電源線或資料傳輸的線路外露，甚至造成人員移動不方便，此項缺失會造成外賓針對國際會議興建場所不夠專業的批評。

四、溫度調節緩慢，容易過冷或過熱

國際會議舉辦空間遼闊，形成室內溫度定溫不易，若是採用的空調壓縮機組效能不足，或是參與人數過多，造成室內溫度持續高溫的問題。

五、照明設計不良

　　照明缺失多數爲投影屏幕附近的照明燈具迴路並未獨立設計，或是照明燈具無法調整到適合的強度。

六、座位不適會議使用

　　國際觀光旅館舉辦大型國際會議的會場多爲宴會廳形式，多使用無扶手而包覆著椅套之餐椅充作會議椅，以方便堆疊、搬運。此類座椅通常椅墊及椅背靠墊太硬，不適合長時間在會議中使用。然而，過於舒適的座椅讓與會者過於舒適入眠，因此也應該儘量避免。

七、無法清楚或完整看到主投影畫面或舞台上的活動

　　國際會議廳部分視線常被樑、柱、樓板、前排觀眾或是座椅所阻礙。此外，座位附近光線過強，視線與主畫面或舞台的視角平行，投影畫面因燈光過亮或器材因素而導致對比不足等，造成投影畫面不清楚。

八、聲音不夠清晰或被干擾

　　聲音控制對國際會議而言可謂最重要的環境條件之一。常見狀況包含會場與外界的隔音效果不佳、回音干擾、人員移動時地板發出的聲響、現場機具設備發出的聲響等，這些狀況對會議的進行都有不良的影響。

九、空氣有異味

　　臺灣因屬海島型氣候，全年濕度偏高，因此在爲加強設備保養情況之下，常有裝潢、空氣濾網、管線發霉的狀況，造成會場黴味產生。此外，飯店會議廳常有食物、煙味等異味產生。

十、用餐不便

　　國際會議進行時間短則一天，長則三天或更久，因此與會人員的用餐是不得不面對的問題。若現場沒有提供餐點，或餐廳容量不足，將導致用餐時間的延長或與會人員的抱怨。

十一、休息區空間不足

　　在長時間的會議進行過程中，長時間久坐，將造成與會人員精神不濟或身體不適的情形，因此需要有足夠的休息空間供人員走動、交換意見。

十二、報到處擁擠

　　國際會議由於與會人數眾多，因此都會預留較長的報到時間，以方

便分散報到人潮。然而,由於與會者多數選擇會議將要開始的時候,才進入會場報到,造成報到處人潮擁擠的情形。

十三、會場出入口狹小或數量不足,進出不便

部分會議場所因設計不良,或因出入口設計不足,造成與會者擁擠的現象。

十四、通訊設備收訊不佳或有干擾

某些會議中心缺乏網路、行動電話、對講機、藍芽設備、GPS、電視訊號,等無線通訊訊號的情形。其原因為會議中心鋼筋混凝土建築對於無線通訊的訊號,常有阻隔作用,缺乏無線網路線路聯繫的功能。此外,會議室在使用無線麥克風時,應注意麥克風的頻率是否相符,以免相互干擾,形成噪音。

(資料來源:周勁言,2007)

第五節　流程設計

一、報到

(一)人工報到:這是國際會議中最常見的報到方式,在報到時,需要依據與會者不同的身分進行分區報到,而且要避免報到擁擠的情形。

(二)網路報到:這是避免報到擁擠,簡化報到作業,並縮短報到時間所採用的個人電腦網路報到方式,一般使用於大型的會展活動。

(三)界面報到:廣泛運用電腦資訊技術為介面,除了提供自助服務機(kiosk)讓與會者自助報到,以簡化報到作業,並縮短報到時的等候時間,一般使用於大型的會展活動。

二、提領會議資料

包括會議名牌、大會紀念品、大會手冊、會議論文集、報名收據等資料。一般來說,大會籌備單位都會提供大型會議資料袋或是背包提供與會者盛裝會議資料,在會議資料袋上,印製會議識別系統。在大會手冊中需

要列入邀請人員名單、貴賓致詞、活動議程、會議地點介紹、旅遊景點介紹等內容。

三、會議議程

(一)開幕式（opening ceremony）

開幕式係由會議主持人或司儀主持開幕及大會儀式（opening & plenary session），並由大會貴賓進行開幕致詞。

(二)主題演講（keynote speech）

邀請會議貴賓擔任主題演講者，主題演講者通常是由大會邀請會中身分或是學術地位最高者擔任。

(三)專題演講（topic speech）

專題演講者係透過國際人脈，由大會邀請在該領域中具有專精研究的演講人擔任演講者。

(四)分組演講及討論

分組討論中可用演講、工作坊的方式進行。在分組演講及討論中，邀請業界或專業領域中的佼佼者擔任主持人（moderator）。主持人的任務在於擔任報告者（speakers）和與會者（participants）之間的橋樑。主持人藉由介紹報告者、控制演講時間，並且擔任綜合討論之結論人，以利會議順利進行。

(五)茶敍（tea break）

中場休息的茶敍時間以30分鐘之內為宜，可放置點心飲料供應與會者交誼之用；在西方國家用咖啡時間（coffee break）取代。

(六)協議書、宣言簽訂（MOU/declaration signing）

在閉幕式前，可以進行簽署協議書、宣言，協議書和宣言都可以採用中英文對照的形式（宣言形式詳如附錄七）。

(七)大會合影（group photo）

國際會議進行之中，需要進行大會與會人員的留影工作，需要由現場服務人員進行場地、椅子布置，並且安排現場攝影師進行大會留影紀念。

(八)閉幕式（closing ceremony）

開幕式係由會議主持人或司儀主持閉幕，閉幕典禮可由會議結論宣
讀、頒獎、簽訂協議、表演節目、主辦國交接、頒發感謝狀，以及閉
幕餐會所構成。頒發證書、獎狀、感謝狀時，應事先確認頒獎順序及
受獎人代表名單，並且備妥證書、獎狀、感謝狀、獎品及紀念品（國
際證書的形式詳如圖6-22）。

圖6-22　國際會議的感謝狀獎牌格式（範例）（方偉達、劉正祥、洪曉吉／參與設計）

四、現場執行

(一)會場紀錄

由專屬紀錄人員依據大會錄影、錄音情形，進行會議紀錄。

(二)會場安全

1.會場人員

統一製作「貴賓證」、「代表證」、「記者證」、「工作證」等名
牌，包含貴賓、會議代表、記者、服務、會務等人員隨身配戴，憑

證進入會場，以資識別。

2. 會場安全事項

(1)由主辦單位聘專業人員對工作人員進行安全教育，熟知二氧化碳偵測器、容留人數標示牌、消防栓，以及緊急照明燈的位置。

(2)在會議開始前在各會議室進行安全檢查。

(3)請與會來賓進行簽名，防止無關人員進入。

(4)與會者如果超過預定數量，在不影響通道疏運的情形下，可在會場增加椅子。

(5)會議結束後，工作人員應在場確實進行清點，檢查是否有遺失物品留在現場。

(6)如發生來賓遺失物品事件，應報告會場工作保全人員。

(7)進行消防安全查核，事前發現問題並立即解決，根據需要配備消防器材。

(8)嚴禁攜帶易燃、易爆炸等危險品入場，會場內禁止吸煙。

(9)保全人員應協助進行疏散的工作，疏散時提醒與會者注意會場秩序，以免發生推擠或踩傷的情事。

個案研究—會議突發狀況緊急應變措施

一、火災

(一)報警處理

證實發生火災之後，立即播打119火警專線，向地方政府消防局通報火警。

(二)會場負責人

1. 根據專職人員在現場偵察的結果，進行滅火、搶救、求援、疏散等步驟。

2. 在消防人員進行現場撲救之前，進行指揮救火的職責。

(三)會議中心保全單位

1. 了解火場情況，隨時通報，立即關閉電源，將電梯降至底層後關閉使用。

2. 啓動機房消防滅火系統，確保消防供水、供電暢通無阻。

3. 劃設禁區，派員進行現場警戒。

4. 採取現場滅火搶救措施，並準備消防隊員進行接管。

5. 打開所有安全通道、安全門，協助與會人員安全撤離現場，並疏導人群至安全地帶。

6. 事後協助地方政府消防局勘察現場，尋找火災事故發生原因，並協助起火原因和起火點的鑑識。

二、突發事件

㈠如有重要政治人物蒞臨，應配合現場物品檢查。

㈡遇有緊急事故，應迅速疏導與會者撤離現場。

㈢遇有抗議事件，應立即通報警政系統，設立安全警備線，緊急規劃來賓進出動線，並且進行門禁管制。

㈣遇有現場病患，應由現場護理人員或由醫院派員進行緊急施救，嚴重者馬上送醫院。

㈤遇有停電問題，應保持安靜，會場人員應儘速打開緊急照明燈。

㈥遇有地震，應導引與會者由緊急逃生梯，或手扶梯走出戶外，不可搭乘電梯。

五、媒體公關

在國際會議中，媒體公關是進行會議宣導的主要方式，包含新聞稿發布、記者會發布、活動募款餐會、活動宣導等下列活動。

㈠新聞稿

國際會議新聞稿是以會議訊息為主要基礎，進行基本資料整合，以利記者在媒體發布的工作，國際會議新聞稿撰寫的要訣如下：

1. 使用單位表頭（letter head）繕發新聞。

2. 採用簡潔有力、引人注目的新聞標題。

3. 依據人、事、時、地、物表達清晰的事件狀況，並且提供準確的數字資料。

4. 使用精確及簡短的文字進行敘述。

5. 在新聞稿上必須標明承辦單位聯絡方式。

6. 第一段文字應為最重要的精華文字。

7. 新聞稿盡量在一頁中表達完畢。

8. 新聞稿中的採訪通知，應該採用預先告知讀者的形式，向媒體記者預告未來將要發生的新聞，稱為「採訪通知」式新聞稿。

個案研究—國際會議新聞參考稿

臺灣濕地復育獲美國最大濕地國際組織的肯定：營建署獲頒國際濕地科學家學會最高榮譽獎項

【本報訊】內政部營建署許文龍副署長日前於2009年6月25日在美國威斯康辛州麥迪遜國際會議中心接受國際濕地科學家學會（SWS）邀請頒贈「中華民國內政部營建署（Construction and Planning Agency, Ministry of the Interior, Republic of China）」榮譽獎項，以表彰臺灣在亞洲濕地保育的卓越貢獻。該獎項為美國濕地科學家學會成立30餘年來，第3度頒發的最高榮譽獎項，也是SWS在美國境內第一次頒發給外國非邦交政府的獎項，得獎意義不凡。

當天觀禮者共計來自全球八百位博士級科學家、政府官員及濕地保育團體。包括拉姆薩公約副秘書長尼克大衛森博士、美國濕地之父威廉米歇爾教授、SWS前任會長美國環保署資深官員瑪麗肯杜拉博士、SWS新任會長美國馬里蘭大學安德魯包溫教授等人，我國應邀出席觀禮者有中央研究院研究員陳章波教授、謝蕙蓮教授、臺灣濕地學會秘書長方偉達助理教授、宜蘭大學院忠信助理教授、營建署署長室張杏枝秘書與城鄉發展分署李晨光副工程司等人。

本次頒獎典禮為國際濕地科學家學會為表揚中華民國內政部營建署在2008年10月23日至26日於臺北舉辦亞洲濕地大會的卓越貢獻，特別於國際濕地科學家學會、威斯康辛濕地協會及濕地生化學會聯合年會的現場舉辦本次頒獎典禮，並由國際濕地科學家學會會長（2008-2009年）克利斯凱夫特教授（Dr. Christopher Craft）親自致函內政部營建署

葉世文署長。由於正值立法院開議期間葉署長不克親臨受獎，特請許文龍副署長親至美國會場接受榮譽獎項，並由許副署長代表中華民國內政部營建署發表致謝詞，現場共計有八百位國際知名科學家聆聽。會中許文龍副署長回贈臺灣特有種蜻蜓水薑殼標本的人工琥珀給克利斯凱夫特教授，這個標本由臺灣大學醫學檢驗暨生物技術學系方偉宏副教授親自到全國各處濕地進行採樣，以手工細心澆灌製作，而且保證在採集和製作過程中，並未傷害任何濕地生物的生命。

副署長因為在芝加哥時，搭乘美國境內飛機引擎故障，起飛後又緊急降落，更換飛機導致返臺班機延誤，一行人有驚無險回臺。他返臺時記者會中表示，對營建署能獲得國際濕地科學家學會所頒發榮譽獎項表示相當感謝。過去數年，有鑑於濕地議題逐漸受到國際重視，中華民國恪遵國際公約，由內政部主辦、營建署承辦劃設75處國家重要濕地，以促進濕地保育、復育及教育工作之遂行。去年（2008年）營建署與國際濕地科學家學會合辦第一屆亞洲濕地大會，致力於臺北濕地國際宣言的推動與執行。而為推動國際合作及增進全球生態保育，臺灣已經展開國際接軌，除了強化濕地保育、復育、教育及國際聯繫工作之外，並希望早日加入拉姆薩公約，以利全球濕地環境保護工作的鏈結與進展。

臺灣代表團此行與美國SWS高層進行簽訂備忘錄進行磋商以外，此行最大收獲參與SWS拉姆薩公約小組的閉門會議，以旁聽的身分聆聽拉姆薩公約會員國討論拉姆薩濕地保育工作，會後並與拉姆薩公約副秘書長尼克大衛森博士晤談臺灣國際級重要濕地「七股濕地」（臺江國家公園的核心區）的黑面琵鷺保育價值，並致贈大衛森博士我國國家重要濕地及國家公園的出版品。會後臺灣代表團受大會安排參觀威斯康辛州拉姆薩國際級重要濕地「何立康濕地」的藍鷺保育現況，該處濕地曾經為印第安人所有，在19世紀美國商人築堤形成大湖，後來潰堤形成重大災害，之後美國威斯康辛州民改變對於濕地的態度，將堤防拆除，維持濕地的原貌，至今為美國境內藍鷺最大的棲息地之一。代表團後來並橫跨五大湖中的密西根湖，考察密西根州睡熊沙丘國家公園的保育現況，與國家公園高階主管交換保育的心得後返國（資料來源：方偉達）。

㈡記者會

國際會議記者會是新聞發布的媒介之一。一般來說，是由大會主席或由其指派相關代表在記者會中向出席的媒體工作者發布新聞。正規的記者會由司儀宣布記者會開始、會議主席發表聲明、記者發問等程序。只要時間允許，記者都可在記者會上向會議主席自由提問。

㈢活動宣導

一般來說，國際會議都需要編列媒體公關費用，以進行媒體行銷工作。在專業媒體傳播方面，依據專業記者「獨立探訪」的使命，僅有少數媒體會運用篇幅及時間進行重要國際會議的宣導；其餘媒體廣告部門，則採用「專輯」和「廣告」交互演替的方式，進行記者探訪，並由廣告部門收費的置入性行銷方式，刊登人物專訪或是刊登廣告，以下為媒體傳播和媒體廣告的區隔：

1.媒體傳播

報紙、雜誌、網路、廣播、電視等五大媒體（表6-4）。

2.媒體廣告

會場外掛旗／羅馬旗、街道路燈掛旗／羅馬旗、天橋掛旗、公共汽車車體廣告、公共汽車電視播放系統、捷運電子看板、捷運燈箱廣告、捷運車箱內海報、捷運車站內廣告、高鐵／臺鐵電子看板、高鐵／臺鐵燈箱廣告、高鐵／臺鐵車箱內海報、高鐵／臺鐵車站內廣告、政府大樓電子看板、政府大樓外牆廣告、機場燈箱廣告等。

表6-4　五大媒體傳播在行銷會展的特色及優缺點分析

行銷媒體	媒體特色	優點分析	缺點分析
報紙	報紙行銷廣泛、內容翔實、強調會展公眾事務的宣導。	1.易於達到社會各類階層，可傳播較為新穎的觀念。 2.可依地方性及全國性版面進行市場區隔。 3.可以改變宣導廣告的版面及內容。 4.易於安排會展時程的宣導。 5.相對於電視來說，屬於低成本的廣告媒體。	1.屬於付費閱讀的媒體，如果進行會展廣告刊登，需要付出較為高昂的費用。 2.報紙產品生命周期較短，而且刊登版面有限，不易有新聞的保留價值。 3.在地方性和全國性廣告的曝光率有所差異。 4.報紙的發行量較難以估計。

行銷媒體	媒體特色	優點分析	缺點分析
		6.對於會展產業來說,屬於配合情形良好,以及時效性較高的傳播媒體。	
雜誌	雜誌版面可提供充分的背景介紹,並且可以用專題的方式介紹會展主辦的主管。	1.閱讀者較具有選擇性,且收入較高。 2.雜誌印刷較報紙精美,且具備保存價值。 3.市場目標區隔界定明確。閱讀時間較長	1.內容老梗,不易吸引年輕朋友。 2.需要付比報紙較高的費用。 3.無法以報紙即時訊息傳達資訊。
網路	網路具備低廉的價格,並且可以具備充分的版面進行宣導。	1.可以編列精準媒體計畫。 2.善用網路及媒體交換等方式宣傳,可以節省經費。 3.產品生命周期較長,刊登版面較多,可以有歷史資料的保留空間。	1.需要擁有網路及電腦才能接收訊息。 2.由於電腦頻寬不足或是設備陳舊,下載訊息時間過久。
廣播	廣播以簡短的現場報導、專訪及新聞插播進行介紹。	1.地方市場的可選擇性。 2.對地方市場而言有很好的涵蓋度。 3.低廉的成本。 4.可於公共時段宣布活動。 5.具備時效性。 6.屬於聽覺媒體,較不受器材的限制。	1.即刻性訊息受限於廣播時間,無法貯存。 2.缺乏視覺媒體的吸引力。 3.受限於媒體無線傳播能力,偏遠地區常會收不到訊號。
電視	電視以簡潔且具戲劇性與彈性效果,進行現場訪問、新聞報導及深度專訪等。	1.結合了視聽影像的多媒體元素。 2.依據媒體的視覺效果,可以展示商品的實體。 3.結合聲音、影像及文字,可以達到產品的渲染效果。 4.依據即時的傳播速度,提供無與倫比的視聽享受。 5.媒體性質較為具有公信力,並且擁有廣大的閱聽大眾。	1.製播成本太高,需要高額的廣告費用。 2.專業訊息常被放置到冷門時段。 3.置入性行銷容易讓閱聽者對於演出者或是播報者有主觀性的嫌惡。

　　媒體宣導需要詳列可以執行的媒體時間，並且以原有媒體的公共關係進行媒體聯繫，在執行經費上需要媒體進行免費或是折扣上的支援，才能夠以最精簡的時間和執行經費方面，達到媒體宣導最大的效果。

　　以下我們以亞洲濕地會議籌備委員會進行廣播媒體宣導，於2008年10月中旬進行的宣導計畫執行說明如下：

一、2008年10月3日至教育廣播電臺「寶島綠野仙蹤」節目宣傳濕地大會活動事宜。

二、2008年10月9日與漢聲電臺「大兵BJ」節目進行15分鐘專訪。

三、2008年10月14日與中央廣播電臺「活力臺灣」節目進行20分鐘專訪。

四、臺北、飛碟、中廣電臺已在洽詢電臺宣傳時間。

五、警廣電臺有兩種方式進行宣傳：

　　1.一般節目進行20分鐘專訪。

　　2.已與節目課洽談，擬於節目中場主持人口述方式宣傳，大會活動前一週，連續宣傳五天，將協調於上午、下午及晚間各一場。

　　3.錄音口稿說明：

　　濕地是水域與陸域環境的過渡地帶，孕育多樣化的生物，是魚類、鳥類、植物、水棲昆蟲的棲息場所。目前在生態保育議題上，濕地議題頗受重視與關注，生態意義上具有重要功能，不再認為是荒廢無用之地。

　　由「內政部營建署城鄉發展分署」主辦2008年國際濕地科學家學會「第一屆亞洲濕地大會」，將於10月23、24日在臺大醫院國際會議中心舉辦。

　　期間將針對濕地文化、濕地復育、濕地經營與社區參與等議題，邀請國內外相關學者進行座談。

　　大會現場將有臺灣濕地相關資料、影片的展現，歡迎您的參與。活動報名請上內政部營建署網站查詢，或來電臺北市野鳥學會洽詢。

六、印刷文宣

會展活動有許多資料需要進行印刷設計，例如：名片、大會邀請函、大會通知書、大會手冊、參展手冊、邀請卡、大會手提袋、論文集、成果實錄等。

(一)會議識別系統（Convention Identify System）

會議識別系統應由理念識別、視覺識別、行為識別、聲音識別所組成的會議識別系統，對於建構會議整體價值觀、提升會議品牌形象，具有卓越的貢獻。在會議識別系統的衍生圖案與語音系統範圍內，可以應用於平面媒體廣告、網路媒體廣告、電腦語音等聲光效果產品。會議識別系統可以採用於大會精神堡壘、大會領帶、別針、領帶夾、鑰匙圈、USB，以及文宣封面設計等（圖6-23及圖6-24）。此外，應依據展覽主題及精神標語，設計「展覽主視覺」的圖案。

圖6-23 臺灣濕地學會參與2010年國際濕地科學家學會會議識別系統，其中T的形狀代表黑面琵鷺、W的形狀代表臺灣水韭、S的形狀代表星點彈塗魚（Society of Wetland Scientists, 2010: 29）（方偉達、陳章波、劉正祥／參與文稿設計）

Construction and Planning Agency
Ministry of the Interior, Taiwan R.O.C.

National Wetlands Conservation Program

The agency and the program that are in charge of the conservation of Taiwan Wetlands.

http://www.cpami.gov.tw
http://www.tcd.gov.tw

圖6-24 內政部營建署城鄉發展分署參與2010年國際濕地科學家學會會議識別系統（Society of Wetland Scientists, 2010: 43）（方偉達、李晨光、洪曉吉、劉正祥／參與文稿設計）

㈡大會手冊

　　大會手冊是舉辦會議最重要的文宣資料。一本編輯完善的大會手冊，可以增加會議進行的順暢程度，並且讓大會與會人員了解會議舉辦的初衷、會議室地點、參觀行程，以及旅遊景點等。大會手冊涵蓋序文、貴賓致詞、貴賓簡介、議程、會議地點介紹等內容。

㈢參展手冊

　　參展手冊（exhibitor' manual）涵蓋內容包含展覽基本資料、展覽相關服務聯絡人及電話、展場規定、裝潢規定、注意事項及說明等。

㈣論文集

　　論文集是學術研討會舉辦過程中，匯集與會學者發表論文的詳細內容。論文集涵括中英文論文摘要、本文內容。一般來說，目前國內外許多學術研討會的學術論文集需要在出版之前，向當地的國家圖書館

申請「國際標準書號」（International Standard Book Number，簡稱ISBN）。因為論文集屬於正式出版刊物，為因應研討會出版管理的需要，申請ISBN是便於國際間出版品的交流和統計。

㈤文宣光碟

文宣資料甚為沈重，目前國際友人喜愛DVD、CD類型資料，排斥印刷資料，因此應多準備光碟類型的資料，以提高出席者索取的意願（楊永盛，2010）。

㈥文宣禮品

文宣背包、不織布手提袋甚受國際友人歡迎，應該於展場發送（楊永盛，2010）。

圖6-25　第一屆亞洲濕地會議網站設計首頁版型（模擬範例）（方偉達、劉正祥／設計）。

(七)網站設計及規劃

網站設計是宣導國際會議最友善的媒介,基本上只要租賃網路空間,可由網路進行會議新聞傳遞、議程公布、國際會議報名、論文上傳、論文下載等工作。網站的版型必須清楚明確,內容設計大方生動,可吸引國際會議報名及活動參與之人數。辦理會議活動,採用網際網路線上報名方式,已經行之多年,可以提早掌握報名情形,了解與會者的意願,並且可以減少人力作業上的負擔。

第六節　餐飲安排

民以食為天。在國際會議中,餐飲安排為不可或缺的設計,其重要性不亞於會議主體。在國際會議中,依據會議的不同,可分為宴會型的餐飲、自助餐型的餐飲、茶點式餐飲。其中在費用方面,又有免費餐會、付費午餐(cash and carry lunch)、付費晚餐等。針對國際會議所衍生的餐飲需求,應以會議預算事前評估餐點的選擇。

此外,在餐點安排上,因為臺灣氣候炎熱,國人熱情好客,國外友人來臺都感受到主辦單位的熱情;但是舉辦宴會時應注意衛生安全,並且提供多樣化的菜單內容,以滿足不同型態客人的用餐需求。以下由餐飲成本控制、服務流程、中西宴會座位設計,以及相關中西餐飲禮儀等,分別敘述各項會議餐飲活動籌劃工作的依據,說明如下:

一、宴會型餐飲

(一)類別

1. 正式宴會(banquet)

正式宴會即為正式大會晚宴,賓主需要按照身份排列依序就座。國際會議中的正式宴會需要在請柬上註明衣著,並且針對餐具、酒水、菜肴,以及服務人員的衣著、儀態都有要求。正式宴會上菜順序包括冷盤、熱湯、主菜、甜點、水果等。外國宴會餐前需要配合開胃酒的供應,常見的開胃酒有:紅葡萄酒、白葡萄酒、威士忌、

馬丁尼、琴酒、伏特加、啤酒、果汁、蘇打水、礦泉水等。在餐間用酒時，一般供應紅、白葡萄酒，以增進談話時的興致。

2. 一般宴會

以非正式宴會形式進行，例如：午宴（luncheon）、晚宴（supper），或是以早餐（breakfast）會報的形式進行。一般宴會不排列座位，通常菜色數量不拘。在早餐及午宴中可以不供應熱湯及烈酒，僅需提供紅葡萄酒或白葡萄酒即可。

(二)場地

需要在會議大廳中選擇合適的場地進行桌椅擺放，可用外燴形式或是飯店自行處理的形式進行。一般來說，國際會議餐飲選擇戶外及室內的方式進行，室內需進行場地劃設，例如：容納人數、桌椅數、走道寬，並列出椅子、長方桌、圓桌、四分之一圓桌、新月型桌等桌子數量，以進行國際會議晚宴排列。

(三)宴會管理程序

在大型宴會型餐飲作業流程中，因爲邀請人數眾多，需要進行場地預約、確認、簽約、場地設計、發出宴會邀請、宴會場地布置、宴會活動進行、費用結清等程序。

1. 場地和時間預約

依據會議人數，先確認宴會場地，並且將場地預約下來。宴會的時間應對應會議時間，注意不要選擇西方國家重大節日、重要活動或是禁忌時間。例如，對於邀請信奉基督教的與會貴賓不要選擇在十三號，更不要選擇十三號星期五舉辦宴會。對於信奉伊斯蘭教的與會貴賓在齋月內白天禁食，因此宴會適合宴請在日落之後。選定的宴會場以能容納全體與會人員爲宜。

2. 簽約

依據會議出席人數，進行訂席，其中保留桌數的彈性空間，以進行簽約及訂金交付，確保訂位紀錄、菜色及相關服務內容。

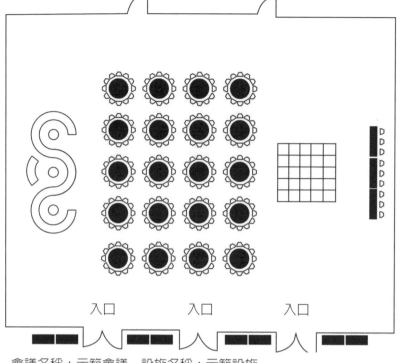

會議名稱：示範會議　設施名稱：示範設施

功能名稱：	宴會	設定項目：	數量	品名	
大廳名稱：	舞廳		209	18"×18"	椅子
容納人數：	209人		8	6'×30"	長方桌
安排：	宴會		3	8'×30"	長方桌
	10人／五呎圓桌		20	5'dia	圓桌
行距寬：	1.9公尺		2	5'dia	四分之一圓桌
交叉走道寬：	1.5公尺		9	6'×30"	新月型桌
旁邊走道寬：	1.5公尺		25	3'×3'	舞池廣場
中央走道寬：	1.5公尺				

圖6-26　國際會議宴會場地（Astroff and Abbey, 2006: 400）

3.活動邀請

舉辦會議時爲了確實掌握出席宴會人員狀況，通常以法文縮寫註明 R. S. V. P.（Repondez s'il vous plait）的字樣，意思是「請回覆」。 在正式宴會的邀請函中，註明活動形式、舉辦時間、地點、邀請者 姓名，並且附有連絡電話，以方便確認出席情形。

4. 場地設計

一般宴會廳如果需要容納許多參與國際會議所招待的貴賓，必須計算參加會議的人數，並且考慮宴會廳常用的桌型、菜色、上菜時間、配酒，以達賓主盡歡的效果。基本上，國際會議的大型餐會，包含：開幕接待會（opening reception）、頒獎午餐（award lunch），以及閉幕典禮（closing ceremony）後的餐會等。一般開幕接待餐會、頒獎餐會和閉幕餐會在國外國際會議中，也有在戶外以外燴方式舉行，搭配音樂會等戶外活動。在中式宴會和西式宴會中，桌型區分為長方形及圓形，說明如下（圖6-27）：

(1)西式宴會：西式正式宴會以長桌型和美式圓桌型擺設位置，其中長桌型招待客人以15～20人為宜，以方便客人在宴會時的交誼活動。在圓桌方面，可區分為直徑152公分圓桌（可坐6～8人）、直徑168公分圓桌（可坐8～10人）及直徑183公分圓桌（可坐10～12人）等不同大小的桌型。

(2)中式宴會：中式宴會以圓桌型擺設為主，圓桌傳達中國人傳統團圓的觀念，以圓形圍桌的方式，方便客人在宴會時的交誼活動。在中式圓桌方面，其尺寸規格較為彈性，可區分為直徑90公分圓桌（可坐6人）、160～180公分圓桌（可坐8人）及180～200公分圓桌（可坐10人）等不同大小的桌型。10人一桌的擺設方式，詳如圖6-28。

5. 活動進行

國際會議表演活動種類繁多，透過各種藝文活動的表演及翻譯過程，可以初步介紹給外賓國內情況，有助於讓外國的與會者瞭解我國文化藝術品味及活動參與狀況，亦可藉此介紹表演團體的藝術造詣給國外友人，例如：歌曲、舞蹈、拳術、影片賞析等（表6-5）。

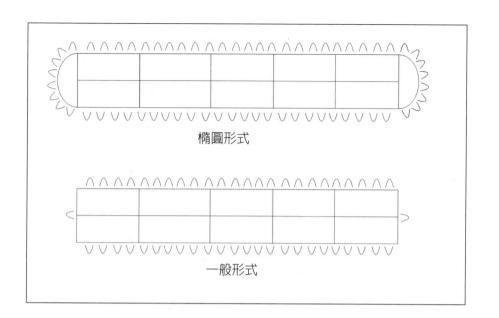

橢圓形式

一般形式

中式圓桌　　　　　　　　　美式圓桌

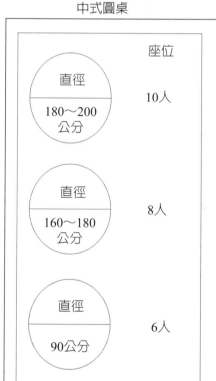

座位

直徑

180〜200
公分

10人

直徑

160〜180
公分

8人

直徑

90公分

6人

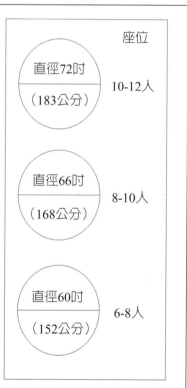

座位

直徑72吋

（183公分）

10-12人

直徑66吋

（168公分）

8-10人

直徑60吋

（152公分）

6-8人

圖6-27　中式宴會與西式宴會桌型擺設（修改自：Astroff and Abbey, 2006: 419）

圖6-28　臺灣舉辦的國際會議中式宴會，通常會選用10人一桌的擺設方式（方偉達／攝）

表6-5　2008年亞洲濕地會議晚宴活動（範例）

時間	活動內容	參與者
1750-1800	管樂隊演奏	
1800-1805	署長致歡迎詞	國外來賓、大會主持人、與談人、營建署長官、學者、NGO團體等80人。
1805-1815	濕地生態空拍影片欣賞	解說人員
1815-1915	歡迎派對（welcome party）	（中華大學管樂團配合演奏）
1915-1930	太極拳表演	表演人員
1930-2020	歡迎派對（welcome party）	（中華大學管樂團配合演奏）
2020-2025	濕地生態空拍影片欣賞	解說人員
2025-2030	署長道晚安，明天再見	

二、自助餐型餐飲

　　自助餐型餐飲係由接待會（reception）等較為靈活的方式招待與會來賓，自助餐形式不一定要擺設正式座位，甚至可以在戶外花園、廣場、鳥園等戶外空間舉行，以下列自助餐會及雞尾酒會等形式舉辦：

(一)自助餐會（buffet）

自助餐會不一定要安排席位，菜肴以西式餐點或是中式餐點為主，由客人自行排隊取用餐點及餐具，客人可以在座位間自由行動，並且多次取用餐點和飲料。一般來說，自助餐會可以搭配戶外的音樂會活動，屬於較為輕鬆的活動時間，在戶外或室內安排座位，由來賓自行自由入座。自助餐會舉辦時間由中午到下午二點，或是下午五點到七點左右。然而在臺灣舉辦戶外自助餐會需要注意蚊蟲的問題。

西式自助餐型宴會需要設置橢圓形式自助餐桌及一般形式自助餐桌。其中西式自助餐取菜較為自由，由客人自助取餐，優點是可以控制宴會的桌檯布配置、餐點份量和宴會成本，缺點是需要由客人自由取用，較為缺乏宴會服務人員及臨時工讀生的安排服務。在西式自助餐型宴會桌型擺設方面，又可以分為圓形西式自助餐桌擺設、180°西式自助餐桌擺設，以及360°西式自助餐桌擺設方式，以方便客人排隊取用食物、酒類和飲料（圖6-29）。

圖6-29　西式自助餐宴會桌型擺設（修改自：Astroff and Abbey, 2006: 435）

(二)雞尾酒會（cocktail party）及茶點時間（tea break）

在歐美，雞尾酒會活動不設座位，僅設立圓形立桌，由客人站立用餐或是品酒。雞尾酒會形式相較於自助餐會來說，其形式更為活潑，方便客人自行交談。酒會中提供多種酒類和蘇打水搭配混合調味的飲

料，或是提供不含酒精的果汁，以方便客人取用。在雞尾酒會中，還搭配中式和西式的小吃，例如：甜點、蛋糕、三明治、脆餅、酥餅、香腸、蘿蔔糕、燒賣等小吃，用牙籤或是叉子取食。雞尾酒會舉辦的時間具備彈性，活動中也可以搭配音樂會、演唱會，以達到賓主盡歡的效果。

茶點時間（tea break）又稱為「茶歇」或是「茶敘」，歐美稱為「咖啡時間」（coffee break），在會議中場休息時間舉行，一般在上午十點或是下午四時左右舉行。茶點時間是在會場外擺設簡單的自助餐桌，在會議中間休息時請與會來賓略微休息，並且備有地方點心、咖啡、紅茶、綠茶、開水等，以盤裝精緻會議茶點、盒裝水果、桶裝飲料、盒裝會議點心等進行包裝，以達到會議中場休息時補充水分和營養的效果。

小結

國際會展活動舉行的時候，各種不同背景參與者之所以會參與活動，最主要原因是期盼和許多對象在此會展活動中相遇。因此，良好的國際會議設計可以滿足與會者的企盼和期望，同時也是建立會展服務品質評估及客戶服務關係（customer service and relationship, CSR）的契機。

國際會議設計包括交通設計、住宿設計、場地設計、會議設計、餐飲設計及活動設計等項目，藉由會議展場及活動設計的方式，進行會議物資運輸、貯存、流通管理及分享管理。目前在舉辦國際會議的時候，節能減碳是時勢所趨，應可雙面影印、減少印刷品、選用當地產品，並且重複使用布置背板、旗幟等。

國際會議的設計包含許多瑣碎的活動，需要藉由表格進行檢定，例如：交通運輸檢查表、會展中心檢查表、視聽設備檢查表、議程檢查表、餐飲活動檢查表等，以了解下列作業是否備妥：

一、議事規劃：會議流程、會議項目。

二、場地規劃：會議租借、會場設計、視聽設備、人員安排。

三、接送設計：從機場到會場以及觀光遊程的接送服務設計。

四、住宿設計：從機場到旅館接待、住宿等靜態行程安排。

五、會場設計：從報名、接待、翻譯、場地、布置、燈光、冷氣、音量、聲光效果、展覽等活動的安排。

六、會議設計：從邀請講者、議程設計、議程時間管控、議程主持規劃等安排。

七、餐飲安排：中西式各項餐飲設計及擺設活動的安排。

本章關鍵詞

大會合影（group photo）

自助餐會（buffet）

咖啡時間（coffee break）

茶點時間（tea break）

客戶服務關係（customer service and relationship, CSR）

參展手冊（exhibitor' manual）

接待會（reception）

閉幕式（closing ceremony）

開幕式（opening ceremony）

開幕接待會（opening reception）

頒獎午餐（award lunch）

會議識別系統（Convention Identify System）

請回覆（R. S. V. P.）

雞尾酒會（cocktail party）

問題與討論

1. 在臺灣舉辦的國際會議中，如果邀請大陸朋友出席，常會碰到許多難以解決的問題，包括簽證、審批和核准問題。這是來自於海峽兩岸歷史遺留的政治問題，請問您是國際會議的主辦者，應該如何解決這些問題呢？

2. 大型國際會議或活動，其會場通常懸掛與會各國國旗，並標示各國代表座位名牌，與會人員胸前亦佩戴名牌。如果碰到國旗和國號爭議，應如何解決呢？

3. 在國外舉辦的國際會議中，如果在開會前三天被大會邀請成為分場會議的主持人（session chair），如果這一場會議有八位與會者要報告論文，您對於他們的背景一無所知。大會只給您他們的e-mail帳號，要如

何在三天之後的國際會議中，順利的擔任主持人主持這場研討會議，並且可以在開場時介紹與會者的學經歷和論文主題呢？

4. 因為氣候變遷的關係，隨著各國在夏天的天氣越來越炎熱，會議室中都設計空調裝置，在國際會議會場議程中突然碰到斷電，應如何進行處理呢？

5. 臺灣因為氣候炎熱，人民熱情好客，會展餐飲又太豐盛，導致國際重要貴賓紛紛表示因為天天吃大餐而腸胃受不了。請問您是會展負責人，應如何調整會期中國際重要貴賓的飲食菜單呢？

第七章

國際會展績效評估

學習焦點

　　國際會議和展覽績效評估是因應各種不同國際會議組織營運管理，所建立的一種考核評估方法。會展評估是針對會展組織（主辦單位、參展商和會展主管部門）和活動進行系統、客觀、深入地考核和評估，並且進行回饋的行動。會展評估是針對會展環境、績效成果及衍生效益等面向，進行系統性的考核和評鑑。然而，在實際評估業務中，評估常常流於形式，並不能獲得主辦單位、參展商和主管單位的重視，其原因在於各單位對於績效評估的認識還不夠周延。

　　在本章中，針對策略績效評估、組織績效評估及專案績效評估等三部分，進行定性或是定量方法評估。我們採取關鍵績效指標（KPI）和目標管理（MBO），透過會展組織架構所設定的評估項目，讓會展主管進行績效管理的評估、監督和追蹤。本章分析績效管理的原理過程，建議依據組織目標，進而發展國際會議組織的願景。最後建議依據會展組織願景，訂定具體的策略執行方案，並在方案定期評估的架構之下，將國際會展辦理的歷程予以詳實記錄，藉由訂定績效指標，進行策略研擬，以達到會展組織永續發展的長遠目標。

第一節　績效管理

　　績效管理是為了解決組織中如何創造價值的問題，針對知識、技能和人力的有效管理。如果我們用一個公式來代表績效函數，績效 = f（X, Y, Z）的函數。在此，X, Y, Z分別代表的是激勵、能力，和機會。績效管理

強調的是對於整體過程的監控，通過營運過程中各項指標的評估，以形成績效事實。

那麼，何謂「績效評估」呢？績效評估（performance evaluation）指的是組織為了要達成某項目標之下的系統化檢視過程，這些過程是通過「評定」和「估價」，以確定其整體價值和水準等情況。績效評估管理透過策略績效評估、組織績效評估，以及專案績效評估等機制，進行績效檢驗，以達成量化評估的效果。例如，我們可以針對舉辦國際會議項目，進行事先的可行性評估；或者事後辦理成效的績效評估。

那麼，何謂「績效」（performance）呢？「績效」（performance）指的是一個組織為了達到所設定特定目標的到達程度，通常用於企業衡量組織的發展效率。在一般績效的概念中，可以透過財務指標、市場占有率、內部激勵結構、企業文化等各種指標，整合成衡量企業整體的評估體系。

一、績效管理的內涵

丘昌泰（2002）認為，績效管理活動分主要分為下列三種內涵，包括績效評估、績效衡量和績效監測：

(一)績效評估（performance evaluation）

組織為了要達成某項目標，透過不同的途徑，藉以評估是否達成目標的系統化過程。績效評估的對象並不是針對個人的績效，而是以評估組織的績效為主。

(二)績效衡量（performance measurement）

為了有效測量績效，以進行績效評估，設計衡量組織目標實現程度的測量標準，這種標準稱為績效指標。績效指標通常用來衡量公共計畫施政成果，通常包括量化和質化兩種指標。績效指標的建立和管理，被視為進行績效管理的實施核心項目。

(三)績效監測（performance monitoring）

績效監測是針對公共目標的所進行的實踐過程。這些過程包含常態性考核記錄，例如：執行進度是否落後？執行預算是否依據原定的計畫

進行預支及核銷？這些記錄是組織成員在運用預算辦理活動時所獲得的實際成果。所以，在競爭下的環境之中，為了要維持組織的競爭能力，需要建立良好的績效監測和管理制度，充分運用組織成員的能力，以創造出組織整體績效。

二、績效管理的方向

「績效」象徵著組織計畫成功管理的成就標誌；但是，由於許多計畫目標不容易量化，產生績效指標難以衡量的問題，績效指標如何評量，一直是目前政府亟待解決的政策評估重大議題（徐仁輝，2004）。然而，績效指標既然是一種變數，用來衡量系統的效能，確保組織系統是否達到原先設定的目標過程。因此，組織發展所帶來的績效成果，代表組織在外在環境壓力和協助之下的目標成就。綜合學者的看法，績效管理過程應包括下列方向（丘昌泰，2002；徐仁輝，2004；許世雨，2006）：

(一)界定組織的目標與策略。

(二)設定工作目標。

(三)建立績效計畫。

(四)共同訂定績效指標。

(五)持續溝通。

(六)了解並解決績效問題。

(七)進行激勵績效管理。

(八)資料蒐集、建檔及運用。

三、績效評估的問題

在績效評估中，常見的問題包含策略績效目標、評估方法、評估量化、資訊內容和結果釐清等問題，一般績效評估作業常見問題歸納如下（丘昌泰，2002；徐仁輝，2004；許世雨，2006）：

(一)目標設定問題

在界定組織目標的時候，需要界定評估對象是政府還是私人企業。一般來說，私人企業以追求會展的利潤為主；但是政府推動會展的目標

計畫，通常並不考慮利潤問題。因此，在界定評估範疇的時候，需要進行目標的設定，以確定績效目標。

(二)評估方法選定問題

評估方法是否建立其科學的準確性？是否具備統計學上的信度和效度？這些都是評估方法上需要事先釐清的問題。

(三)績效指標量化問題

有些績效指標是無法量化的，對於無法用價格、次數衡量的項目，如何進行評估？這些都是績效指標量化上所必需面臨的課題。

(四)資訊的完整性問題

評估計畫的執行單位因為分散各地，所以不容易蒐集到完全的資料，導致資訊片斷而且缺乏完整性。

(五)評估結果的回饋問題

評估結果常常束之高閣，未列入未來制定計畫項目的參考，缺乏對於被評估者的具體回饋及評估意見回覆事項的管制考核。

四、會展績效管理

透過上述學者的介紹和問題釐清，我們知道績效評估是藉由勾勒組織願景，訂定具體的執行策略，運用執行方案，並在定期評估之後，以績效指標進行策略研擬和回饋，以達到組織發展的目標。然而，什麼是會展績效評估呢？會展績效評估，所要評估的是政府會展政策呢？還是會展組織的組成效益呢？抑或是會展專案的辦理效益呢？

「會展績效評估」是指會展組織為了解會展活動營運狀況，依據量化標準或是主觀判斷來衡量活動營運管理的各項差異，以利各項會展資源管理措施之依據，提升會展組織的整體實施績效。然而，績效評估應分為不同的戰略層次。所謂不同的戰略層次應分為國家社會層次、會展組織層次及專案管理層次等三方面，在三方面的戰略層次之下，擁有不同的評估價值。

也就是說，績效評估始於正確的價值設定。在國家社會戰略層次之下，依據客戶組織及會議組織所擬定不同的目標，依據會展產品及服務所

共同衍生的品質，進行專案事項的績效評估（圖7-1）。

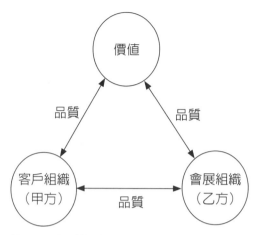

圖7-1　客戶組織、會展組織所共同衍生
　　　　的服務和產品價值（McCabe et al,
　　　　2000: 311）

其中，會展績效評估包括策略績效評估（strategic performance evaluation）、組織績效評估（organization performance evaluation）和專案績效評估（project performance evaluation）三部分。策略評估在於評價國家社會對於整體會展的戰略價值，例如：會展對於經濟發展的利弊得失，或是會展是否增加了就業比例？會展策略績效評估來自於國家在國際社會中的競爭能力，這些競爭能力除了有賴於具備競爭力的政府之外，還需要仰賴社會充沛的會展參與力量，包括公私部門的會展產業組織能力。

在專案評估方面，指的是針對會展項目的運營狀態、實際效果和各方反映等情況進行調查、取證、分析和評估，從而使各會展項目之間或者同一題目的各屆會展活動之間能夠進行客觀的比較，以做出科學的評論。圖7-1說明在組織績效評估中，客戶組織和會展組織之間的關係相當密切。所謂的客戶組織在契約中就是甲方，也就是會展活動的委託者。所謂的會展組織就是乙方，也就是會展活動的受託者。其中包含PCO、PEO和DMC等公司型態組織、以及非營利性組織（Non-Profit Organization, NPO）等。在客戶組織和會展組織聯繫銜接的架構來自於價值鏈，也就是服務品質和產品品質，這也是專案績效評估所要評估的項目。

　　美國政府在1993年訂定的《政府績效及成果法》（Government Performance and Results Act，簡稱GPRA）中，認為績效評估是相當重要之一環。美國政府行政部門必需提出年度執行計畫案，包括：機關預算書中所定計畫執行目標、執行計畫資源需求概要、執行成果評估指標，以及如何驗證該績效的探討等。依據美國政府《政府績效及成果法》為例，該法立法的要旨著重於執行成果，包括設定目標，建立評估績效，並且報告成果。

　　《政府績效及成果法》的作法可分成下列步驟：

一、要求各部門訂出策略規劃（strategic plans），在策略規劃中應包括一般性目標，並且含規劃功能和操作目的。

二、要求各部門發展年度績效計畫（performance plans），藉由績效計畫達到預定的目標。

三、要求各部門提出年度績效報告（performance reports），以評估績效目標是否達成。

四、結合績效目標和預算目標達成率。

　　美國審計總署（Government Accountability Office, GAO）審閱過各部門提報的績效之後，建議績效評估採取下列方式：

一、說明成果

　　績效評估結果應告知社會大眾，使其了解目標成功達成率。

二、採行重點方法評估

　　針對目標任務的評估應佐以利用重要的方法，涵蓋主要績效範圍。如果評估的方式太多，容易模糊評估的重點，評估成本也隨之增加。

三、考量優先順序

　　政府施政面對利益衝突者的不同要求，應先將這些利益衝突者的需求列入考量，求得相對的平衡點。但是過度強調其中一、二項優先事項，而忽略其他要求，則矯枉過正，導致應辦事項的扭曲，高階管理者亦無法了解真實狀況。

四、規劃與執行機關的關連性

政府績效評估的對象應直接針對執行計畫的機關辦理，除了可以加強該機關的責任感之外，同時可以協助管理者進行業務管考。

徐仁輝（2004）研究美國政府《政府績效及成果法》之後認為，國家社會在績效評估方面應有基本的作法。例如政府施政績效評估，應該重視成果測量，這些測度包含：服務產出（service output）、績效結果（performance of outcome）、服務品質（service quality），以及民眾滿意度（citizen satisfaction）等。藉由以成果為導向的績效評估體系，將使各機關之施政或計畫執行的成果成為客觀的標的，有助於檢測政府對人民需求的回應能力。

從個案研究中，我們知道美國政府實施《政府績效及成果法》的步驟中，必須克服的是如何讓機關目標確定取得共識，只有在各種利害關係人間取得共識，才能進而確定達成目標各項績效指標。在各機關提出預算需求時也必需針對計畫目標予以詳細說明，才能讓民眾了解績效對預算決策的影響。

美國聯邦政府在1999年預算時要求各機關提出五年的策略計畫給預算管理局（Office of Management and Budget, OMB)，在計畫中各機關必須確定機關目標、績效如何測量，以及如何達成目標的計畫。各相關機關需要提出年度績效計畫給國會，從2000年開始，各機關需提出年度績效報告。OMB也需從各機關的績效計畫中，彙總完成聯邦政府的整體績效計畫。這些計畫的目的都是在於透過年度績效計畫與機關預算需求，來提昇美國財政的透明度。

然而，在邁向21世紀的社會環境是成果導向的環境，注重「成果」（result）而並非「結果」（outcome）。何謂成果和結果的不同呢？如果我們以政府機關舉辦一場國際會議，則奉命參加國際會議的政府官員人數多寡，即為此國際會議計畫的「結果」。但是參加國際會議之後，從國際會議中取得最新國際會議的資訊，從而導致我國國際關係的重大改變，則為該計畫的「成果」，所以轉觀國內績效評鑑制度，需要考慮的是「績效成果」，而非例行性的「績效結果」。

（資料來源：徐仁輝，2004）

第二節　策略績效評估

策略（strategy）的定義是：「為達到特定目標，所進行的長程行動方案規劃，且策略和戰術或是行動有所不同。」以規劃時間的考量而言，策略通常指的是長時間和大範圍的規劃；針對短時間和特定問題的執行項目，稱之為謀略（tactics），與整體動腦的策略規劃不同。

策略績效（strategic performance）是客戶組織和會議組織共同關注的焦點，因為策略（strategy）和績效（performance）的關係，是組織管理中重要的方向；同時績效目標的改進，也是掌握策略管理的時機核心。

但是，策略績效很難有一定評量的標準，而且難以量化。在策略績效來說，會展策略規範並不是單一的，而是多重的。因此，會展策略的績效衡量方法，可以從由客觀的定量方法，回歸到主觀的定性方法。也就是說，會展管理的定量研究，可以拓展研究面向的廣度；但是為了致力於會展面向的研究深度，則必需進行定性的研究。

一、客觀定量方法

客觀的定量研究是為了針對會展總體評估，而獲得統計數據結果而進行的分析。在定量研究中，研究資訊都是藉由數據來表示。我們在針對數據進行處理、分析時，首先要明確了解這些數據的原始來源，並且依據評估者的角色定位、評估設計、評估環境、測量工具、理論架構等項目進行評估分析：

(一)角色定位

定量評估者需要抽離評估項目，才能客觀評估事實。

(二)理論架構

定量研究的目的在於檢驗理論的正確性，最終結果是支持或是反對假設。

(三)評估設計

定量評估的表格設計，在評估開始之前就已經確定。

（四）評估環境（setting）

定量評估應用實驗方法，藉由控制變數的方式，評估事實的良窳。

（五）測量工具

定量評估中，測量工具相對獨立於評估者之外。意思是事實上研究者不一定親自從事評估資料的蒐集工作。

在針對政府績效進行評估時，定量方法應訂定衡量指標，以評估策略績效目標和年度績效目標。衡量指標分為共同性指標及個別性指標。共同性指標由執行單位就策略目標效率、服務效能、人力發展、預算成本效益等選列；個別性指標由各執行單位依組織任務、業務性質及參考相關機構公布的評比指標，自行訂定。衡量指標之訂定，應包括具體評估方式及衡量標準。

此外，應將成本效益的財務性指標和不考慮成本效益的非財務性指標並列，亦即將量化和質化的指標都納入考量的範圍。例如，在經濟部的官方統計數據資料中，會展的策略績效年度目標值，是以會議次數列為計算，其中包括：1.雙邊經貿諮商及合作會議的次數；2.協助國內民間團體或業者爭取在臺舉辦國際會議的次數等兩項指標。這兩項指標之外，還可以加上國外學者來訪及擔任講座人次、參與重要學術組織運作之人次等內容。

這些指標在評估體制中，實際評估作業為運用既有的組織架構即可以進行，不需要運用到特定的任務編組、專家學者，或是邀請第三者共同參與進行。

表7-1　經濟部會展業務面向策略績效目標

策略績效目標	衡量指標								
	衡量指標	評估體制	評估方式	衡量標準	年度目標值				備註
					2009	2010	2011	2012	
架構全球連結之經貿網絡	舉行雙邊經貿及合作諮商會議，加強與各國經貿關係	⑴	統計數據	雙邊經貿諮商及合作會議	11次	13次	13次	13次	

策略績效目標	衡量指標								
	衡量指標	評估體制	評估方式	衡量標準	年度目標值				備註
					2009	2010	2011	2012	
	爭取吸引在臺舉辦國際會議	(2)	統計數據	協助國內民間團體或業者爭取在臺舉辦國際會議	9次	7次	9次	8次	

說明：

1.評估體制(1)：指實際評估作業為運用既有之組織架構進行。

2.評估體制(2)：指實際評估作業由特定之任務編組進行。

3.評估體制(3)：指實際評估作業是透過第三者方式（如由專家學者等）負責運行。

4.評估體制(4)：指實際評估作業為運用既有之組織架構並邀請第三者共同參與進行。

二、主觀定性方法

　　由於在一定的時間之內，會展策略評估可能並不是在追求單一目標；因此，採用定量評估的單一標準，來衡量會展績效，較爲缺乏周延性。所以，定性方法的多重準則評估，就是利用多重衡量方式，來避免單一準則量化方法的缺失。

　　主觀定性研究具備探索性、診斷性和預測性等特點。因此，主觀定性方法並不一定需要計算或是評估出精確的結論，只是在探索和瞭解問題所在。定性研究的主要方法包括：小組面談、個人深度訪談，以及買主登錄資料統計、分類、分析等面向。在會展定性研究方面，研究者和研究對象之間的關係密切，會展主題被研究者賦予主觀的色彩，成爲研究過程的組成部分和整個過程。因此，會展的定性研究，試圖從會展發展的趨勢進行解釋。在主觀定性方法研究取向方面，會展績效評估需要界定下列要素：

(一)角色定位

　　定性評估者的分析屬於資料的一部分，如果沒有評估者的參與，則定性分析的資料即不夠完整。

(二)理論架構

　　會展定性評估的理論依據是研究過程的一部分，同時也是資料分析的結果。

(三)評估設計

定性評估隨著評估計畫的進行而不斷拓展，並且加以調整和修正。

(四)評估環境（setting）

定性評估在實際會展環境中進行，力求瞭解會展產業的發展趨勢，並不控制外在的影響變數。

(五)測量工具

在定性研究中，研究者本身就是測量工具，透過第一手資料訪談的方式進行評估。

依據經濟部的會展資料顯示，目前政府補助相關單位辦理會展活動，並進行我國會展產業之研究。通過辦理會展產業人才之培訓及認證，以提升會展產業的國內外形象。此外，建置我國會展資訊網，並協助國內相關單位爭取在臺舉辦國際會議。在政府評估會展績效的主觀定性方法上，分為策略績效目標和年度績效目標。策略績效目標指的是執行單位依據組織、功能、職掌和業務推展的需求，尋求會展發展的瓶頸，提出五年以上的中程執行目標；年度績效目標，是指會展執行單位為了達成策略績效目標的需求，每年度應訂定之具體性目標，其測量項目如下：

1. 會展基礎建設的強化。
2. 會展英文寫作能力和會話能力的提昇。
3. 會展資訊的整理及出版：含國外文宣資料的編印。
4. 會展產業、學界、媒體及政府部門聯繫管道和機制的強化。
5. 提昇會展國際化的具體策略和成效：含積極參與國際交流、赴國外產業界實習等。
6. 邀請公正專業單位針對會展客戶組織和相關利益團體，進行服務績效的滿意度訪談等。

在會展項目的主觀認定評估中，策略績效評估項目可以由會議組織自行主辦，透過主動了解實際狀況，及早發現問題，以加強會展管理並且協助擬定未來的發展策略。然而，客戶組織屬於甲方（付款者），會展組織屬於乙方（提供服務者），都屬於會展產業利益團體。我們可以透過公正中立人士的第三方進行評估，透過客觀的會展績效評

估，提供會展決策依據和參考，並且評估結果爲社會大眾所信賴。

第三節　組織績效評估與認證

組織績效（organization performance）是指組織在某一時期內所完成的效率和盈利情況。組織績效評估如同策略績效評估一樣，應同時考慮成本效益的財務性指標和不考慮成本效益的非財務性指標。這些指標應用於組織績效的目標管理，不論採何種評估方法，都有其優點與缺點，所以應給予適當的考量之後，再進行較佳的選擇，以利評估。組織績效的評估，區分爲組織業務、組織人力及組織財務績效評估：

一、組織評估類別

(一)組織業務

1.整體性指標

組織認證、企業形象、品牌知名度、商情掌握能力。

2.定性指標

組織生產力（活動項目、活動影響、目標達成度）等。

(二)組織人力

1.整體性指標

員工平均收益、員工生產力、重要員工離職率、員工缺勤率。

2.定性指標

員工士氣、員工認同度、人力資源聲望、對專業人員的吸引力、主管與員工之間的關係、員工之間的關係、顧客滿意度。

(三)組織財務

1.整體性指標

投資報酬率、銷貨收入、獲利成長率、資產報酬率、市場占有率、營業額成長率。並且採取會展業務和商機均衡模式，算出會展組織所能承辦會展活動的承載量；也就是說，組織是否有承辦業務的承載能力（圖7-2）。例如，當組織處於業務淡季的時候，因爲沒有接到會展的案件，導致浪費公司的人力資源，徒然讓公司人力投閒

置散，則公司所處的狀況不但浪費商機，同時浪費公司的軟硬體資源。到了會展旺季，如果一個會展組織沒有考慮到自身的承辦能力，貿然接辦許多會展業務，結果會造成公司所承辦的會展業務品質低落，在超過公司所能夠接辦業務的極限，也就是說超過業務承載量之餘，則組織將會打壞名聲，將來會有接不到業務的危機。

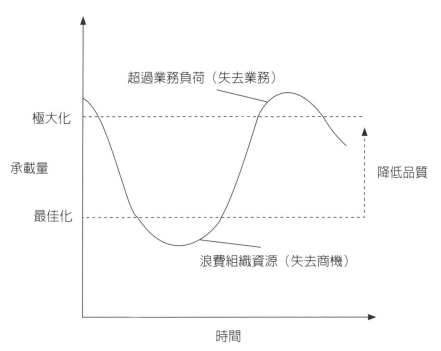

圖7-2　在組織會展財務分析中，可以採取組織業務和商機均衡模式來進行
評估，評估重點為組織是否有承辦業務的承載能力（Kandampully,
2007: 238）

2. 定性指標

營運計畫（年度預算、決算所達成的程度）。

3. 相關產業營運模式

會展相關產業的盈利包括地方餐廳、旅館、商店、供應商等公司行號，在計算組織盈餘之外，應考慮當地經濟是否因為舉辦會展活動，吸引國外旅客到本地支出，而達到地方盈餘的目標（圖7-3）。圖7-3探討羅格斯經濟模型，這個模型說明會展活動將會影響到相關地方產業，可以擴大地方的商業盈利（Rogers, 1998: 83）。

會展的經濟活動影響，包括：地方餐廳、旅館、商店、供應商之間的交易活動，這些交易活動是以旅客支出方式來呈現，例如，當餐廳進行晚餐銷售時，餐廳員工的工作薪水或是小費即靠旅客支出進行挹注。之後，在該餐廳服務的員工，因為旅客交易所換得的收入，購買本地或是其他地區商店的商品。如果地方餐廳購買的蔬菜、肉類、餐具、飲料等產品是來自於地方區界之內，那麼沒有滲漏的問題。如果地方餐廳購買的蔬菜、肉類、餐具、飲料是購買自境外，那麼其影響包括進口滲（溢）漏。同理可證，其他地方產業，例如旅館和商店也有這方面的地方營運模式，也就是說，購自於當地供應商的產品，都屬於促進地方經濟繁榮的商業交易行為；否則就屬於進口滲漏的關係，對於地方經濟沒有幫助。

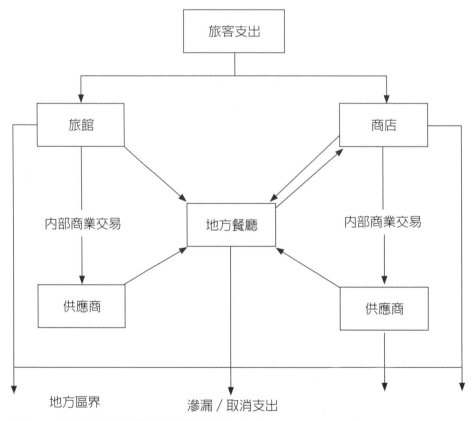

圖7-3　會展相關地方產業的商業盈利模式　（Rogers, 1998: 83）

二、組織評估內涵

(一)確立評估順序

有鑑於會展效益的評估程序相當複雜，因此，需要依據會展目標，建立評估的具體標準和內容，並依據評估目標的主目標和次目標，列出會展評估的順序。

(二)建立會展評估的標準

依據會展活動的具體狀況、整體成果、宣傳情形、接待狀況和展覽收益與成交成果等項目，建立會展評估標準，形成可操作性的評估項目，進行量化分析的準則（陳澤炎，2009）。

1.會展主辦單位

對於會展主辦單位而言，會展評估常常流於窠臼，業務主管可能認為評估只是交代上級長官的要求，針對例行性的數據，例如：參展商數量、參觀人數、參展營收利潤等進行交代，而非考慮會展評估的內涵、特徵和變化。導致會展所因應的市場趨勢分析遭到忽略，影響會展評估的客觀性。因此，國外企業針對會展績效評估，邀請獨立的專業會展諮詢顧問進行評估，以專業術語和客觀分析建議會展產業及個別部門未來發展的方向。

2.參展廠商

針對參展商而言，每一場專業的展覽都必須進行課題研究及問卷調查，調查對象為參展廠商及參觀買主。問卷需要詢問廠商參展成本是否合乎效益？是否向專業觀眾、參觀買主推出新產品，以建立新的客戶群落？因此，參展廠商應依據問卷調查結果和參展財務分析交叉分析，根據廣告、人事、展覽設施等項目，根據成本分析的損益進行評估，以考慮參展效益。

3.其他相關產業

對於會展相關產業而言，涉及到地方餐廳、旅館、商店、供應商之間的利益關係，這些關係，不容易在會展產業項目中進行釐清。在課題研究上，可以採用問卷調查或是深度訪談的方式，進行會展在相關產業上的商業模式分析，以了解其他相關產業從羅格斯

經濟模型，如何依據互利共生的模式，擴大地方的商業盈利關係（Rogers, 1998: 83）。

三、組織認證程序

㈠檢定

會展組織包括政府組織和非政府組織，其中非政府組織多為NPO和NGO的形式，在組織業務的發展上依據機構不同發展策略，以拓展國際關係，辦理國際事務為組織業務績效檢定的最高指導原則。其中，檢定的標準可依據前述的策略績效評估分為客觀定量指標及主觀定性指標進行業務檢定，以進行國際認證工作。

㈡統計

組織為了要通過「評估」、「評鑑」和「國際認證」，就必須透過平常準備取得相關的認證數據，並進行數據統計。數據統計的意涵是進行數據採集、獲得、計算、分析等程序，以得到真實的情況。統計數據包括組織業務數據、組織人力數據及組織財務數據等項目。其中包含下列的問項（程瑞玲，1984；陳澤炎，2009）：

1. 組織活動效益分析

對於經常性活動的評估，可設立評估標準，採用預算控制的方法，定期將實際成果與標準進行比較分析，以提供績效報告。對於非經常性活動，可採成本效益分析、成本效能分析、計畫預算、或是零基預算等方法。

2. 一般展覽基本數據

會展展出面積（室內、室外）、參展廠家數量、參展廠家國別和地區、觀眾人數、觀眾國別和地區，專業觀眾的基本資料等。一般展覽的展出的攤位面積需要以實際的坪數計算，每一單位的標準攤位以3m×3m計算（圖7-4）。但是國內有許多大型展場的展出面積包含柱子面積，這些柱子面積占攤位面積的1.25m×1.25m，需要從場地面積中扣除。一般來說，參展廠商需要自行尋找承建商承包攤位裝潢，承租的攤位費用不包含裝潢和展示設備，例如圖示的標準

攤位、島式攤位、半島式攤位、背板攤位等，都需要自行接洽裝潢商。一般展場展出時，只包含空地面積，以及提供110伏特500瓦的基本電力。

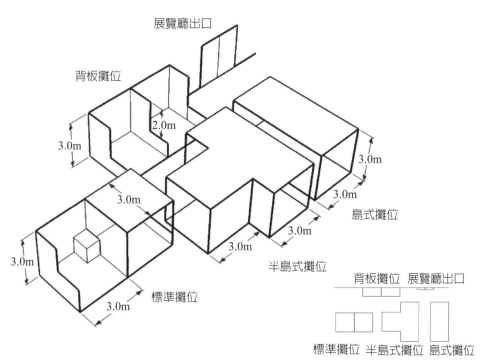

圖7-4　一般展覽的展出的攤位面積需要以實際的坪數計算（改繪自：Astroff and Abbey, 2006: 529）

3. 一般展覽滿意度調查

一般會展業務數據包括：參展廠商參展的目的是否達成？對於主辦單位服務水準是否滿意？參觀民眾對於展出水準的評價如何？觀眾對會展環境和提供服務的評價如何？參展商和觀眾對於參加下屆會展的意願如何等。

(三)審定

當會展申請項目提報加入UFI的時候，UFI針對提送的統計數據予以審定證明。這些數據基本上由客戶組織（甲方）和會展組織（乙方）檢視之後，由第三方提供的客觀數據，並需要由獨立的第四方給予確

認，稱爲「審定」。在獨立的第四方中，包含歐洲的德國展覽會統計資料自願審核協會（FKM）、法國數據評估事務所（OJS）、香港畢馬威公司（KPMG），以及美國的數據審計公司（BPA）等，就是從事第四方的審核事務機構。上開協會或是公司針對統計數據進行了審定，並且提出審計報告。審計報告中包含關鍵環節的審查，包含：公司人事、財務票據、現場活動及舉辦活動經驗等細項。當會展主辦單位提出第三方公信單位所撰寫的《會展統計分析報告》時，應納入第四方數據審定公司的《會展統計審計報告》，以建立組織辦理會展業務的權威性（陳澤炎，2009）。

(四)認可

在國際會展語言中，認可（approval）和認證（certification）的觀念不同（陳澤炎，2009）。在中國大陸，「認證」是由認證機構證明產品、服務、管理體系符合相關技術規範，或者標準的合格評定活動；但是中國大陸所稱的「認可」即爲臺灣通稱的「認證」，是指通過「會議展覽人才認證考試」的執業人員。「認可」是由認可機構、實驗室以及從事評審、審核等認證活動人員的能力和執業資格，予以承認的合格評定活動，在臺灣需要通過考試取得執業的資格。因此，一個組織機構是否通過「認證」活動，是需要得到必要的人才「認可」，累積相當的證照和證書，以達到組織通過認證的階段。

(五)認證

在組織評量的基礎之上，進行進一步的確認和證明，然後給予相當等級的「證書」或「標章」。在上述統計的過程中，應適用於國際標準進行合格認證，這些國際認證包括UFI、IAEE等國際單位評級，或是通過國際標準組織ISO 9001、13485、14001、22000等國際認證編號。然而，評估（evaluation）和認證（certification）是不同的兩個概念。以會展項目觀察，會展項目接受「評估」的目的，是爲了發現問題，或者接受輔導和諮詢。但是進入國際組織的認證，則有通過「品質保證」的國際評選的意涵（陳澤炎，2009）。

　　在德國，每年有多達140餘個國際展覽會活動，但是在德國展覽協會（AUMA）等權威行業協會的統一協調下，各展會的目標非常明確而清楚。德國的會展評估是由在德國展覽協會（AUMA）轄下的第四方專業機構「展覽會統計資料自願審核協會」（FKM）來負責。FKM主要業務為制定統一的展覽會相關指標審核標準，促進會展數據的透明化。FKM成員都自覺地遵守AUMA相關規定，按照規則和標準申報展覽會統計數據，接受FKM組織的專門數據審計，保證在任何場合和情況下所使用和發布的展覽會統計數據，都和FKM公布的統計數據一致，不會有混淆和作假的行為。一般德國會展推廣活動，都會標記該會展活動，是否經過FKM的審核。

　　德國被公認為世界展覽王國，在世界上營業額最大的10家會展公司中，德國就有6家；全世界重要的150個專業展覽會中，有130多個是德國舉辦的。目前，德國擁有23個大型展覽中心，室內展出面積240萬平方公尺，約占世界展覽總面積的20%；其中，超過10萬平方公尺的展覽中心就有8個。全球5大展覽中心中有4家在德國（包括：杜塞爾多夫展覽中心、漢諾威展覽中心、科隆展覽中心、法蘭克福展覽中心）。德國會展業成功的一個關鍵因素就是組織模式和產業結構的成功。其中還有一點是不容忽視的，就是德國會展的評估體制，相當嚴謹而傑出。

　　我們可以說，德國專業展覽成功的原因，源自於展館高知名度、合理的場地成本，以及參展廠商的高度參與。

　　（資料來源：http://www.ruhrmesse.com/index.html；李中闊，2009）

第四節　專案績效評估

　　現今會展專案因為社會變化的幅度太快，導致會展市場殺價競爭，相對過去舉辦會展較為單純的環境，顯得評估會展專案更添增其複雜的程

度。因此，在專案評估時，應先了解會展專案程序、會展風險評估、目標管理、關鍵績效指標等範疇內容。

一、會展專案程序

專案會展策劃在組織基本流程方面，具有下列的程序：
㈠成立策劃小組。
㈡進行市場調查。
㈢決定會展規劃策略。
㈣制定會展媒體策略。
㈤制定會展設計策略。
㈥制定預算方案。
㈦撰寫策劃方案。
㈧實施效果評估

二、會展風險評估

㈠市場風險：指會展活動因非經營因素導致的投資風險，例如戰爭、自然災害、經濟衰退等。
㈡經營風險：因為辦理會展而經營組織在管理方面產生不利的原因，例如招商不順、宣傳效果不佳、出現新的競爭者，以及經營不善導致的組織倒閉風險等。
㈢舉債風險：舉債籌措資金為辦理會展所帶來的財務缺口，以及組織借貸所帶來的不確定性風險。
㈣合作風險：辦展機構之間，因為財務借貸關係或是資金沖銷關係，導致事務協調上出現問題，引起資金無法如期到位的缺口危機。

三、會展目標管理

目標管理（Management by Objectives; MBO）是一種過程，藉由組織中、下層級管理人員共同來確定組織的共同目標，並且界定組織期望每位成員達成效果的主要責任範圍，同時依據這些基準來指導各部門的活動

和評估每一成員的貢獻（Odiorne, 1969）。會展績效MBO在於設定清楚的工作目標，藉由目標發展行動方案，容許員工擁有自主空間，並且衡量目標達成度在必要時採取糾正行動。

MBO屬於例行性的業務管理。在所屬的部門中運用「重點目標」和「行動方案」，區隔今年重點執行項目以及具體執行項目，並且編列表格。在表格中，列出專案有關的項目表，每個項目可能是數量或品質（quantity & quality）、成本（cost）、時間（date），以Q：數量或品質；C：成本；D：時間進行註記，其中Q/C/D三個軸線的其中一項，以數字訂出目標，日後繼續填寫並且稽核這些數字變化即可。為提升部門效率，創造產值，目標管理是由每位員工自行設定了每月要達成的目標。

(一)理論依據

根據赫茲柏（F. Herzberg）的雙因子「激勵—保健」理論（Motivation-Hygiene Theory），我們可以把現有的MBO指數分為管控與激勵兩類。管控因子指的中低階部門管理採用人員工作績效，包含：數量、品質、成本、時間可以直接用考評結果衡量；而「獎勵」屬於激勵部分，指的是依據員工進行數量、品質、成本、時間的自我管理之後，中低層主管為激發個人潛力，所採取的激勵措施。

(二)訂定評估層級

MBO由各單位中低階主管與部屬針對部門運作或個人職責範圍內所要負責的工作項目訂定績效目標。舉例來說，某組織在MBO的區分上，副總、處長、協理級以下的經理級，因為除了策略執行外還要監督所屬部門的例行營運性工作，所以MBO占其績效內容的50%；而課、組長級，由於是以肩負例行性工作為主，所以MBO會占績效指標的70%～80%。

(三)建立原則

MBO係為由下而上的方式進行設計指標。一般來說，MBO多數是由員工根據自己的權責範圍訂定，在訂定過程中參考主管的指示，或是主管審核修正後通過。

　1.目標導向：依據部門目標、職務目標等來進行確定。

　2.工作品質：工作品質是競爭力的核心，建立工作品質指標並且進行

控制。

3. 可操作性：目標管理指標必需具備可操作的特性，針對指標給予明確的定義，以建立完整的訊息管道。

4. 強調輸入和輸出過程的控制：考慮輸入和輸出流程的狀況，並且進行端點控制。

㈣影響評估

部分的MBO即使做得不好，對組織營運不會有全面性的重大影響，但是組織的紀律則不是那麼理想。例如，總機訂定每天接聽電話時的效率及服務品質目標，如果沒有達到，對於公司營業可能不會有重大影響，但是外界對於總機小姐的電話禮貌服務名聲則評價不好。

四、關鍵績效指標

會展管理中，常提到的關鍵績效指標（Key Performance Index, KPI），是目前世界上通行的一種目標管理的指標體系。KPI是將管理策略和組織發展進行量化，讓組織發展可以在策略和實務面上進行環節整合，以提升策略達成率。

目前世界各國政府依據關鍵績效指標來進行國家治理者，最新的消息來源為馬來西亞首相拿督斯里納吉在2009年7月設下的6項監督政府表現的國家關鍵績效指標（KPI）進行國家政策評估。

關鍵指標參考未來工作遠景，讓部門主管明確了解其主要責任，並以此為基礎，告知單位人員熟悉業績衡量指標，使業績考評建立在量化的基礎之中。一般來說，KPI方法符合「二八原則」管理原理。也就是說，在會展組織創造價值的過程中，遵循20/80的規律，也就是20%的會展產業創造80%的會展價值；或是20%的員工創造80%的單位會展收益。因此，如果管理者釐清組織20%的基本關鍵，進行分析和評估，則可以在最短時間之內熟知業績評估的重點。

㈠理論依據

績效評估作為一種管理考核思想，其最大的作用在於激勵員工向既定的目標前進，同時針對偏離路線的行為進行糾正。依據管理主題進行

劃分，績效管理在產品引進期之後，可分為兩大類，一種是激勵型績效管理，偏重於激發員工的工作積極性。在公司產品成長生命週期之中，適用於產品發展階段中的成長期；另一種是管控型績效管理，偏重於規範員工的工作行為。在公司產品成長生命週期之中，適用於產品發展階段中的成熟期（圖7-5）。

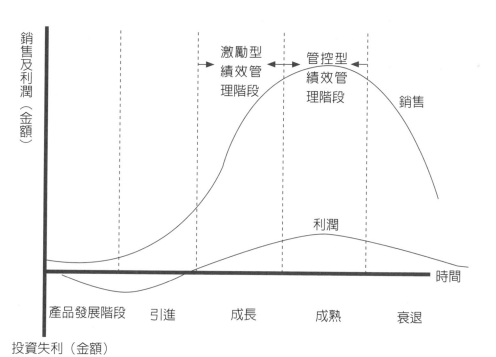

投資失利（金額）

圖7-5　產品生命週期可用於績效管理，例如激勵型績效管理，適用於產品發展階段中的成長期；管控型績效管理，適用於產品發展階段中的成熟期（修改自：Kotler et al., 1996）

根據赫茲柏（F. Herzberg）的雙因子「激勵—保健」理論（Motivation-Hygiene Theory），我們可以把現有的KPI指數分為協調、管控與激勵兩類。協調與管控部分指的高層管理採用部門直接互動（包括流程的嚴謹度、時間的分配、管理重點等），一般包括「人力資源計畫／流程」、「財務管控與計畫／流程」、「營運管控與計畫／流程」，可以直接用考評結果衡量；而「獎勵」、「機會」、「價值觀與信念」屬於激勵部分，指的是高層管理為激發整體管理團隊，所採取的明確激勵措施。其激勵措施，是運用績效資訊在決策、

計畫和資源分配上。此外，機關主管也可以透過非正式的方法激勵員工，透過開會與私下聯繫，使員工了解機關目標。為達成今年度的營運目標，組織中上自董事長、總經理、各部門主管，到最基層的工作人員，早在年初之前就花了好幾個月的時間，訂出多數員工認可的KPI，並於每季追蹤檢討。

(二)訂定評估層級

在組織中，副總經理、處長、協理級及其以上主管，因為要對組織的策略規劃負責成敗責任，依據 KPI所占績效項目的100%進行考核。經理級，因為除了策略執行之外，還要監督所屬部門的例行營運性工作，所以是KPI占績效內容的50%；而課、組長級，由於是以例行性工作為主，所以KPI占績效內容的20%～30%。

(三)建立原則

係為從上往下的機制。通常是由總經理在組織的年度策略發展會議中，討論並訂定組織的某項KPI。之後由各副總經理帶領各自的團隊，以協助達成總經理的KPI為前提下，訂定各副總、處長、協理級的KPI。

1. 目標導向：以全局的觀念來思考問題，依據組織目標來進行確定。
2. 工作品質：工作品質是競爭力的核心，建立工作品質指標並且進行控制。
3. 可操作性：KPI必須具備可操作的特性，而且容易被執行和被理解。所以應該針對指標給予明確的定義，以建立完整的訊息管道。
4. 指標穩定性：KPI應當其他指標相對來說比較穩定，如果業務基本流程不變，則KPI的項目也不應該有太大的變動。
5. 強調輸入和輸出過程的控制：考慮輸入和輸出流程的狀況，並且進行端點控制。
6. 制定說明表：針對KPI進行定義說明，針對KPI指標建立「KPI定義指標表」。

(四)影響評估

KPI影響組織的成長，它提供評價的方向、數據及事實依據。例如，如果組織希望每年應該開發的會展數量、時程表、服務品質和功能目

標。如果，上述的指標數值未能完成，就會嚴重影響公組織對外的競爭力、客戶數量、市場占有率，進而對於組織的營運產生重大的影響。因此，在訂定KPI的新目標時，應妥善處理部門價值鏈的問題，透過服務效率、服務品質、服務創新及顧客回應來推動組織業務績效。

表7-2　目標管理（MBO）和關鍵績效指標（KPI[1]）的比較

	目標管理	關鍵績效指標
評估內涵	例行性的業務範圍	策略性的的重大目標
組織營運	紀律	績效
訂定層次	MBO則由各單位主管與部屬針對部門運作或個人職責範圍內所要負責的工作項目訂定績效目標。	KPI是依公司的使命、願景、策略、關鍵成功因素等逐級展開。
訂定方式	由下而上	由上而下
影響利益	和員工的利益有關。對於基層行政服務人員較好操作。	不和員工的薪資有關。對於基層行政服務人員不易操作。
實質效果	部分的MBO即使做得不好，對組織營運不會有全面性的重大影響，但是組織的紀律則不是那麼理想。	通常KPI做得好，對組織在長短期獲利、營運和績效方面有正面與積極的效果。
管理環節	提供職位的價值評估。因為基層服務人員服務價值創造的週期較短，工作重複性較高，形成評估標準較為明確。	提供組織價值評估。因為針對組織評估中，由主管對於員工的評估報告，可以反饋員工的工作表現。

個案研究—上海世博的網路民調

策略績效評估（Strategic Performance Evaluation）談論的是國家整體性會展策略。如果我們需要了解國家整體性的會展策略，需要透過一般大眾參與，進行信函意見分析、一般抽樣問卷調查，以及網路意見調查。

我們可以說，信函意見和一般抽樣問卷需要耗費龐大的預算進行處理。因此，目前抽樣方法也有採取網路進行民調。然而，網路民調為人

---

[1] KPI軟體可以參考以下網站 http://www.brothersoft.com/downloads/kpi.html

詬病的是在網站上設問題，然後上網者點選進入該網站之後，進行隨機回答的簡易方式。在問卷調查的人口特徵的信度解釋上，因為網路調查的差異性甚大，需要改變其抽樣方法。

　　一般較為客觀的網路調查方式，係由總人口數中抽樣網路人口，依據機率找出代表性的網路人口進行調查，並且經由路由器（router），又稱為路徑器或寬頻分享器進行追蹤，但是網路調查經費依舊偏高。

　　我們以下列網路調查案例進行說明，雖然其準確性有待於驗證，但是還是可以提供主辦單位參考，以下為上海世界博覽會在2010年3月26日的網路輿情動態報導。

　　2010年上海世博會是繼北京奧運會之後，中國又一次舉辦的國際盛會活動，依據iWOM-Trends網絡監測部門世博小組的估計，進行上海世博的關注度、話題結構、網友態度和相關帶動行業進行網路調查分析，以了解中國網友對於上海世博的認知和影響，以及上海世博如何透過活動舉辦開拓媒體營銷等內容。

　　iWOM-Trends網絡監測部門世博小組運用「關鍵績效指標」（Key Performance Index，簡稱為KPI），進行分析，發現近幾年在中國舉辦的大型國際性賽事活動中，以2008年的北京奧運會關注程度最高，位居第一位；其次即為上海世界博覽會。截至2010年3月26日為止，網友對上海世博會的態度主要以「提及」為主（64%），另外「推薦前往」也占了一定比重（30%）。從場館看好度觀察，中國館的推薦率較外國館來得高（14%），說明網友希望參觀中國館遠勝於其他場館。

（資料來源：http://www.iwomcenter.com/Research/2010/0326/343.html）

五、會展專案服務評估

　　在透過建立組織關鍵績效指標（KPI）和目標管理（MBO）評估標準之後，最後要談到會展專案服務品質的滿意度。在評估服務品質之前，我們以每一位與會者都當作是一位消費的「顧客」，不管這位顧客是大會招待，還是自費來參加這一場國際會展活動。

當我們進行顧客滿意度調查及分析時，必須認知道每一場國際會展的顧客滿意度，都是來自於參與人員千里迢迢，搭乘飛機等交通工具到達異國，所感受到國際會展的整體服務感受。這些服務，是否和原有對於本次會展活動的期望（expectancy）有所落差？也就是說，與會者在進行報名及實際參與之後，對於國際會展的整體服務品質所抱持的預期概念，包括住宿、餐飲、接待、會議、展覽、旅遊、交通，以及主辦單位所安排的相關活動等，是否可以接受主辦單位所提供的服務呢？還是對整體的會展專案活動感到失望？抑或是與會者對於這個專案會展活動感到欣喜，也就是說整體活動超過了與會者原有的預期服務呢？

在每一場的會展服務中，都會有圖7-6的會展專案評估流程。這張流程圖，是檢討本次的活動，列為下一次會展活動的參考。例如，本次的會展活動與會者對於整體活動有所抱怨，主辦單位需要虛心的檢討，確認抱怨的事實屬實，需要建立會展人員足夠的技能、資訊，和技術，以滿足與會者的要求。此外，在服務不周到的地方，也許必須要檢討的地方是否為溝通不良？還是接待服務有所怠慢？還是服務的傳遞速度所有不足？專業人力不夠？這些都是在辦理一場專案會展服務提供的過程中進行評估的事項。也就是說，每一場國際會展活動，對於主辦單位來說，都是一場全新的體驗。需要在會展結束之後，虛心的接納回饋意見，並且了解事實的真相，不隱瞞事實、不推諉塞責，耐心了解第一線的服務人員和與會者之間進行服務接觸時，是否提供足夠的「服務保證」。

子曰：有朋自遠方來，不亦悅乎？《論語‧學而篇》

在春秋戰國時代，國際會議指的是東周列國諸侯之間的盟約會面。到了現代，國際會議已經涉及到「國家和國家之間」、「國家和公民之間」、「不同國家的公民們之間」的頻繁互動。這些地球村會議的概念，都是孔子時代難以想像的。21世紀，是全球緊密鏈結和同步接軌的關係世紀。但是，國際接軌不是我們最終的目標，爭取和國際同步發展，才是超越自我發展的「硬道理」。本書最後闡述國際會議管理最基本的目標，就是希望代表各國的與會者都能夠在會展活動的完善籌備之下，讓全體與

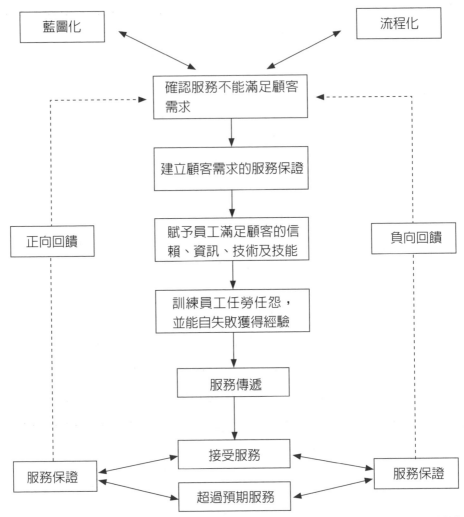

圖7-6 會展專案評估流程,需要建立以顧客滿意度和員工服務品質的共同基礎之上(改繪自:Parasuraman et al., 1985;Kandampully, 2007)

會者獲得最大的滿意程度,並且與日俱進,同步成長。

國際會議管理人的時代已經來臨了,我們希望給予各國來訪顧客最誠摯的款待和服務。作者企盼以「服務保證」四個字,和過去、現在,以及未來有意從事國際會展規劃、設計和管理領域的的年輕朋友們,共同勉勵之!

小結

　　國際會展產業中，具備規劃、設計、管理、經營和接待等五大項目。這些項目需要藉由績效評估才能判定會展舉辦的成效。國際會展績效評估其重點在於運用策略績效評估、組織績效評估及專案績效評估等三部分，進行組織及活動的整體評估。

　　本章中我們採取關鍵績效指標（KPI）和目標管理（MBO），從管理的目的來看，評估的宗旨是在加強組織整體業務指標、強化部門重要工作領域，以及個人關鍵任務。從會展管理成本來看，評估效果可以有效節省考核成本，減少主觀考核的問題，並可以減少考核時間，以利將組織財力、物力，以及人力等面向，加強於用於國際會展市場的開拓。此外，從會展的管理角度來看，績效評估可以驗證原有管理存在的關鍵議題，並能迅速尋求問題的癥結點，以量化管理的方式建立評估指標，或是建立顧客滿意度的回饋機制，才能獲得更為清晰明確的會展成效。

本章關鍵詞

目標管理（Management by Objectives; MBO）

組織績效（organization performance）

組織績效評估（organization performance evaluation）

專案績效評估（project performance evaluation）

策略績效（strategic performance）

策略績效評估（strategic performance evaluation）

激勵-保健理論（Motivation-Hygiene Theory）

績效評估（performance evaluation）

績效衡量（performance measurement）

績效監測（performance monitoring）

關鍵績效指標（Key Performance Index, KPI）

問題與討論

1. 國際會議考慮的是整體績效評估，請問一場國際會議辦得轟轟烈烈，但是在財務規劃上一蹋糊塗，甚至導致會議籌辦單位財務上的赤字，請問是否為一場成功的國際會議呢？

2. 舉辦國際會議通常向政府申請經費核准之後，都會碰到活動已經辦完，經費卻無法核撥到位的經費缺口問題，請問您是會議的主辦者，應如何處理呢？

3. 在臺灣舉辦的國際會議，通常政府部門都只是補助論文集的印刷費用及會議場地承租費用。那麼，碰到招待外賓的餐飲和住宿，應如何解決經費來源和財務核銷的問題呢？

4. 會展的服務無遠弗屆，如果參加國際會議的貴賓中，對會展主辦單位要求會議沈重的資料郵寄到他（她）的國家。當然，這會涉及郵寄時效性和所需費用的問題，您是會展的服務人員，會考慮怎麼做呢？

5. 何謂「綠色會展」？請至網站MEET TAIWAN，研究綠色會展指南，說明如何減少碳排放量。

名詞解釋

中文名稱	英文名稱	定義
會展	Meetings, Incentives, Conventions & Exhibitions, MICE	會議與展覽，英文簡稱為MICE，會議與展覽具有集中、專門與實現的特性，藉由會展活動達到文化、科研、經濟交流的任務，會展組成包括主辦者、參展商及參觀者等。
集會	Meeting	係指各類企業或是社團所辦理的研習、交誼或培訓活動等內容。
獎勵旅遊	Incentive Travel	1.劍橋字典對獎勵（incentive）的註解為「讓接受指令的一方樂於執行指定事項的鼓勵措施」。 2.「獎勵旅遊」係指企業或團體為了促進員工樂於執行業務，以及提升員工整體工作士氣及表現，所舉辦的一種集團式旅遊活動的方式。
會議	Convention	指在一定時間內召開的公司或團體的大型年會，其目的在完成特定主題或目標（例如：職業、社團、政黨、宗教）的大會、集會、公約、協定或是協議等等集會。
展覽	Exhibition	係指以展出的手段來表現公司或產業所出產的產品、技術和經營成效的行銷方式。
會展專業人員	Professional Congress Organizer；Professional Exhition Organizer	包括PCO（Professional Congress Organizer）專業會議籌組人；PEO（Professional Exhition Organizer）專業展覽籌組人，二者的主要任務均負責在會議或展覽活動中從事整合協調及管理工作。其主要業務包括：競標國際會議及展覽、流程安排、宣傳促銷、文件製作、註冊報到、現場掌控、接待人力、贊助募款、餘興節目安排、交通住宿、會場布置及準備紀念品等各項細節。

臺灣會展產業推動單位網站

單位	網址
行政院經濟建設委員會	www.cepd.gov.tw
全國商工行政服務入口網	gcis.nat.gov.tw
會展人才培育與認證計畫	mice.iti.org.tw
臺灣會展躍升計畫（推動臺灣會展發展計畫）	www.meettaiwan.com
臺灣國際會展產業	www.excotaiwan.com.tw
經濟部投資業務處	www.dois.moea.gov.tw
經濟部國際貿易局	www.trade.gov.tw
交通部觀光局	www.taiwan.net.tw
中華民國對外貿易發展協會	www.taiwantrade.com.tw
中華民國展覽暨會議商業同業公會	www.texco.org.tw
中華國際會議展覽協會	www.taiwanconvention.org.tw
財團法人中國生產力中心	cpc.tw
財團法人臺灣經濟研究院	www.tier.org.tw
外貿協會臺北國際會議中心	www.ticc.com.tw
臺大醫院國際會議中心	www.thcc.net.tw

附錄三

臺灣地方觀光節慶簡表（2016～2020）

1-3月臺灣地方觀光節慶簡表

編號	活動名稱	活動內容	2016	2017	2018	2019	2020	備註
1	高雄過好年	自2000年於高雄市三鳳中街草創高雄過好年活動。本活動配合農曆年搭配特色商店街模式辦理。	○	○	○	○	○	
2	基隆春節炮獅活動	炮獅活動發展於公元1950年代春節開工舞獅討紅包的習俗。該活動以基隆市獨特的地方民俗文化獅陣踩街進行，強調驅逐惡運及納財祈福。	○	○	○	○	○	2013年停辦2014年又重新開始
3	平溪天燈節	平溪天燈緣起於早期山區治安不佳，當地村民利用天燈通知躲到外處或山中避難的親友村內盜匪已經離開的消息。之後該地區居民在元宵節施放天燈，以祈求平安。	○	○	○	○	○	2008、2009、2010年改名為臺北縣平溪國際天燈節
4	鹽水蜂炮	鹽水蜂炮據傳源起於公元1885年（清光緒11年），因鹽水鎮上居民罹患瘟疫，基於民間習俗，當地耆宿向關聖帝君祈求平安，並依占卜結果，在元宵節燃放炮竹，沿街繞鎮一晚，後來逐演變為傳統習俗。所謂蜂炮是指沖天炮組成的大型炮臺，點	○	○	○	○	○	

編號	活動名稱	活動內容	2016	2017	2018	2019	2020	備註
		燃後萬炮齊發，以蜂群傾巢而出而聞名。						
5	臺灣燈會	交通部觀光局為慶祝元宵節，自1990年起結合地方政府及民間團體辦理之大型燈會活動。該燈會以「臺灣燈會」為名，早期皆在臺北市舉行，但自2001年起改在臺灣各地巡迴辦理。	○	○	○	○	○	2016桃園市 2017雲林縣 2018嘉義縣 2019屏東縣 2020台中市
6	臺北燈會	原在臺北市中正紀念堂舉辦的燈會自2001年起，改在臺灣各地巡迴舉辦;而臺北則由臺北市政府每年繼續辦理燈會，並更名為臺北燈節。	○	○	○	○	○	2020年舉辦地點從往年的單一展區改變為東、西雙展區，範圍從西門町、北門、臺北行旅廣場以及南港區的南興公園。
7	高雄燈會	2001年及2002年臺灣燈會在高雄愛河畔以鰲龍及馬為主題舉行。後在2003年由高雄市政府繼續辦理燈會，並更名為高雄燈會藝術節。	○	○	○	○	○	2009高雄燈會藝術節
8	桃園燈會	2003年開始在中壢辦理的地方型燈會活動。	○	○	○	○	○	
9	苗栗𪹚龍	苗栗𪹚（=ㄅㄤˋ）龍為當地客家人的傳統元宵節活動，該活動採用鞭炮、蜂砲炮炸舞龍的方式，藉以去邪、除舊、迎春及接福。	○	○	○	○	○	

編號	活動名稱	活動內容	2016	2017	2018	2019	2020	備註
10	臺中燈會	2003年臺灣燈會在臺中市舉行,以吉羊開泰為活動主題。後來賡續辦理形成地方型燈會。	○	○	○	○	○	
11	臺東元宵民俗炸寒單嘉年華會	寒單爺」通「邯鄲爺」。臺東玄武堂寒單爺有三種歷史來源,一為日精、二為春秋魯國終南山人氏趙公明、三為流氓神等眾說紛紜的神蹟。臺東每年元宵節要請寒單爺出巡祈福,讓民眾炮炸參拜,以防瘟疫、洪水等災禍。	○	○	○	○	○	2016祥猴獻瑞慶元宵·炸寒單 2017金雞報喜炸寒單 2018戊戌年旺旺年歡慶元宵 2019踩動歡樂·點燃希望 2020日耀臺東·旺炸寒單
12	澎湖元宵萬龜祈福	元宵乞龜是澎湖特有的民俗活動,村民以糯米、米粉、麵線、白米、花生等材料製成的「麵龜」供在廟中,讓村民以擲筊的方式乞龜,並帶回家供奉,以祈平安順遂。隔年元宵前,要還更大的麵龜,供其他人乞求。至今麵龜重量已達萬斤,並越來越多。	○	○	○	○	○	
13	臺中縣大甲媽祖國際觀光文化節	大甲鎮瀾宮建於公元1730年(清雍正8年),媽祖起駕繞境進香,引領信眾前往嘉義新港奉天宮進行八天七夜繞境進香的	○	○	○	○	○	2010年「大甲媽祖遶境進香」已被文化部指定為重要民俗,不僅成

編號	活動名稱	活動內容	2016	2017	2018	2019	2020	備註
		活動，繞境的地區包括中部沿海4個縣，15個鄉鎮，60多座廟宇，全程約300公里。						為民間信仰的普遍價值，更是國家級的無形文化資產。
14	高雄內門宋江陣	宋江陣有六種可能的歷史淵源傳說，一為《水滸傳》宋江發明的攻城武陣；二為少林實拳；三為明將戚繼光的陣法；四為明末鄭成功的兵陣；五為福建漳泉地區的民團；六為清末臺南府城的義民旗陣。每年農曆二月觀音佛祖誕辰，高雄縣內門鄉全鄉動員練陣，原有108人大陣，現以36天罡陣最為普遍。	○	○	○	○	○	
15	臺灣花卉博覽會	臺灣花卉博覽會是農委會補助彰化縣政府在2004年舉辦的大型花卉博覽會。會場面積21公頃，位於彰化縣溪州鄉臺糖農場。	×	×	×	×	×	
16	烏來溫泉櫻花季	烏來係泰雅語中Ulai，原意為熱和危險的意思，後來引申為溫泉。2001年起在觀光局輔導下，70餘家溫泉業者每年舉辦的地方型溫泉旅遊活動。	○	○	○	○	○	
17	竹子湖海芋季	海芋原產南非，白花海芋在1966年自日本引進臺灣栽種。臺北市政府產業發展局（原建設局）自1998	○	○	○	○	○	

編號	活動名稱	活動內容	2016	2017	2018	2019	2020	備註
		年起輔導北投區農會宣導竹子湖海芋，2003年開始舉辦竹子湖海芋季活動。						
18	日月潭九族櫻花祭	九族文化村位於南投，擁有2000株的櫻花，在觀光局日月潭國家風景區管理處和日月潭觀光發展協會的協助下，2000年起舉辦九族櫻花祭活動，係國內首次引用「櫻花祭」的名詞。	○	○	○	○	○	
19	宜蘭綠色博覽會	宜蘭綠色博覽會在2000年起於宜蘭縣立運動公園舉辦，後來在武荖坑風景區舉辦，活動以生態教育、農業生產、環境保護及綠色休閒產業等議題為主。	○	○	○	○	×	2020年因疫情關係取消，但主辦場地武荖坑風景區仍有開放。
20	臺南世界糖果文化節	臺南縣文化局在2005年起於臺南蕭壟文化園區（舊佳里糖廠）舉辦世界糖果文化節，設置為糖果劇場館、巧克力館等12個主題館。	×	×	×	×	×	
21	高雄山城花語溫泉季活動	由觀光局茂林國家風景區管理處和高雄縣政府在2003年起於六龜地區合辦的地方型溫泉旅遊活動。	○	○	○	○	○	
22	墾丁風鈴季	恆春半島因冬季落山風盛行。2002年起由觀光局輔導辦理墾丁風鈴季，以自然風力結合當地風鈴清脆響聲形成觀光特色。	×	×	×	×	×	2018年開始屏東落山風藝術季

編號	活動名稱	活動內容	2016	2017	2018	2019	2020	備註
1	客家桐花祭	行政院客家委員會於2002年試辦，至2003年正式展開的北臺灣的區域活動。以當季盛開的桐花林為景觀特徵，並舉辦觀光旅遊及客家民俗活動。	○	○	○	○	○	每年春夏交替之際，臺灣嘉義以北山區、東部的花蓮、臺東，到處都可以欣賞到油桐花滿山遍布的雪白美景，尤其是桃園、新竹、苗栗一帶客家庄四、五月更是白雪紛飛，形成臺灣最美的風景。
2	龍舟錦標賽	龍舟係農曆五月初五端午節傳統民俗活動，當天以吃粽子、插菖蒲、飲雄黃酒、掛香袋、鬥百草及划龍舟來驅邪避凶。划龍舟相傳源於戰國拯救愛國詩人屈原的行動，至今演變成民俗運動。	○	○	○	○	○	2018年、2019年（台北市、新北市、新竹市、新竹縣、苗栗縣、台南市、高雄市、嘉義縣、宜蘭縣、花蓮縣）2020年（台北市、台南市）
3	臺北市傳統藝術季	由臺北市政府在1985年開始每年的三月到五月舉辦的大型傳統藝術表演活動。首演	○	○	○	○	○	

編號	活動名稱	活動內容	2016	2017	2018	2019	2020	備註
		包括明華園《周公法鬥桃花女》等曲目。						
4	九份媽祖繞境	1940年代九份地區疫病流行，於是居民請來關渡宮媽祖遶境以平息災禍。之後每年農曆4月1日都會「刈香」，請關渡媽祖前來繞境祈福。	○	○	○	○	×	
5	鯤鯓王—出巡澎湖	臺南北門鄉南鯤鯓代天府建於公元1662年（清康熙元年），係臺灣五府千歲的開臺首廟，主供的五府千歲被尊稱為「南鯤鯓王」。自1683年（清康熙22年）五府千歲「南巡北狩.代天理陰陽」不定期出巡臺澎各地。2008年（戊子年）再次出巡澎湖。	×	×	×	×	×	
6	媽祖文化節	連江縣政府每年舉辦媽祖文化節，透過國人對媽祖的景仰，搭配舉行大型的祭祀大典和閩劇等活動。	×	×	×	×	×	
7	浯島迎城隍觀光祭	金門舊稱浯島，浯島迎城隍觀光祭係在農曆4月12日為迎接城隍出巡舉辦的民俗慶典。活動包括城隍繞境巡安城區四里等。	○	○	○	○	○	2020年因應疫情關係，金門縣金城鎮也在今年4月對外宣布將取消其官方文化季觀光活動，這更是近數十年來，金門首次停辦，儘管如

編號	活動名稱	活動內容	2016	2017	2018	2019	2020	備註
								此，鎮公所並無限制傳統的「香路」遶境及祭祀活動。
8	中和市潑水節活動	緣起於泰緬新年（Songkoran，每年4月12日至14日），因中和市南勢角華新街是泰緬居民聚集地，在新年群聚潑水以洗淨不利，相傳緣於古印度教潑灑紅色水的信仰。	○	○	○	○	○	2016新北市潑水節泰緬文物展 2017新北市潑水節花現新北華新街 2018新北市潑水節泡泡飛舞 2019新北市潑水節」石來運轉 2020新北市潑水節online
9	國際陶瓷藝術節	＊臺灣國際陶藝雙年展是新北市立鶯歌陶瓷博物館每兩年舉辦一次的大型國際陶藝展覽活動，透過陶藝作品國際競賽以及國際策展人主題性策展兩種運作機制，呈現出國際陶藝創作的現況，促進臺灣與國際陶藝交流。	○	×	○	×	○	又稱為「臺灣國際陶藝雙年展」
10	南投花卉嘉年華	南投縣政府於2004年起在中興新村等地舉辦的花卉嘉年華活動。嘉年華會結合原住民祭典、寺廟建醮等活動。	○	○	○	○	○	

編號	活動名稱	活動內容	2016	2017	2018	2019	2020	備註
11	南投茶香健康節	緣起於2002年在南投鹿谷、竹山及名間茶區舉辦第一屆臺灣茶藝博覽會，活動以品茗、茶藝、炒茶、茶詩、茶畫等活動為主。	○	○	○	○	○	2010擴大舉辦，又稱為「南投世界茶業博覽會」千人茶會。
12	臺灣西瓜節	台南區農業農改場及台灣種苗改進協會主辦的台灣瓜果暨花卉嘉年華，主題展示區每年以不同瓜果為主題進行布置，並且展示各式各樣瓜果衍生品與蔬果插花，也進行料理方式教學。活動內容包括瓜果雕刻、創意料理競賽，青農展售、DIY體驗等。	○	○	○	○	○	2014改名為「臺灣瓜果節」
13	白河蓮花節	白河蓮花節源於1995年。每年活動包括蓮子美食、荷染、賞荷、荷花面膜保養品和蓮子健康飲品行銷為主。	○	○	○	○	○	2011年改名為「白河蓮花季」
14	屏東黑鮪魚文化觀光季	屏東東港為南臺灣第一大漁港，以捕撈黑鮪魚集散地聞名。屏東縣政府在2001年開始舉辦黑鮪魚文化觀光季，推廣黑鮪魚、櫻花蝦、油魚子等產品銷售，大幅度帶動產銷活動。	○	○	○	○	○	2020屏東黑鮪魚文化觀光季，每年秒殺的「千人宴美食大賞」辦桌饗宴，今年因為疫情關係取消，屏東縣政府將辦桌轉型為宅配到府。

編號	活動名稱	活動內容	2016	2017	2018	2019	2020	備註
15	澎湖國際海上花火節	澎湖縣政府自2003年起在觀音亭舉辦的海上花火節活動，活動以花火秀、歌劇、歌舞、特產展售為主。	○	○	○	○	○	

7～9月臺灣地方觀光節慶簡表

編號	活動名稱	活動內容	2016	2017	2018	2019	2020	備註
1	基隆市雞籠中元祭活動	基隆中元祭緣起於1851年（清咸豐元年），係為弭平漳泉械鬥之風，以賽會陣頭代替械鬥，活動包括賽會及祭典，祭典包括農曆7月1日老大公廟開龕門、12日主普壇點燈、13日迎斗燈繞境、14日放水燈、跳鐘馗，8月1日關龕門等民俗活動。	○	○	○	○	○	
2	頭城搶孤	頭城搶孤是中元普渡的祭典活動之一，儀式安排在農曆7月最後一夜舉行。搶孤緣起於早年漢人為紀念死亡孤魂，舉辦普渡以奠祭之。活動以勇漢攀爬孤棧搶奪供品，並布施給參加之善男信女。	○	○	○	○	○	2020年受到武漢肺炎疫情影響，「頭城搶孤」停辦，但屆時祭典科儀照常舉行。
3	恆春搶孤	屏東縣恆春鎮自1950年起恢復舉辦之搶孤活動，緣起於清季。目前由縣政府豎立孤棚供參賽隊伍搶奪獎品，係融入社區參與之民俗競賽活動，宗教意味較淡。	○	○	○	○	○	2020年因疫情影響，行之有年的32隊規模，為保持社交距離首度縮減為20隊，整個儀式也將

編號	活動名稱	活動內容	2016	2017	2018	2019	2020	備註
								縮減到3天內完成。又稱為「恆春古城國際暨孤棚觀光文化活動」
4	臺北客家義民祭	1988年旅居臺北的客家鄉親為緬懷客家傳統，在臺北市舉行之客家義民祭，後自2000年起由市政府接辦。活動包括迎神遶境、傳統表演及美食等活動。	○	○	○	○	○	又稱為「臺北客家義民嘉年華」
5	高雄戲獅甲藝術節	獅甲位於前鎮區，清代名為大竹里戲獅甲莊，早期因防禦海賊，以畚箕為獅頭消遣，並以宋江陣禦敵。2006年開始由文建會補助高雄市政府文化局辦理，活動有戲獅比賽、高椿獅陣、擂鼓陣等。	○	○	○	○	○	
6	新竹縣義民文化節	由行政院客家委員會補助新竹縣政府辦理的客家節慶活動，包括黑令旗出巡、糊紙藝術、萬人挑擔活動等。	○	○	○	○	○	「該兜年，恩義民節」2020全國義民祭在新竹縣老照片徵集活動
7	彰化媽祖遶境祈福嘉年華	彰化縣政府主辦的縣內12座媽祖宮遶境祈福活動，活動包括起駕典、遶境、表演、擲杯祈福、全民攻炮及產業特色展等。	○	○	○	○	○	又稱為「彰化縣媽祖祈福文化節」

編號	活動名稱	活動內容	2016	2017	2018	2019	2020	備註
8	原住民聯合豐年祭	豐年祭起源於原住民族祖先信仰和神靈崇拜，最初由部落自行辦理。現為各縣市政府以聯合名義辦理的豐年祭活動，儀式包括除草祭、拔摘祭及傳統的歌舞活動。	○	○	○	○	○	
9	南島族群婚禮嘉年華活動	觀光局茂林國家風景區管理處及原住民族文化園區在2005年起舉辦的原住民集團結婚，活動包括揹新娘、盪鞦韆、取火祈福儀式。	○	○	○	○	×	＊2013年開始改為3月舉行
10	臺東南島文化節	自2001年起由臺東縣政府依據本土及環太平洋各部落舉行的節慶方式而辦理的文化體驗活動。活動內容包括團隊演出、原住民風俗體驗及產業展售等。	○	○	○	×	×	＊2019年停辦
11	臺北縣貢寮國際海洋音樂祭	係由2000年開始，在臺北縣貢寮鄉境內的福隆海水浴場據辦的大型戶外音樂活動。英文名稱Ho-hai-yan（吼海洋）係阿美族語及漢語的雙關語。活動包括表演、影展、銷售會等。	○	○	○	○	×	2020年疫情影響停辦
12	臺北縣石門國際風箏節	2000年開始在臺北縣石門鄉舉行的運動休閒活動，內容包括風箏PK賽、風箏高空攝影和石門風箏嘉年華等活動。	○	○	○	○	○	又稱為「新北市北海岸國際風箏節」

編號	活動名稱	活動內容	2016	2017	2018	2019	2020	備註
13	臺北縣三峽藍染節	藍染源於清末三角湧（三峽）染布業，三峽藍染節以傳承三峽在地的藍染文化產業，活動包括服裝表演、藍染操作等。	○	○	○	○	○	又稱為「新北市三峽藍染節」
14	臺北縣八里竹石藝術節	2007年起以八里當地特有產業竹與石雕融合藝術文化的展售及表演活動。	×	×	×	×	×	
15	桃園花海嘉年華	自2015年舉辦以來，桃園花彩節已邁入第五屆，歷經幾年的成長，孕育出許多百萬人氣的桃園特色花卉活動，例：桃園彩色海芋季（每年約3-4月）、桃園仙草花節（每年約11-12月），皆是由此成熟獨立發展的特色活動，歡迎大家一起參觀桃園美麗的花卉產業。	○	○	○	○	○	又稱為「桃園花彩節」
16	新竹米粉摃丸節	新竹市政府以米粉摃丸主題辦理的產業環境營造計畫，活動包括米粉摃丸產銷美食展、創意競賽、展演等活動。	○	○	○	○	△	△表示：2020受武漢肺炎疫情影響，不確定是否舉辦
17	桃園石門活魚觀光節	桃園縣政府於2004年起舉辦的食材文化嘉年華活動，活動包括魚苗放養、活魚私房料理、美食展銷等。	○	○	○	○	×	2020桃園石門水庫熱氣球嘉年華」疫情影響停辦
18	苗栗海洋觀光季	苗栗縣政府於2002年起在後龍外埔漁港舉辦的展演活動。	○	○	○	○	○	2018苗栗海洋觀光音樂季

編號	活動名稱	活動內容	2016	2017	2018	2019	2020	備註
19	宜蘭國際童玩藝術節	1996年起宜蘭縣政府參考法國亞維儂藝術節辦理的活動，該活動係國際民俗藝術節協會在亞洲唯一認證的藝術節活動。活動內容多元，以演出、展覽、遊戲、交流四大軸線，設計和年度主題相關的活動，堪稱我國首屈一指的地方節慶。	○	○	○	○	○	2020宜蘭國際童玩藝術節受疫情影響，改以「宜蘭童玩星光樂園」呈現
20	宜蘭國際蘭雨節	自2008年起為推動武荖坑風景區、冬山河親水公園及頭城港澳海濱三個場域觀光鏈結性而舉辦的海洋、內陸及山區遊憩體驗活動。	×	×	×	×	×	
21	苗栗縣三義木雕藝術節	自1990年舉辦的地方節慶活動，活動包括木雕展、木雕市集、木雕接力秀、客家生活文化等系列活動。	○	○	○	○	○	又稱為「三義國際木雕藝術節」
22	嘉義東石海之夏祭	嘉義縣府自2007年起在東石漁人碼頭舉辦的地方活動，內容包括演唱會、體育休閒及農特產展等項目。	○	○	○	○	○	2018東石漁人碼頭海之夏祭 2017海之夏祭
23	臺中縣兩馬觀光季系列活動	臺中縣政府於2003年起以后里馬場（駿馬）及東豐自行車綠廊（鐵馬）為意象舉辦的景觀觀光及騎乘自行車為主的活動。	×	×	×	×	×	
24	王功漁火節	2005年起舉辦之王功漁火節活動，內容包括休閒漁業之體驗	○	○	○	○	○	

編號	活動名稱	活動內容	2016	2017	2018	2019	2020	備註
		（捕魚、剝蚵、捉蝦、嚐鰻）及海洋音樂季欣賞。						
25	日月潭嘉年華	觀光局自2000年開始，配合全臺觀光季舉辦的日月潭大型嘉年華活動。近年來規劃古典音樂、鼓樂及舞樂，強調環境特色與地方產業。	○	○	○	○	○	又稱為「日月潭國際花火音樂嘉年華」
26	臺灣咖啡節	雲林縣政府自2003年起在古坑、華山等地舉辦之地方特色產業活動，內容以咖啡文物展、美食展、咖啡豆評鑑、咖啡尋寶、咖啡樂活市集等活動為主。	○	○	○	○	○	改為11-12月舉行
27	白河蓮花節	自1995年開始舉辦以蓮花為主軸展現白河鎮地方特色風貌的節慶活動。活動內容包括飲食產業、休閒路跑、遊程設計、活動行銷等。	○	○	○	○	○	又稱為「白河蓮花季」
28	府城七夕國際藝術節	由臺南縣政府舉辦的府城七夕國際藝術節，內容涵蓋文化特質、多元藝術、及城市運動項目。活動範圍包括古蹟景點、百貨公司、大賣場、廟宇及邀請國際團隊前來表演。	○	○	○	○	○	又稱為「台南七夕愛情嘉年華」
29	菊島海鮮節	澎湖縣政府舉辦澎湖菊島海鮮節，內容包括美食品嚐、休閒漁業體驗、聚落參訪、	×	×	×	×	×	

編號	活動名稱	活動內容	2016	2017	2018	2019	2020	備註
		巡滬踏浪，以及浮潛抱墩等活動。						
30	望安酸瓜海鮮節	澎湖縣望安鄉公所主辦的美食活動。	×	×	×	×	×	

10～12月臺灣地方觀光節慶簡表

編號	活動名稱	活動內容	2016	2017	2018	2019	2020	備註
1	泰山獅王文化節	臺北縣泰山鄉公所於2007年舉辦以花獅民間藝術及創意為題材的活動。	○	○	○	○	Δ	
2	大佛亮起來點亮半線城	彰化縣政府以彰化市區及風景區舉辦的觀光活動，內容包括大佛雷射燈光秀、城市光雕秀等。	×	×	×	×	×	
3	鯤鯓王平安鹽祭-雲嘉南觀光系列活動	觀光局雲嘉南風景區管理處為推動轄區內景點，以民俗表演、鹽文化采風、生態體驗，以及鹽袋祈福的方式進行旅遊宣導。	○	○	○	○	○	又稱為「鯤鯓王平安鹽祭」
4	高雄左營萬年季	左營在明鄭時期一稱「萬年」。左營萬年季原為左營慈濟宮迎火獅活動演變的地方慶典活動，2001年高雄市政府以蓮池潭為主軸推動獅陣、藝陣、畫舫煙火秀、水舞表演的民俗活動。	○	○	○	○	○	
5	愛河布袋戲季	包含地方色彩的展演、布袋戲歌謠演唱活動。	×	×	×	×	×	
6	媽祖在馬祖昇天祭	連江縣辦理之媽祖昇天祭祭祀大典，近年來已有海峽兩岸合流辦理的趨向。	○	○	○	○	○	

編號	活動名稱	活動內容	2016	2017	2018	2019	2020	備註
7	阿里山鄒族生命豆季	鄒族原住民部落傳統婚禮儀式。	○	○	○	○	△	
8	臺灣溫泉美食嘉年華	交通部觀光局自2007年起結合溫泉「溫泉」及「美食」兩大觀光資源,整合規劃「臺灣溫泉美食嘉年華」活動,以地方提升觀光發展。	○	○	○	○	○	又稱為「台灣好湯-溫泉美食嘉年華」
9	草莓文化季	苗栗大湖草莓文化季活動在推動地方產業,活動內容包括草莓代言情侶選拔、草莓街舞PK賽、草莓寶寶才藝秀等。	○	○	○	○	○	又稱為「大湖草莓季」
10	新社花海	新社花海節活動推動遊程規劃、新社民宿、新社旅遊景點,內容包括各鄉鎮農會商品促銷、樂團演出以及休閒旅遊展示等活動。	○	○	○	○	○	
11	國際文化藝術節	2009年台灣國際藝術節(TIFA)正式啓動,至2020年,TIFA已邁入第十年。「節慶(Festival)」遠從古老慶典儀式到現今為表演藝術行銷或城市文化形象包裝,藝術節已經蔚為世界潮流。	○	○	○	○	○	又稱為「台灣國際藝術節(TIFA)」
12	臺灣藥草節	臺灣藥草節以藥草的故鄉在臺東等活動,推動藥膳美食、藥草寫生比賽、神農祭典、藥草專題演講與論壇,以及藥草農特產展銷等活動。	×	×	×	×	×	

編號	活動名稱	活動內容	2016	2017	2018	2019	2020	備註
13	金山萬里溫泉季	以臺灣溫泉美食嘉年華為主軸的地方型溫泉推廣活動。	○	○	○	○	Δ	
14	新竹縣國際花鼓藝術節	以傳統客家民俗花鼓藝術為主軸,藉由國際交流及民間參與推動地方藝文活動。	○	○	○	○	Δ	2019新竹縣客家藝術節又稱為「新竹縣客家藝術節」
15	三芝鄉筊白筍水車文化節	以地方筊白筍和水車文化結合的產業推動節慶。	×	×	×	×	×	
16	草嶺古道芒花季	觀光局推動草嶺古道生態觀光遊程活動,內容包括拓碑、捏麵人及葉脈標本製作等。	○	○	○	○	○	
17	苗栗客家美食節	以推動客家飲食文化為主軸的地方計畫,內容包括地方美食展、客家美食餐廳認證、和客家便當宣導等。	○	○	○	○	Δ	又稱為「苗栗風箏文化暨客家美食節系列活動」
18	泰雅巨木嘉年華	結合尖石鄉巨木群生態觀光、溫泉旅遊及泰雅部落導覽活動。	×	×	×	×	×	
19	花蓮石雕藝術季	花蓮縣政府2001年開始辦理的石雕藝術活動,內容包括藝品展售、石雕競技、漂流木展示、傳統服飾(銀飾、頭飾)展覽活動。	○	○	○	○	○	
20	花蓮觀光月系列活動	結合花蓮當地旅遊資源辦理的大型觀光活動,內容有原住民創意歌舞踩街嘉年華等地方特色活動。	×	×	×	×	×	

編號	活動名稱	活動內容	2016	2017	2018	2019	2020	備註
21	東海岸旗魚季	臺東縣政府於成功鎮海濱公園舉行的產業活動，內容包括餐飲品嚐、麻荖漏懷舊展、鏢旗魚體驗活動等。	○	○	○	○	○	又稱為「台東東海岸旗魚季」
22	澎湖風帆觀光節	主要以風帆競技為主的觀光旅遊活動。	×	×	×	×	×	
23	金門鸕鷀季	以金門生態旅遊為主的觀光活動。	×	×	×	×	×	

註：依據交通部觀光局未發表資料：民國105年（2016年）臺灣地區大型地方節慶表、民國106年（2017年）臺灣地區地方觀光節慶活動表、2018臺灣觀光節慶賽會活動表，以及2019臺灣觀光節慶賽會活動表整理。符號○：代表舉辦。×：代表停辦，△：代表尚未公告。本表以中華傳統節日、地方宗教慶典、地方新興產業觀光活動資料整理為主，未納入運動競技活動、商業博覽活動。資料以2016年1月～2020年7月官方統計資料為準，活動主辦與否以主辦單位公告為準。

臺灣國際展覽場館

展覽館需具備的基本條件為順暢的交通運輸動線、足夠寬敞的展示空間、完善的展覽設施,以及專業的工作人員,以下為臺灣國際展覽場館:

一、南港展覽館2館

基地面積約3.36公頃,建蔽率80%、容積率400%,基地設計概念為量體組合、設施機能、動線系統等與南港展覽館硬軟體設施整合。規劃2,350個標準攤位(3m×3m),由臺北市政府與經濟部採「合作開發、定額分潤」方式共同推動。除擴大辦理電腦與工具機兩展項外,汽機車零配件展、自行車展、食品暨食品機械展、橡塑膠展、安全科技展等國際專業展亦將在短期內發展為4,000個攤位以上大展。南港展覽2館2019年3月正式營運。完成後,南港展覽館雙館合計擁有5,000個標準攤位,成為區域大型國家級專業會展設施,我國已經具有舉辦5,000個攤位規模大型國際展覽之能力,預期可帶動展覽會議相關產業發展,強化產業國際行銷能力,配合觀光產業政策擴大國際商務客來臺人流,吸引跨國企業來臺投資,提升國際經貿地位與國際競爭力,增加就業機會與政府稅收。

二、高雄展覽館

基地面積約4.5公頃,建蔽率70%、容積率280%,基地設計概念為廣場綠地、量體組合、動線系統。規劃1,500個標準攤位(3m×3m),可容納2,000人大會議廳1間、800人中型會議室2間、20至40人小會議室10間,除電子、資訊、汽車等熱門展項外,規劃配合南臺灣特色產業如船舶、遊艇、輪機、重機、鋼鐵、海洋科技、花卉及農產品等產業內容與機具。興建費用約30億元,2014年興建完成後,使高雄全球運籌中心功能更為健全,提升國際都市形象與海空雙港城市競爭力,帶動南部地區會展、觀光與商業服務等產業發展。

(資料來源:經濟部國際貿易局) (trade.gov.tw)

附錄五

國際會議室設置原則

一、會議室標準

(一)座位：根據德國標準研究院制定的標準，一個平面型的小型會議廳，當講臺高度為0.5公尺時，座位擺放應為5～6排；當講臺高度1公尺時，則可設置12～14排座位。

(二)座椅：固定式座椅的椅背與椅背之間的間距應為815～965±25mm，排與排之間走道間距305～460mm，305mm為後排座位人的膝蓋恰好碰到前面座位的距離，因此距離必須被增加。但若要使人員能順利通過，則至少需保留300mm以上的距離；若是散放的座椅，則兩排前後距離為990～1020mm。

(三)螢幕：設置移動式的投影屏幕，則投影屏幕離講臺地面最好為1.8公尺；而最後一排座位距離投影幕，最多不可超過7倍投影幕的寬。

(四)垂直視角：觀眾的最大垂直觀賞視角不得超過30°，否則會造成觀眾過分抬頭而不舒服。

(五)水平視角：觀眾的最大水平視角最大應在45°以內，以確保能清楚看清畫面或舞臺活動，且為避免觀眾視線被樑、柱、樓板所阻礙，座位距離螢幕應在1.4～7倍螢幕寬之間。

(六)投影高度：採用投影的階梯教室，投影高度距離最後一排的地面應至少2公尺以上。

(七)挑高：與會人數為100～300人之會議場所，其挑高應至少為3.6公尺以上為佳。

(八)出口寬度：為了確保2.5分鐘的撤離時間以及火災的蔓延與擴大，各種會議室出口寬度採取最大容積計算，以每人1.5平方公尺計算，則300人的大會議室寬度為1.2公尺，400人的大會議室寬度為1.4公尺；500人的大會議室寬度為1.6公尺。

㈨顏色：使用淺色系裝潢也可緩和空間所造成之侷促感及壓迫感。

㈩聲音：國際會議室採用減音設計，避免回音的干擾。在聲音傳達死
　角處可在牆面或座椅上設置迷你或隱藏式揚聲器來輔助主音響；良好
　的隔音門與其他隔音設計可以有效避免外界噪音傳入場內。在國際會
　議舉辦時，與會人員所穿著的硬底鞋或高跟鞋行走在磁磚或木製地板
　上，會發出極大的聲響。此外，膠底鞋在光滑地面摩擦時，會發出尖
　銳噪音。為避免噪音的發生，國際會議場所應鋪設厚地毯，以杜絕此
　類噪音產生。

㈪氣味：設置有常年使用的空氣清淨機，以維持室內空氣清潔。另外以
　機械強制送風的方式，使室內形成正壓環境，室外空氣便不會流入室
　內。

二、活動空間標準

㈠活動空間：教室型排列的大型禮堂設置每人平均佔用活動空間設置
　1.6～2.2平方公尺之空間；在走廊、接待大廳的每人均佔用活動空間
　設置0.5平方公尺之空間。

㈡休息室：針對主講者或特別來賓規劃貴賓專屬休息室或休息區。

三、報到速度

　　會議註冊動作較慢的情況下，一個與會人員順利完成報到時間多在2
分鐘以內，團體報到則可以提升速度到每分鐘處理8人。因此報到處應至
少維持每分鐘可處理4%與會人數的能力。以300人的會議計算，則該會議
的報到處應具備每分鐘完成12人報到手續的能力；換言之，最多需25分
鐘即可完成所有與會者的報到手續。

（資料來源：周勁言，2007）

臺灣例行國際展覽活動

一、體育運動類相關展覽

臺北國際自行車展覽會

臺北國際體育用品展覽會

臺灣運動暨休閒產業展覽會

二、電子、電腦、資訊相關展覽

臺北國際電子展覽會（秋季時獨立展出，2006年起設置海外展）

臺北國際電腦展覽會

臺灣國際RFID應用展

臺北電腦應用展覽會

國際半導體展

臺北國際電視、電影暨數位內容展覽會

三、汽機車產業相關展覽

臺北國際汽機車零配件展覽會

臺北國際車用電子展覽會

臺灣國際機車產業博覽會

世界新車大展

四、生活相關展覽

臺北國際食品展覽會

臺北國際食品機械暨科技展覽會

臺北國際禮品暨文具展覽會（分春季與秋季）

新一代設計展

臺北國際發明暨技術交易展覽會

臺北紡織展

臺北國際醫療器材、藥品暨生物科技展覽會

臺灣國際咖啡展

五、工業相關展覽

臺北國際包裝工業展覽會

臺北國際航太科技暨國防工業展覽會（兩年一次）

臺北國際塑橡膠工業展覽會（兩年一次）

臺北國際工具機展覽會（兩年一次）

臺北國際木工機械暨木工材料展覽會（三年一次）

臺北國際數控工具機展（兩年一次）

臺北國際自動化工業大展

臺灣機器人與智慧自動化展

六、觀光相關展覽

臺北國際旅展

海峽兩岸臺北旅展

臺北國際觀光博覽會

七、藝術相關展覽

臺北國際藝術博覽會

臺灣文化創意設計博覽會

國際組織在臺灣簽署綠色宣言（範例）

Oct. 24, 2008

Taipei Declaration on Asian Wetlands
Common Crisis, Immediate Action

Wetlands are habitats rich in biodiversity and one of the most productive ecosystems on Earth. About one third of world's wetlands are located in Asia, including a number of wetlands of international importance. Asian wetlands play an important role in sustaining large human populations and were the cradle of human civilizations.

Wetlands deliver diverse ecosystem services. These include food and clean water for people, habitat for wildlife, and protection against floods, typhoons, tsunamis, and tidal surges.

Threats and Crisis to Wetlands

Asian wetlands are under tremendous pressure from human activities including habitat modification for agriculture and aquaculture, introduction of invasive species, poorly planned infrastructure development, land-filling in tidal marshes and mangroves, and climate change that often amplifies other threats.

Immediate Actions -Healthy Wetlands, Healthy People

We, the participants of Society of Wetland Scientists Asian Chapter Convention, would call for attention to all Asian economies, separately and together, to take immediate actions to reverse negative impacts on Asian wetlands, and promote conservation and wise use of these wetlands.

Actions should be taken to ensure that:

1. *"Wetland ecosystem health is the basis of economic development in Asia".* Update national development policies, enforce existing laws

and regulations, and develop sustainable long-term land use planning, taking into account negative impacts on wetlands. Promote eco-friendly uses of wetlands (e.g. ecotourism).

2. *"Wetland management is based on sound science".* Strengthen efforts to understand, protect, communicate about, and wisely manage Asian wetlands. These efforts can be achieved through the continued development of a network of wetland resource centers.

3. *"International cooperation is applied to wetland management".* Joint efforts must be taken across political boundaries to optimize efforts to stop and reverse the loss and degradation of wetlands. These efforts, including capacity building, will ensure that Asian wetlands can support future generations.

4. *"Local actions involve all stakeholders".* Wetlands are key to the livelihood of Asian people so it is important that local people are empowered to have an active role in wetland management.

亞洲濕地臺北宣言
共同危機，立即行動

2008年10月24日

濕地蘊藏生物多樣性，是地球最具生產力的生態系統。全世界約有三分之一的濕地位於亞洲，其中涵括許多國際級重要濕地。在維持龐大人口生活及延續人類文明永續發展的基礎上，亞洲濕地扮演非常重要的角色。

濕地也具有多樣的生態服務功能，包括提供人類食物、提供生物棲地、清淨水源，及防治洪汜、颱風、海嘯及潮水侵蝕。

威脅與危機

亞洲濕地正面臨著人類活動龐大的壓力，包括濕地轉作農漁使用、引入外來物種、不當的基礎設施建設、潮間帶及紅樹林的填埋及氣候變遷的

加乘效應等，造成無可避免的威脅。

立即行動──健康濕地，健康人類

　　我們亞洲濕地科學家會議的參與者，呼籲所有個別或全體的亞洲經濟體對此重視，共同致力於降低對亞洲濕地負面衝擊，並且推動濕地的保育及明智使用。

　　應立即採取下列行動以確保：

1. 健康的濕地生態系統是亞洲經濟發展的基礎

　　積極更新國家發展政策，強化既有法令與規定，發展永續長程的土地使用計畫，正視對濕地所造成的負面影響，促進濕地的生態友善使用。

2. 良好的濕地管理應奠基於健全的科學研究

　　加強了解、保護、溝通及明智地管理亞洲濕地，藉由持續發展濕地資源中心網絡，以獲得具體的努力成果。

3. 強化濕地跨國管理合作

　　共同致力於跨越政治疆界國際合作，包括培養管理能力，達到扭轉及阻止濕地劣化及消失的最佳成果，確保亞洲濕地支持世代子孫的永續發展。

4. 全民積極參與地方行動

　　濕地是維繫亞洲人民生計之關鍵，應賦予每個人在濕地管理中積極活躍的角色。

參考書目

一、中文部分

1. 丁世良、趙放。中國地方志民俗資料彙編。北京：書目文獻，1995。

2. 丁誌鮫、陳彥霖。探討臺灣地方節慶觀光活動永續發展的影響因素，臺灣地方鄉鎮觀光產業發展與前瞻學術研討會論文集，2008，181-202。

3. 中華經濟研究院（編）。九十四年度會議展覽服務業經營管理輔導計畫—產業調查計畫報告書。臺北：中華經濟研究院，2005。

4. 中華民國外貿協會。九十六年度會議展覽服務業人才認證培育計畫—認證培訓班課程講義。臺北：經濟部國際貿易局，2007。

5. 王春雷。會展市場行銷。上海：上海人民出版社，2004。

6. 方偉光。營建工程個性化文件報表與管理資訊整合新概念以三個觀念輕易的利用MS Word以及MS Excel來建立「個性化營建管理資訊整合系統」，現代營建，2008a，347：39-45。

7. 方偉光。大型建廠工程的時程控制，營建知訊，2008b，305：38-51。

8. 方偉達。休閒設施管理。臺北：五南，2009。

9. 方偉達、徐雅萍。臺灣地區會展產業研究議題與發展趨勢分析，2009年觀光與會展產業發展學術研討會論文集。新竹：中華大學觀光學院，2009。

10. 丘昌泰。邁向績效導向的地方政府管理，研考雙月刊，2002，26 (3): 46-56。

11. 石懿君。國際會議標案成功爭取之道。國際商情，2007，212：10-16。

12. 石懿君。會展產業MICE前景一片NICE。國際商情，2007，228：10-16。

13. 朱中一。展覽活動規劃。臺北：經濟部商業司，2007。

14. 行政院。觀光及運動休閒服務業發展綱領及行動方案。行政院93年11月15日院臺經字第0930051134號函核定。臺北：行政院，2004。

15. 交通部觀光局。92年觀光年報。臺北：交通部觀光局，2003。

國際會議與會展產業概論

16. 李中闆。會展評估，中國會展業發展的必由之路。深圳：深圳會展網，2009。

17. 李芸蘋。後勤機能單位關鍵績效指標（KPI）之研究。國立中山大學人力資源管理研究所專案研究，1994。

18. 李雯、林秀梅。參加2009亞洲獎勵旅遊暨會議展報告。臺北：交通部觀光局，2010。

19. 李霖生。周易神話與哲學。臺北：臺灣學生書局，2002。

20. 沈燕雲、呂秋霞。國際會議規劃與管理，二版。臺北：揚智，2007。

21. 林青青。臺灣會展專業人才訓練與認證之發展，2008國際會展教育論壇。新竹：中華大學觀光學院，2008。

22. 阿博特、王向寧。會展管理。北京：清華大學，2004。

23. 吳繼文。獎勵旅遊。臺北：經濟部商業司，2007。

24. 范朝棟。非營利組織領導功能之探討，國立中山大學企業管理研究所碩士論文，2002。

25. 周勁言，臺北市國際會議場所設施現況與缺失改善策略之研究，中華大學營建管理研究所碩士論文，2007。

26. 吳涎祿。展覽暨會議公會成立創三高三大，2008-06-24。經濟日報／E1版／會展專刊，2008。

27. 柯樹人。國際會議活動管理實務。臺北：經濟部商業司，2007。

28. 段恩雷。會展行銷規劃。臺北：經濟部商業司，2007。

29. 徐仁輝。績效評估與績效預算，國家政策季刊，2004，3(2):21-36。

30. 徐筑琴。國際會議經營管理。臺北：五南，2006。

31. 馬如森。殷墟甲骨文。上海：上海大學，2007。

32. 馬紅定。應對金融危機上海會展業發展思路探析，2010中國會展經濟研究會學術年會論文集。北京：中國會展經濟研究會，2010。

33. 莊雪麗，臺灣會展產業及發展策略之研究，國立高雄應用科技大學觀光與餐旅管理研究所碩士論文，2004。

34. 韋慶遠、柏樺。中國政治制度史。北京：中國人民大學，2005。

35. 郭錫良。漢語史論集（增補本）。上海：商務印書館，2005。

36. 張傑。中國傳統文化。武漢：武漢大學，1993。

37. 張潤書。行政學。臺北：三民，2000。

38. 張景棠。旅行業經營與管理。臺北：偉華，2005。

39. 陳澤炎。關於會展評估的幾個重要概念，林奇的會展博客。http://blog.sina.com.cn/lynch77，2009

40. 許世雨。績效管理全像圖與應用過程，人事月刊，2006，43 (3):6-20。

41. 許傳宏。會展服務管理。北京：北京大學出版社，2010。

42. 許通晏。參與者之血型在創意思考會議上的影響，大同大學工業設計研究所碩士論文，2008。

43. 陳炳輝。節慶文化與活動設計。臺北：華立，2008。

44. 陳柏州、簡如邠。臺灣的地方新節慶。臺北：遠足文化，2005。

45. 陳拱。文心雕龍本義。臺北：臺灣商務印書館，1999。

46. 陳如慧，高雄市會展產業發展策略之研究，國立中山大學公共事務管理研究所碩士在職專班碩士論文，2009。

47. 陳瑞峰（譯）。Karin Weber and Kaye Chon（原著）。會展觀光理論與實務。臺北：華都，2008。

48. 程瑞玲。非營利組織之績效衡量，東吳大學會計研究所碩士論文，1984。

49. 黃丁盛。臺灣的節慶。臺北：遠足文化，2005。

50. 黃振家。會展產業概論。臺北：經濟部商業司，2007。

51. 黃振家，會展產業概論。臺北：中華民國對外貿易發展協會，2008。

52. 葉泰民。建構國際會議城市，展覽與會議，2000，1：38-55。

53. 葉泰民，亞洲會議產業發展之沿革及其對城市經濟的貢獻，中華民國展覽暨會議商業同業公會論文集。臺北：中華民國展覽暨會議商業同業公會，2003。

54. 葉泰民、朱梅君。會議與展覽現場管理。臺北：經濟部商業司，2007。

55. 曾弘燁、張素華。Let's be Friends, Youth Travel in Taiwan。臺北：行政院青年輔導委員會，2009。

56. 傅嘉宣。建構會議管理策略地圖—以立法院會議為例，清雲科技大學國際企業管理研究所碩士論文，2008。

57. 曾亞強、張義。從會展內涵、外延看會展理論的幾種觀點。晉陽學刊，2007，2007(1)：49-52。

58. 詹益政。旅館管理實務。臺北：揚智文化，2002。

59. 楊舒淇。大學會展教育課程規劃之研究，中華大學經營管理研究所碩士論文，2007。

60. 楊永盛。參加歐洲獎勵旅遊暨會議執行展（EIBTM）報告書。臺北：交通部觀光局，2010。

61. 楊迺仁。臺灣積極佈局建立亞洲會展重鎮，電電時代4月號，2010。

62. 經濟部投資業務處。會展產業分析及投資機會。臺北：經濟部，2008。

63. 經濟部商業司。觀光及運動休閒服務業旗艦計畫：會議展覽服務業發展計畫執行情形專案報告。臺北：經濟部，2005。

64. 經濟部國際貿易局。臺灣會展網。www.meettaiwan.com.tw，2010。

65. 劉修祥、張明玲（譯）。Carol Krugman and Rudy R. Wright（原著）。全球會議與展覽。臺北：揚智，2009。

66. 劉德謙、馬光復。中國傳統節日趣談。河北：河北人民出版社，1983。

67. 賴怡瑩。虛擬會議室中會議管理之設計與實作，國立臺灣大學資訊工程研究所碩士論文，2000。

68. 廣西壯族自治區地方誌編纂委員會。廣西通志。廣西：廣西人民出版社，1992。

69. 謝明成、吳建祥。旅館管理學。臺北：眾文，1995。

70. 鍾興國。德國獎勵旅遊、會議及活動展（IMEX）參訪報告。臺北：經濟部國際貿易局，2006。

71. 蕭新煌（編）。非營利部門：組織與運作。臺北：巨流，2000。

72. 蘇成田、方偉達。臺灣造節運動之多元社會價值研究，第六屆休閒、文化與綠色資源論壇論文集，52-75。臺北：臺灣大學生物產業傳播暨發

展學系，2009。

73. 羅尹希。飯店管理。臺北：華杏，2005。

74. 羅惠斌。旅館規劃與設計。臺北：揚智文化，1990。

75. 羅傳賢。會議管理與法制。臺北：五南，2006。

二、英文部分

1. American Society of Association Executives (ASAE). 1995. *Association Meeting Trends*. Washington, D.C.:ASAE.

2. Ansoff, H. I. 1965. *An Analytic Approach to Business Policy for Growth and Expansion*. New York, NY: McGraw-Hill.

3. Arnold, M. K. 2002. *Build a Better Trade Show Image*. Grafix Press.

4. Astroff, M. and J. Abbey. 2006. *Convention Sales and Services*. Seventh Edition. Las Vegas, NV: Waterbury.

5. Burns, J. M. 1978. *Leadership*. New York: Harper & Row.

6. Campbell, F. L., Robinson, A., S. Brown, and P. Race. 2003. *Essential Tips for Organizing Conferences & Events*. Longdon, UK: Routledge.

7. Chandler, A. D. 1962. *Strategy and Structure*. Cambridge, MA: MIT Press.

8. Denhardt, R. B., J. V. Denhardt, and M. P. Aristigueta. 2002. *Managing Human Behavior in Public and Non-profit Organizations*. Thousand Oaks, CA: Sage Publications.

9. Fenich, G. G. 2008. Meetings, *Expositions, Events, & Conventions: An Introduction to the Industry*. Second Edition. Upper Saddle River, NJ: Pearson Prentice Hall.

10. Gartrell, R. B. 1994. *Destination Marketing for Convention and Visitor Bureaus*. Second Edition. Dubuque, IA: Kendall Hunt.

11. Hofer, C. W. and D. E. Schendel. 1985. *Strategy Formulation: Analytical Concepts*. Boston, MA: Harvard Business School Press

12. International Congress and Convention Association. 2009. *Statistics

Report, The International Association Meetings Market 1999-2008. Amsterdam, The Netherlands: ICCA.

13. Kandampully, J. A. 2007. *Services Management: The New paradigm in Hospitality*. Upper Saddle River, NJ: Pearson Prentice Hall.

14. Kotler, P., G. Armstrong J., Saunders, and V. Wang, 1996. *Principles of Marketing*. Hempstead, Hertfordshire: Prentice Hall.

15. McCabe, V., B. Poole, P. Weeks, and N. Leiper. 2000. *The Business and Management of Conventions*. Milton, Australia: John Wiley & Sons Australia.

16. McGregor, D. 1960. *The Human Side of Enterprise*. New York, NY: McGraw-Hill.

17. Wood, R. W. 1970. Brainstorming: A creative way to learn. Education 91(2):160-165. Miller, A and G. D. Gregory. 1996. *Strategic Management*. New York: the McGraw-Hill.

18. Montgomery, R. J. and S. K. Strick. 1995. *Meetings, Conventions, and Expositions: An Introduction to the Industry*. New York, NY: Van Nostrand Reinhold.

19. Odiorne, G. S. 1969. *Management Decisions by Objettives*. Englewdod Cliffs, NJ: Prentice Hall.

20. Oppermann, M. 1999. Convention destination images: analysis of association *meeting* planners' perceptions. Tourism Management 17(3): 176-182.

21. Ouchi, W. G. 1981. *Theory Z: How American Business Can Meet the Japanese Challenge*. Reading, MA: Addison-Wesley.

22. Paulus, P. B., T. S. Larey, and A. H. Ortega. 1995. Performance and perceptions of *brainstormers* in an organizational meeting. *Basic and Applied Social Psychology 17*(1):249-265.

23. Porter, M. E. 1980. *Competitive Strategy-Techniques for Analyzing Industries and Competitors*. Free Press.

參考書目

317

24. Porter, M. E. 1985. *Competitive Advantage*. Free Press.

25. Professional Convention Management Association (PCMA), 2010. http://www.pcma.org/ind_facts.htm

26. Rogers, T. 1998. *Conferences: A Twenty-first Century Industry*. Harlow, UK: Addison Wesley Longman.

27. Society of Wetland Scientists, 2010. *Meeting of the Society of Wetland Scientists Salt Lake City, Utah Final Program*. June27-July2. Salt Lake City, UT: Little America Hotel and Salt Palace Convention Center.

28. Tannenbaum, R. and W. H. Schmidt. 1958. How to choose a leadership pattern. *Harvard Business Review* March/April, p.164.

29. WTO (World Tourism Organization). 2001. http://www.world-tourism.org

《國際會議與會展產業概論》模擬題庫

( ) 1. 現代國際會議緣起於17世紀的：　(A)威斯特伐利亞會議　(B)維也納會議
(C)巴黎會議　(D)倫敦會議。

( ) 2. 在展覽的定義中：「具時效性的臨時市集，在有計畫的組織籌畫下，讓銷
售者與採購者於現場完成看樣、諮商及下單採購等之展售活動。」是下列
那個單位的定義？　(A)國際展覽業協會（全球展覽協會）（UFI）
(B)德國展覽協會（AUMA）　(C)國際會展協會（IAEE）　(D)國際協會聯
盟（UIA）。

( ) 3. 成立於1963年，總部設於荷蘭阿姆斯特丹，其會員均以公司組織為單位，
目前超過92個國家的1,167個成員，是全球會議相關協會中最突出的組織之
一為：(A)UIA　(B)ICCA　(C)IAEE　(D)UFI。

( ) 4. 成立於1907年，聯盟總部設於比利時布魯塞爾，是一個非營利及非政府組
織。該聯盟依據聯合國的授權，推動國際組織及國際會議等業務為：
(A)UIA　(B)ICCA　(C)IAEE　(D)UFI。

( ) 5. 下列那一種展覽只展出同一產業之上、中、下游產品？　(A)專業展　(B)綜
合展　(C)水平型展覽　(D)博覽會。

( ) 6. 下列何者為非？　(A)Exhibition 指展出項目包括生產製作機具在內的展覽
(B)Show 則通常結合動態展示或藉由演出（秀）表現產品特色　(C)Fair 為
一般展覽之統稱　(D)Horizontal Shows對於參觀者的身分有所限制。

( ) 7. 下列何者是商品陳列者？　(A)Exhibitor　(B)Visitor　(C)Participant
(D)Moderator。

( ) 8. 全世界舉辦會議次數最高的地區為：　(A)歐洲　(B)美洲　(C)亞洲　(D)澳
洲。

( ) 9. 下列何者不是21世紀「三大新經濟產業」？　(A)會展業　(B)旅遊業　(C)房
地產業　(D)股票證券業。

( ) 10. 價值鏈（value chain）是由下列那一位學者在1985年所提出？　(A)彼得克

拉克 (B)麥可波特 (C)保羅克魯曼 (D)羅伯孟代爾。

( )11. 下列那個城市國家是亞洲會議之都？ (A)新加坡 (B)香港 (C)澳門 (D)以上皆非。

( )12. 下列何者是國際會議的世紀？ (A)17世紀 (B)18世紀 (C)19世紀 (D)20世紀。

( )13. G-20會議主要是討論下列何項議題？ (A)國際金融穩定 (B)國際政治穩定 (C)國際外交穩定 (D)國際軍事穩定。

( )14. 下列何者不是東南亞國協（Association of Southeast Asian Nations, ASEAN）的其他華語稱呼？ (A)東南亞國家聯盟 (B)東盟 (C)亞細安 (D)亞太經合會。

( )15. 下列對於世界上首度具有國際規模的博覽會敘述，何者為真？(1)1756年英國工商企業舉行的工藝展覽會。(2)1798年法國政府舉行工業產品大眾展。(3)1851年英國在倫敦舉辦的「萬國博覽會」。(4)倫敦海德公園「水晶宮」舉辦的博覽會。 (A)(1)(2) (B)(1)(3) (C)(2)(3) (D)(3)(4)。

( )16. 為了統一會展事權，有效提升辦理績效，自2009年起由下列那一個單位統籌辦理我國會展產業之推動與發展？ (A)經濟部國際貿易局 (B)交通部觀光局 (C)經濟部商業司 (D)經濟部投資業務處。

( )17. 「行政院觀光發展推動委員會MICE專案小組」的幕僚作業由下列那一個單位承辦？ (A)經濟部國際貿易局 (B)交通部觀光局 (C)經濟部商業司 (D)經濟部投資業務處。

( )18. 「推動臺灣會展產業發展計畫」的主辦單位為何？ (A)經濟部國際貿易局 (B)交通部觀光局 (C)經濟部商業司 (D)經濟部投資業務處。

( )19. 代表臺灣會議、展覽產業界最高榮譽的2019年「臺灣會展獎」評選活動，係由下列哪個單位主辦？ (A)經濟部國際貿易局 (B)交通部觀光局 (C)經濟部商業司 (D)經濟部投資業務處。

( )20. 下列何者不是「推動臺灣會展產業發展計畫」的主要目標？ (A)發展臺灣成為亞洲最佳會議展覽環境 (B)創造更高的產業價值、塑造優質國際會展品牌形象

(C)並建構成為國際會議展覽技術及人才培育重鎮　(D)爭取國際會議展覽活動在國外舉辦。

（　）21. 下列何者不是「推動臺灣會展產業發展計畫」四項子計畫？　(A)會展產業整體推動計畫　(B)會展推廣與國際行銷計畫　(C)爭取國際會議在國外舉辦計畫　(D)會展人才培育與認證計畫。

（　）22. 下列「MEET TAIWAN」的子計畫中，何者為培訓種子師資？　(A)會展產業整體推動計畫　(B)提升會議展覽服務業國際形象暨總體推動計畫　(C)經營管理輔導計畫　(D)會展人才培育與認證計畫。

（　）23. 根據國際展覽業協會（國際展覽聯盟，UFI）的調查，目前展覽面積最大的地區為下列那些地區？(1)歐洲；(2)北美；(3)亞洲；(4)澳洲。　(A)(1)(2)　(B)(1)(3)　(C)(2)(3)　(D)(1)(4)。

（　）24. 下列何者不是「綠色會展」的概念？　(A)環境保護　(B)能源節約　(C)永續發展　(D)誠信經營。

（　）25. 下列何者不是企業的社會責任？　(A)雇用本地勞工　(B)贊助慈善基金會　(C)協助大學畢業生找到工作　(D)企業以營利為目的。

（　）26. 下列何者不是臺灣會展產業三大願景？　(A)擴大會展產業規模，帶動國內經濟及出口大幅成長　(B)提升會展國際地位，建設臺灣成為亞洲會展重鎮　(C)平衡南北會展產業，落實南北雙核心政策　(D)振興經濟發放振興三倍券，進口貨物降低關稅。

（　）27. 臺灣目前唯一經政府核准合法立案的全國性會展公會組織為下列那一個單位？　(A)中華民國展覽暨會議商業同業公會　(B)臺北市展覽暨會議商業同業公會　(C)以上皆是　(D)以上皆非。

（　）28. 隸屬於經濟部的中華民國對外貿易發展協會在會展產業的屬性上被歸類為：(A)DMC　(B)CVB　(C)Exhibitor　(D)PEO。

（　）29. 下列何者為PCO？　(A)企管顧問公司　(B)會議顧問公司　(C)展覽顧問公司　(D)公關顧問公司。

（　）30. 下列何者為PEO？　(A)企管顧問公司　(B)會議顧問公司　(C)展覽顧問公司　(D)公關顧問公司。

( ) 31. 推動臺灣會展產業發展計畫的入口網站，其網址為： (A)www.meettaiwan.com (B)www.taiwan.net.tw (C)mice.iti.org.tw (D)www.excotaiwan.com.tw

( ) 32. 在會展產業中常聽到B2C、B2B，請問下列何者為正確的名詞定義？ (A)企業對顧客的方式進行交易、企業對企業的方式進行交易 (B)企業對顧客的方式進行交易、顧客對顧客的方式進行交易 (C)顧客對顧客的方式進行交易、企業對企業的方式進行交易 (D)企業對企業的方式進行交易、顧客對顧客的方式進行交易商務。

( ) 33. 到了2019年，根據ICCA的排名，臺北為全球第19大國際會議城市，超越下列那些城市？ (A)新加坡、首爾 (B)上海、北京 (C)東京、曼谷 (D)巴黎、維也納。

( ) 34. 「國際會展產業規劃與管理」是由下列那一個政府機構負責？ (A)經濟部 (B)外交部 (C)交通部 (D)內政部。

( ) 35. 「大型會展場地興建與管理」屬於下列那一個政府機構的權責？ (A)經濟部 (B)外交部 (C)交通部 (D)內政部。

( ) 36. 中國歷史上第一次的國際和平會議是在那裡舉辦？ (A)晉楚兩國在宋都商丘召開了弭兵會議 (B)齊恆公曾同宋、魯、衛、吳等國諸侯會盟於葵丘 (C)唐穆宗與吐蕃的使團會盟于長安西郊 (D)宋遼在澶州城西湖泊澶淵舉行的「澶淵之盟」。

( ) 37. 下列會議的英語「Convention」，從字源上來看，缺乏下列那一種意思？ (A)共同 (B)聚集 (C)組織和商討 (D)談天和說地。

( ) 38. 下列何者非西方歷史上的會議？ (A)公卿百官會議 (B)希臘、羅馬時期的「人民會議」 (C)亞瑟王的「圓桌會議」 (D)中世紀時羅馬教皇召開「萬國宗教會議」。

( ) 39. 目前國際宣揚的「Sustainable Tourism」，在中文應該如何翻譯？ (A)大眾旅遊 (B)生態旅遊 (C)永續旅遊 (D)小眾旅遊。

( ) 40. 西方會議文化中指的「Conference」，在中文應該如何翻譯？ (A)座談會 (B)說明會 (C)研討會 (D)議會。

( ) 41. 「所謂的國際會議，需要至少在三個國家輪流舉行的固定性會議，舉辦

天數至少一天，與會人數在100人以上，而且地主國以外的外籍人士比例需要超過25%，才能稱為國際會議。」是下列那一個組織所下的定義？ (A)國際會議協會（ICCA） (B)國際會展協會（IAEE） (C)國際協會聯盟（UIA） (D)日本總理府（觀光白皮書）。

(　) 42. 獎勵旅遊行銷的國際通路有： (A)旅展與國際組織 (B)火車站 (C)高鐵站 (D)電腦展。

(　) 43. 在舉辦會議及展覽活動時，何者對於會議之籌備最具有貢獻： (A)與會者 (B)場地供應者 (C)籌備委員會 (D)工讀生。

(　) 44. 籌備會展活動在財務規劃中需要注意下列那些事項？(1)考慮執行時間；(2)需要專款專用；(3)帳目清晰明確；(4)預算和決算需要完全相同；(5)保留原始憑證；(6)自訂項目報帳；(7)不考慮回饋計畫。 (A)(2)(3)(4)(5) (B)(2)(3)(6)(7) (C)(2)(3)(5)(7) (D)(1)(2)(3)(5)。

(　) 45. 下列何者不是論文審查委員會的職責？ (A)安排旅遊活動 (B)排定分組議題 (C)審核論文 (D)選編論文集。

(　) 46. 下列何者對國際會議協會（International Congress and Convention Association, ICCA）說明有誤？ (A)成立於1963年 (B)總部設於荷蘭阿姆斯特丹 (C)總部設於比利時布魯塞爾 (D)會員均以公司組織為單位，目前超過85個國家的850個成員，是全球會議相關協會中最突出的組織之一。

(　) 47. 到了11至12世紀時，歐洲商人定期或不定期在人口密集、商業發達地區舉行市集活動，為各地商旅提供良好的貿易交換場所，其中最重要的是在伯爵領地「香檳地區」的展覽貿易，以何種方式進行？ (A)集市 (B)交易會 (C)博覽會 (D)拍賣會。

(　) 48. 下列何者會議的規模最大？ (A)Forum (B)Convention (C)Seminar (D)Workshop。

(　) 49. M.I.C.E.中，所謂I.的英文應如何拼？ (A)International (B)Independent (C)Incentive (D)Informal。

(　) 50. Pre-conference Tour 指的是： (A)預覽參觀 (B)會前旅遊 (C)會中旅遊 (D)會後旅遊。

（　）51. 劍橋字典對「Incentive」的註解為「讓接受指令的一方樂於執行指定事項的措施」，所表達的措施是：　(A)哀求　(B)請示　(C)命令　(D)鼓勵。

（　）52. 下列那一個國家還沒有會議局的專責機構？　(A)美國　(B)新加坡　(C)泰國　(D)中華民國。

（　）53. 下列何者是農業社會轉型為工業化社會必備的基礎服務？　(A)基礎建設服務　(B)工商服務　(C)產業服務　(D)貿易服務。

（　）54. 會議產業具有「三高三大三優」之特徵，「三高」下列何者有誤？　(A)高成長潛力　(B)高附加價值　(C)高創新效益　(D)高組織動力。

（　）55. 會議產業具有「三高三大三優」之特徵，「三大」下列何者有誤？　(A)產值大　(B)創造就業機會大　(C)產業關聯大　(D)效果宏大。

（　）56. 會議產業具有「三高三大三優」之特徵，「三優」下列何者有誤？　(A)物產相對優勢　(B)人力相對優勢　(C)技術相對優勢　(D)地理相對優勢。

（　）57. 會展產業下列敘述何者錯誤？　(A)服務性的「第三產業」　(B)產業特色為價格變動反應小　(C)利潤約在20%至25%以上　(D)一種低收入與低盈利的行業。

（　）58. 會展活動促進人與人之間交流的效益為：　(A)政治效益　(B)文化效益　(C)經濟效益　(D)社會效益。

（　）59. 國際會議可以替舉辦城市帶來可觀的經濟效益，請問以下哪一種經濟效益和國際會議無關？　(A)航空業　(B)旅行業　(C)股票證券業　(D)飯店業。

（　）60. 展覽主辦單位吸引參觀買主的最佳作法應如何去做？　(A)邀請各行各業，買主越多越好　(B)邀請特定買主，以質取勝　(C)邀請目標買主，廣為宣傳展覽，質與量兼顧　(D)以上皆非。

（　）61. 一場成功的展覽活動應該具備下列那些特性：　(A)獨特性、國際識別性、目標客戶群、高度記憶性　(B)優雅的名稱　(C)昂貴的開幕儀式　(D)以上皆非。

（　）62. 下列那些不是會展產業具備的特性？　(A)整合性、擴充性　(B)異質性、不可分割性　(C)無法貯存性、藝術性　(D)乏善可陳性。

（　）63. 目前全球許多會議與展覽都希望以國際活動進行定位，所以獲得國際組織

的青睞而舉辦國際會議，這將是一項： (A)挑戰 (B)負擔 (C)危機 (D)包袱。

( ) 64. 在臺北市懸掛會議活動所製作的路燈掛旗，必須向那一個單位申請？ (A)臺北市政府環境保護局 (B)臺北市政府觀光傳播局 (C)臺北市政府工務局 (D)臺北市政府警察局。

( ) 65. 在臺北市公園綠地或安全島懸掛會議活動所製作的旗幟，必須向那一個單位申請？ (A)臺北市政府工務局公園路燈管理處 (B)臺北市政府觀光傳播局 (C)臺北市政府環境保護局 (D)臺北市政府警察局。

( ) 66. 中華民國政府首次開放國人出國觀光是在那一年？ (A)1959年 (B)1969年 (C)1979年 (D)1989年。

( ) 67. 麥可波特認為，現代企業的競爭主要是供應鏈（supply chain）提供的價值競爭。會展產業提供買主的下列需求何者為非？ (A)高質量產品 (B)高成本產品 (C)快速的產品資訊 (D)快速回應買主的需求。

( ) 68. 會展產業下列敘述何者為非？ (A)政府及相關管理部門形成價值鏈的上游供給機制 (B)參展商形成中游需求及供給機制 (C)觀眾形成下游需求機制 (D)會展產業無所謂上中下游機制。

( ) 69. 下列何者不是國外公司行號辦理會展產業的角色之一？ (A)PCO (B)PEO (C)DMC (D)CVB。

( ) 70. 臺北國際會議中心屬於下列何者專業服務機構的範圍？ (A)PCO (B)PEO (C)DMC (D)會展核心產業的業者。

( ) 71. 2010年舉辦的上海世界博覽會和臺北國際花卉博覽會屬於： (A)Event (B)Seminar (C)Convention (D)Workshop。

( ) 72. 在機場設置接待與會來賓的接機櫃檯，是向那一個單位申請設置？ (A)警政署航空警察局 (B)內政部入出國及移民署 (C)外交部禮賓司 (D)交通部民用航空局。

( ) 73. 下列何者貴賓，不列為特別禮遇通關的對象？ (A)外國駐我國大使 (B)外國部長 (C)我國駐外大使 (D)我國中央級民意代表。

( ) 74. 下列禮遇何者有誤？ (A)國賓禮遇：指禮車進出機坪接送，並由國賓接待

室直接入、出國　(B)特別禮遇：指由公務門入、出國　(C)一般禮遇：指經由禮遇查檢檯入、出國　(D)以上皆非。

（　）75. 國賓禮遇、特別禮遇及一般禮遇申請案，應以書函向那一個單位申請？
(A)內政部警政署航空警察局　(B)外交部禮賓司　(C)內政部入出國及移民署
(D)交通部民用航空局。

（　）76. 通關禮遇是針對國際級貴賓提供最高等級的接待服務。由主辦國際會議的公務單位檢送入出境快速通關及公務通行證申請書，附來訪人員姓名、職銜、抵臺時間、離境時間、接機人員姓名職稱、來訪人員履歷及隨行人員基本資料（姓名、職稱、護照號碼），向那個單位申請？　(A)內政部入出國及移民署　(B)交通部民航局　(C)內政部警政署航空警察局　(D)以上皆非。

（　）77. 為了服務與會貴賓，主辦單位都會安排交通車輛進行接駁，下列何者不宜列入接駁地點？　(A)會議所在地旅館　(B)宴會場所　(C)工作人員住所
(D)會議場所。

（　）78. 一般國家需要辦理簽證申請人所持有的本國護照，護照效期必須至少在幾個月以上？　(A)1個月　(B)6個月　(C)9個月　(D)12個月。

（　）79. 下列哪些國家的國際人士來臺，不需持有我國簽證，只要持有該國有效期間之內護照即可入境臺灣？　(A)美國、加拿大、英國　(B)歐盟申根、澳大利亞及紐西蘭　(C)日本　(D)以上皆是。

（　）80. 大陸人士來臺灣開會，需要辦理下列哪些證件？　(A)中華民國政府內政部入出國及移民署核發的「入出境許可證」　(B)中華人民共和國政府國務院台灣事務辦公室核發的「赴台批件」　(C)中華人民共和國政府公安部核發的「往來台灣通行證」　(D)以上皆是。

（　）81. 在國際會議中最高的行政及決策機構為何？　(A)籌備委員會　(B)秘書處
(C)指導委員會　(D)執行委員會。

（　）82. 德語Messe（展覽會）有彌撒（Messe）之意，原意是：　(A)宗教性的聚會
(B)政治性的聚會　(C)軍事性的聚會　(D)庶民的聚會。

（　）83. 下列何者不是展覽的本質和功能？　(A)主、協辦單位名利雙收　(B)在特定

期間提供雙方交易平台　(C)提供買賣雙方溝通管道　(D)提供雙方看貨地點。

( )84. 下列何者不是旅館為配合國際會議，所應該具備的服務？　(A)介紹市區優質的景點　(B)提供五星級的餐點和運動設施服務　(C)提供與會者抵達會場的路線　(D)提供刷卡購物折扣服務。

( )85. 籌備一場會議需要注意下列哪些事項？　(A)會議主題　(B)會議背景　(C)會議預算　(D)以上皆是。

( )86. 在分組演講及討論中，邀請業界或專業領域中的佼佼者擔任主持人，其工作為控制時間，並且讓會議進行更為順暢，稱為：　(A)Speakers　(B)Moderator　(C)Keynote Speaker　(D)Chairperson。

( )87. 下列何者不是展覽館必須具備的條件？　(A)寬敞的展示地點　(B)便利的交通環境　(C)完善的展覽設施　(D)價格低廉的場地。

( )88. 呼應聖誕節慶展覽活動，畫家幾米勾勒出一幅歡樂聚會的「○○○○○」，以做為展覽主題的圖案。「○○○○○」的專有名詞為：　(A)展覽主視覺　(B)展覽主營造　(C)展覽主布置　(D)展覽主題目。

( )89. 一般活動的開幕場地為了不要影響大會人群的動線，常會規劃於：　(A)較偏僻的場所　(B)活動最精華區　(C)廁所旁　(D)出口處。

( )90. 在辦理大型展覽時，主辦單位應該為買主規劃最佳的參觀行程，下列規劃何者為非？　(A)規劃導覽路線　(B)安排導覽人員　(C)設計沿途指標　(D)沿途散發傳單。

( )91. 下列何者為「展覽攤位面積、走道及公共空間在內的面積」定義？　(A)毛展覽面積　(B)淨展覽面積　(C)總展場面積　(D)總樓地板面積。

( )92. 下列何者不是中國三大會展區域中心？　(A)北京　(B)上海　(C)廣州　(D)天津。

( )93. 會議室硬體設施安全檢查的時機為何？　(A)會議開始前　(B)會議結束後　(C)以上皆非　(D)AB答案皆是。

( )94. 火災通常是因為參展廠商下列的何項行為引起的？　(A)吸菸　(B)點蠟燭　(C)用電不當　(D)玩火。

（　）95. 參展手冊（Exhibitor's Manual）的內容不包括下列資訊？　(A)參展廠商名錄　(B)展覽基本資料　(C)展覽場地各式服務之申請表格　(D)展場注意事項及說明。

（　）96. 會展裝潢時的標語不能擋住下列何種設施，下列何者為非？　(A)消防箱　(B)柱子　(C)逃生門　(D)逃生指示標誌。

（　）97. 下列何者不是會展相關產業？　(A)設施商、旅館、會議交通產業　(B)參展服務承包商、場地管理公司、餐飲服務商　(C)展覽設計、協會團體、影音設施商　(D)生技公司、3C產業、模具產業。

（　）98. 發明「微笑曲線理論」，認為企業獲利的最佳手段為「品牌與創新」的企業家為：　(A)施振榮　(B)李焜耀　(C)郭台銘　(D)王永慶。

（　）99. 在展覽期間遺失展品，其責任歸屬為何？　(A)廠商需要自行辦理保險，主辦單位不負賠償責任　(B)主辦單位需負賠償責任　(C)主辦單位不予理會　(D)由一審法院決定責任歸屬。

（　）100. 展覽主辦單位為順利推動會展活動之進行，在展覽中進行規定的說明會議為：　(A)廠商協調會　(B)廠商大會　(C)廠商早餐會報　(D)招商說明會。

（　）101. 在展覽活動之後，為了解客戶對於展覽環境的滿意情形，問卷調查的對象為何？(a)指導單位；(b)主辦單位；(c)參展廠商；(d)參觀者　(A)(b)(d)　(B)(a)(b)　(C)(a)(d)　(D)(c)(d)。

（　）102. 下列何者是展覽期間內展覽主辦單位應該負責的清潔打掃區域範圍？(a)展商攤位內；(b)展場公共區域；(c)展場廁所；(d)展場走道　(A)(a)(b)(c)　(B)(a)(c)(d)　(C)(a)(b)(d)　(D)(b)(c)(d)。

（　）103. 會展服務中，現場服務人員應具備下列工作態度和能力，何者為非？　(A)溝通協調能力　(B)服務熱忱和親切的笑容　(C)現場緊急應變能力　(D)輕鬆自若、事不關己的態度。

（　）104. 會展行銷規劃的第一步做法是：　(A)蒐集有助瞭解行銷環境的基本資料　(B)蒐集潛在參展廠商的資料　(C)蒐集潛在觀眾的資料　(D)蒐集潛在贊助廠商的資料。

（　）105. 下列何者不是會展產業資源的整合運用的措施？　(A)行銷人才的培養

(B)會展相關創意的投入　(C)加強軟硬體的設備和設施管理　(D)營造蚊子館。

（　）106. 展出規模會較小，展品較具備深度和廣度，對於參觀者的身分有所限制，並且伴有研討會或新品發表等。屬於下列那一種活動？　(A)消費者展 (B)專業商展　(C)簽書會　(D)綜合展。

（　）107. 下列何者不是專業展徵展的原則？　(A)廣納參展廠商，擴大展出規模 (B)展品較具備深度和廣度　(C)按照確定展出產品項目進行徵展　(D)非屬展覽範圍內的展出產品應予以婉拒。

（　）108. 展覽期間如遇到颱風，世貿展覽館是否依據原定期程舉辦？　(A)主辦單位參考政府單位颱風警報，並邀集相關協辦單位及參展廠商代表共同決定是否取消　(B)依據中央氣象臺宣布停止上班　(C)臺北市政府宣布停止上班 (D)主辦單位自行決定。

（　）109. 政府訂定會展資金挹注和公協會整合、政府扶植與獎勵措施的國家為： (A)德國、新加坡　(B)美國、法國　(C)中國、法國　(D)韓國、泰國。

（　）110. 邀請國際性會展組織及國際知名會展顧問來臺授課及交流，研議產學合作架構，強化產學互動建立學習評估，屬於下列何項計畫內容？　(A)會議展覽服務業人才認證培育計畫　(B)會議展覽服務業經營管理輔導計畫　(C)會議展覽服務業資訊網建置計畫　(D)會議展覽服務業經貿交流計畫。

（　）111. 下列何者為選擇一家稱職的會議公司所具備的條件之一？　(A)財富傲視 (B)信譽卓著　(C)背景雄厚　(D)外商投資。

（　）112. 在會議和展覽辦理時下列何者不列為主要預算收入來源？　(A)報名費 (B)攤位出租費用　(C)公司贊助費用　(D)紀念品銷售所得。

（　）113. 下列何種產業，具備高度的經濟整合價值，提供媒體及時的新聞，提供進步技術和工具，成為商業展示最好的櫥窗工具？　(A)會展產業　(B)新聞產業　(C)櫥窗產業　(D)技術產業。

（　）114. 參展者和顧客（　）進行面對面（　）了解及試用產品，在產品品質保證上是非常重要的。上述空格中可以用下列英文簡寫填空？(a)F2F； (b)B2C；(c)B2B；(d)C2C。　(A)(b)(a)　(B)(b)(c)　(C)(c)(d)　(D)(a)(c)。

( ) 115. 國際會展協會（IAEE）主席S. Hacker認為，目前國際展覽都面臨博覽會銷售人員減少、展覽空間減小，以及產品特色較少的問題。所以展覽主辦單位吸引參觀買主的最佳作法為： (A)邀請目標買主 (B)邀請主管機關 (C)邀請一般顧客 (D)邀請國外買主。

( ) 116. 國際展與國內展最大的差異性為：(a)主辦單位；(b)展覽地點；(c)參展廠商；(d)參觀買主。 (A)(a)(b) (B)(a)(c) (C)(c)(d) (D)(b)(d)。

( ) 117. 「在某一地點舉行，參展者與參觀者藉由陳列物品產生之互動。對參展者而言，可以將展示物品推銷或介紹給參觀者，有機會建立與潛在顧客的關係；對參觀者而言，可以從中獲得有興趣或有用的資訊。」是下列那一項活動的定義？ (A)展覽 (B)會議 (C)教育 (D)參訪。

( ) 118. 會展活動爭取贊助廠商最主要目的是為了： (A)媒體報導 (B)會展觀眾 (C)指導單位 (D)額外的資源供給。

( ) 119. 在會展組織中，即使沒有組織會議的專職人員，通常也有會員會籍管理的秘書處或是管委會的單位為： (A)行政部門 (B)企業部門 (C)公司行號 (D)公會、協會。

( ) 120. 下列何者不是展覽會命名的考慮事項？ (A)產品定位 (B)展覽所在地 (C)容易翻譯 (D)易於琅琅上口。

( ) 121. 「一種以旅遊為誘因，藉以激勵或鼓舞公司人員促銷某項特定產品，或是激發消費者購買某項產品的回饋方式」是下列那一種活動？ (A)獎勵旅遊 (B)生態旅遊 (C)大眾旅遊 (D)永續旅遊。

( ) 122. 從消費者的角度來看，參加獎勵旅遊有下列6R的利益，以下何者不是6R？ (A)Recognition, Reward (B)Record, Respect (C)Paragon, Raise (D)Return, Reuse。

( ) 123. 依據從業者的角度來看，舉辦獎勵旅遊有下列6R的利益，以下何者不是6R？ (A)Revenue, Reputation (B)Responsiveness, Repeatness (C)Morale, C. P. HR (Certified Human Resources Professional) (D)Recycle, Reuse。

( ) 124. 為了了解獎勵旅遊是否合乎旅遊業者和企業主之間的契約協定，一定要做的動作為： (A)現場及路線勘查 (B)書面報告 (C)面對面溝通 (D)旅遊產

品認證。

（　）125. 旅遊業者在規劃獎勵旅遊時，執行團隊中最重要的人物是： （A)主辦人員 (B)協辦人員 (C)後勤人員 (D)以上人員都不重要。

（　）126. 下列何者不是獎勵旅遊用來激勵公司員工，達到公司研議的管理目標？ (A)減少曠職、鼓勵全勤 (B)提高員工生產力 (C)降低生產成本 (D)提高營運成本。

（　）127. 下列何者不辦理規劃或是執行獎勵旅遊的業務？ (A)DMC (B)CVB (C)Travel Agents (D)PEO。

（　）128. 下列何者獎勵旅遊的敘述為非？ (A)Responsiveness 為對於高成就者的成就認可 (B)Paragon 為後繼者立下學習典範 (C)Record為對於高成就者的成就回憶 (D)Respect為對於高成就者的敬意。

（　）129. 下列何者不是獎勵旅遊可以增加旅行社的整體效益？ (A)當旅客多的時候，可以降低旅遊成本 (B)彼此熟悉的旅客可以強化旅遊產品的品質 (C)業者不需要多花精力招攬旅客 (D)可以趁機提高旅客收費，以增加旅行社收入。

（　）130. 規劃國際會議眷屬旅遊時，需要特別注意： (A)規劃專業活動 (B)規劃長途旅行 (C)規劃徒步旅行 (D)強調行程的安全性和流暢性。

（　）131. 規劃會後旅遊臺北市參訪活動時，下列何者不宜列入參訪行程之中？ (A)故宮博物院 (B)101大樓 (C)中正紀念堂 (D)總統辦公室。

（　）132. 下列何者可以成為鼓勵國外公司到臺灣旅遊的誘因地點？ (A)臺北101 (B)觀光夜市 (C)故宮 (D)以上皆是。

（　）133. 因為參加獎勵旅遊者多為大型企業的績優員工，屬於高消費顧客群。所以下列那一項競爭力不列為辦理獎勵旅遊的考量事項？ (A)景點競爭力 (B)美食競爭力 (C)交通競爭力 (D)價格競爭力。

（　）134. 以下何者不是獎勵旅遊所要表達公司舉辦的原因？ (A)公司對於員工的感謝 (B)公司回饋的誠意 (C)公司對於員工的關懷 (D)公司公關形象和雄厚的財力。

（　）135. 接待購物服務時，如果遇到購物不滿意，或是感覺物品有瑕疵，依據消費

者保護法第19條規定，則在OO天中可以退回商品或是進行更換新品？

(A)7日內　(B)15日內　(C)30日內　(D)不可能退換處理。

（　　）136. 下列何者不是執行獎勵旅遊業者的行銷方式？　(A)刊登雜誌專刊　(B)拜訪企業主　(C)國際旅展設置攤位　(D)贊助菸酒廣告活動。

（　　）137. 在會場為了避免無線麥克風彼此之間的互相干擾，產生擾人的音頻噪音，應注意麥克風的：　(A)品牌　(B)音質　(C)音量　(D)頻率。

（　　）138. 下列何者不屬於國際會議中的同步翻譯設備？　(A)手機　(B)翻譯室主機　(C)紅外線接收器　(D)耳機。

（　　）139. 下列國際會議的現場翻譯工作，何者影響與會貴賓現場即席的理解程度，較不適合進行？　(A)連續口譯（consecutive interpretation）　(B)同步口譯（simultaneous interpretation）　(C)耳語口譯（whisper interpretation）　(D)非同步口譯（asynchronous interpretation）。

（　　）140. 下列那一種不是國際會議透過網際網路可行的功能？　(A)報名　(B)展示會議資料　(C)線上繳交論文　(D)國際會議MSN。

（　　）141. 會議紀錄的英文應如何拼法？　(A)meeting minutes　(B)meeting outlines　(C)meeting stories　(D)meeting files。

（　　）142. 下列何者不是國際會議中節能減碳常用的方式？　(A)減少會議天數　(B)採用光碟式論文集　(C)隨手關燈　(D)使用雙面影印。

（　　）143. 下列那一種方式不是國際會議會場布置的方式？　(A)劇場型布置　(B)教室型布置　(C)空心方型布置　(D)梅花型布置。

（　　）144. 國際會議因應訓練之需要，提供下列工作人員所需的手冊為何？　(A)大會工作手冊　(B)大會環保手冊　(C)大會參觀手冊　(D)大會觀光手冊。

（　　）145. 下列何者為國際學術會議的報名作業流程？(1)確認研討會報名規則；(2)整理報名送件名單；(3)印製報名名冊；(4)寄送報名確認函。　(A)(3)(2)(1)(4)　(B)(1)(2)(4)(3)　(C)(2)(3)(1)(4)　(D)(2)(3)(4)(1)。

（　　）146. 大會籌備工作會議舉辦的頻率，下列何者為非？　(A)會展前6個月，至少每個月舉辦一次　(B)會展前3-6個月，至少3週舉辦一次　(C)會展前3個月，至少每10天舉辦一次　(D)會展前一週，至少每天舉辦一次。

（　）147. 下列定期展出的展覽包括：COMPUTEX TAIPEI、TIMTOS、AMPA、TAITRONICS等，都稱為：　(A)專業展　(B)博覽會　(C)綜合展　(D)水平展。

（　）148. 國家會展中心，即為：　(A)南港展覽館2館　(B)世貿中心　(C)高雄世貿會展中心　(D)以上皆非。

（　）149. 下列何者不是南港展覽館（2館）興建完成之後，將建構整合鄰近聚落所產生的「聚落效應」地區？　(A)南港軟體園區　(B)內湖科學園區　(C)南港生技園區　(D)桃園航空城。

（　）150. 下列何者不是參展廠商可以運用的會展行銷空間？　(A)參展攤位空間　(B)型錄展示區　(C)新聞室　(D)周邊馬路隨意散發型錄。

（　）151. 會展主題和活動展演設計，為下列那一項活動執行業務？　(A)會展環境管理　(B)會展內容管理　(C)會展產業管理　(D)會展機構管理。

（　）152. 在餐旅管理中常見的飯店客房備品，是用那一個單字來表示？　(A)Amenity　(B)Arrangement　(C)Fitout　(D)Setout。

（　）153. 依據過去的經驗，規劃會展目標，研擬新的會展主題，賦予未來會展主題新的方向和想法，與新的生命和價值。是下列那一位工作人員的責任？　(A)會展規劃師　(B)會展設計師　(C)會展行銷　(D)會展宣傳。

（　）154. 遴選高階會展人員的遴選方法包括：(a)筆試；(b)面試；(c)書面徵選；(d)推薦徵信；(e)任用面談，請依照順序排列：　(A)cabde　(B)cbdae　(C)abced　(D)acbde

（　）155. 下列何者不是活動執行規劃的工作？　(A)發展與執行活動營運計畫　(B)活動控制系統　(C)突發狀況應變措施　(D)以上皆非。

（　）156. 投稿會議論文的取捨標準為何？　(A)以關係好壞進行取捨　(B)以來稿先後順序取捨　(C)以地區平衡取捨　(D)以廣度和深度為取捨原則。

（　）157. 下列何者不是國際專業展覽宣傳的方式？　(A)編列精準媒體計畫　(B)善用網路宣傳　(C)善用媒體交換方式宣傳　(D)以上皆非。

（　）158. 下列何者不是網際網路線上報名方式的優點？　(A)方便提供即時服務　(B)提早掌握行銷成果　(C)掌握投稿對象的意願　(D)集中作業的負荷。

（　）159. 下列何者不是「臺北國際電腦展」主辦單位應先蒐集的新聞稿資料？
(A)產銷金額統計　(B)國際大廠動態　(C)年度新產品發表　(D)會展期間優惠拍賣大放送買一送一。

（　）160. 國際會展中若有國家元首蒞臨會場，則安全人員勘查場地時應先確定下列何項資料？　(A)接待元首人員、貴賓名單、活動程序表　(B)所有出席人員名單　(C)當天的氣象報告　(D)當天活動的午餐菜單。

（　）161. 下列是觀光產業提供的產品服務？(a)無形的效應；(b)無形的體驗；(c)有形的實體　(A)(a)(b)　(B)(a)(c)　(C)(a)(b)　(D)(a)(b)(c)。

（　）162. 目前臺灣會展活動下列趨勢，何者為非？　(A)整體的展覽次數越來越多　(B)觀光產業會展數量有上升的趨勢　(C)推銷的產品以全球外包作業進行管銷　(D)以上皆非。

（　）163. 下列何者為我國現階段發展會展的主要競爭國家？　(A)美國　(B)法國　(C)德國　(D)韓國。

（　）164. 會展產業的供應鏈涉及商品生產及服務部門，下列何者並非會展產業重要之組成？　(A)餐飲業者　(B)會議顧問公司　(C)旅行社　(D)製造業廠商。

（　）165. 全球經濟對於會展產業有潛在的影響。然而，在2020年會展因為新冠肺炎造成的衰退現象相當明顯。會展行銷人員的任務為：　(A)立即轉業　(B)提高行銷預算　(C)降價促銷　(D)全力穩住指標性對象。

（　）166. 下列何者不是挑選會議服務承包商所進行的評估事項？　(A)積極主動　(B)提供專業意見　(C)良好溝通能力　(D)價格非常低廉。

（　）167. 下列何者不是參展廠商必備的展前準備事項？　(A)清楚的參展目標　(B)獨特的攤位設計　(C)專業服務人員現場行銷　(D)龐大的參展預算。

（　）168. 下列何者是會展考慮的行銷費用？(a)郵電費用；(b)機要費；(c)廣告刊登費用；(d)餐飲費；(e)網路設計費；(f)網站空間租用費；(g)住宿費　(A)acef　(B)abcd　(C)acde　(D)bdefg。

（　）169. 在會展活動編列預算時，下列原則何者為非？　(A)考慮時間限制　(B)撙節經費　(C)保留預算的彈性　(D)盡量不花錢。

（　）170. 「組織管理部門猶如器官，在其管理的機構中，負責生命能源和行動的機

能；但更重要的是，缺乏管理部門，組織只是一群烏合之眾。」是誰說的？　(A)彼得克拉克　(B)麥可波特　(B)保羅克魯曼　(D)羅伯孟代爾。

（　）171. 大型會展公司衍生的業別，何者有誤？　(A)PCO　(B)PEO　(C)DMC　(D)CVB。

（　）172. 國際大型會展公司業務涵括會展、旅館、餐飲項目。下列何者不是會展、旅館、餐飲總經理執掌範圍內的部門？　(A)會計部門、工程部門　(B)客房部門、安全部門　(C)餐飲部門、行銷及銷售部門　(D)新聞部門、媒體公關部門。

（　）173. 下列何者不是2020年之後我國大型國際會議可能舉辦的場所？　(A)臺北國際會議中心　(B)臺北南港展覽館2館　(C)高雄展覽館　(D)臺北國父紀念館。

（　）174. 專業化的展覽發展，帶動了展覽觀念的變化。例如參展者和參觀者越來越重視資訊和技術交流，其表現形式則是「展覽會」，依其展出的專業性可區分為：　(A)國際展、國內展　(B)批發展、零售展　(C)一般展覽、特殊展覽　(D)博覽會、專業展、綜合展。

（　）175. 下列何者為參展廠商願意繳費參展最重要的動機？　(A)價格因素　(B)服務因素　(C)交通因素　(D)參展效益。

（　）176. 下列何者為成功展覽活動的受惠者？　(A)主辦單位　(B)參展廠商　(C)買主　(D)以上皆是。

（　）177. 下列何項設施不列為展場的安全設施裝置？　(A)二氧化碳偵測器　(B)消防栓　(C)容留人數標示牌　(D)服務台。

（　）178. 若是在會議中發生火警，應如何處置？　(A)了解火場情況，隨時通報，立即關閉電源，將電梯降至底層後關閉使用　(B)啟動機房消防滅火系統，確保消防供水、供電暢通無阻　(C)劃設禁區，派員進行現場警戒　(D)以上皆是。

（　）179. 下列何者不是會展主管機關要求的空氣品質標準監測氣體？　(A)一氧化碳　(B)揮發性有毒物質　(C)二氧化碳　(D)多氯聯苯。

（　）180. 為了疏散世貿展覽中心展場的交通，應以下列何者方式進行處理交通流量

的問題？ (A)限制展出內容 (B)限制參展廠商使用車輛數目 (C)限制展出時間 (D)採取分時分區進出展場。

( ) 181. 以下何者不是展覽問卷調查的對象？ (A)參展廠商 (B)參觀買主 (C)協辦單位 (D)參觀觀眾。

( ) 182. 下列何者不是未來參展廠商對於攤位的設計理念？ (A)環保 (B)創新 (C)節能 (D)省錢。

( ) 183. 下列何者不是會展主辦單位的管理策略？ (A)事先提醒 (B)事中管控 (C)事後檢討 (D)不告不理。

( ) 184. 下列何者不是參展廠商對於貴重物品展出時的保護方式？ (A)不准參觀 (B)投保意外險 (C)加派保全保護 (D)非展出期間及夜間上鎖。

( ) 185. 下列何者不列為展覽徵展企劃書的內容？ (A)徵展時間和地點 (B)攤位價格 (C)展場地圖 (D)廁所配置。

( ) 186. 會議展覽活動進行期間，若遇到政治抗議等干擾現場的事件，應由何人出面解決？ (A)會議管理顧問公司 (B)會議主持人 (C)主辦單位 (D)贊助廠商。

( ) 187. 有關2020年世界新車大展，訂於2019年12月28日至2020年1月5日於臺北世貿一館舉行，下列何者不是會展行銷人員優先考慮的行銷媒體？ (A)美國紐約時報廣場看板 (B)臺北捷運車廂廣告 (C)桃園國際機場燈箱廣告 (D)專業中文雜誌專欄。

( ) 188. 下列何者不是展覽的基本元素？ (A)展出時間 (B)場外遊客 (C)展覽場地 (D)展覽商品。

( ) 189. 下列何者不是德國的展覽中心？ (A)杜塞爾多夫展覽中心 (B)漢諾威展覽中心 (C)科隆展覽中心 (D)Fira Gran Via。

( ) 190. 下列敘述何者為非？ (A)德國為世界第一的展覽大國 (B)全球三分之二的全球性主導商品的貿易展覽在德國展出 (C)德國、義大利、法國、英國都是世界級的會展產業大國 (D)歐洲會展中心的資格已經為亞洲所取代。

( ) 191. 下列何者是德國專業展覽成功的原因？ (A)展館高知名度 (B)合理的場地成本 (C)參展廠商的高度參與 (D)以上皆是。

（　）192. 下列會展大國敘述何者為非？　(A)中南美洲近年來積極發展會展產業，其會展產業經濟產值約為20億美元。其中以阿根廷位居第一　(B)美國妥善結合會議與觀光產業，並且發揮強大的政治與經濟影響力　(C)新加坡在石油危機之後，發展會產業以帶動觀光業的發展　(D)在國際獎勵旅遊專業展方面，德國是居於首位的世界會展強國。

（　）193. 下列IMEX的敘述何者有誤？　(A)IMEX全稱為「世界會議和獎勵旅遊展」　(B)IMEX是世界上規模最大，層次最高的專業會議和獎勵旅遊展覽　(C)IMEX針對一般大眾開放，每年吸引各國遊客前來觀賞　(D)IMEX每年在德國的法蘭克福展覽中心舉辦。

（　）194. 2010年上海舉辦世界博覽會及臺北舉辦國際花卉博覽會，依專業性屬於下列那一項展出？　(A)博覽會　(B)專業展　(C)綜合展　(D)以上皆非。

（　）195. 國際專業展主辦單位依據下列項目，選擇展覽的場地：　(A)展場地理位置　(B)未來需求分析　(C)當地交通及周邊服務之配套措施　(D)以上皆是。

（　）196. 在2019年國際會議舉辦最多的國家為：　(A)美國　(B)德國　(C)西班牙　(D)法國。

（　）197. 在2019年全球舉辦國際會議最多的城市為：　(A)巴黎　(B)維也納　(C)巴塞隆那　(D)新加坡。

（　）198. 在2019年國際會議主題方面，舉辦次數最多的會議主題為：　(A)醫學　(B)技術　(C)科學　(D)產業。

（　）199. 下列何者不是國際會展考慮的重點？　(A)交通便利　(B)設施完善　(C)空間寬廣　(D)以上皆非。

（　）200. 一般展覽的展出的攤位面積需要以實際的坪數計算，每一單位的標準攤位面積以多少平方公尺計算？　(A)1m×1m　(B)2m×2m　(C)3m×3m　(D)4m×4m。

（　）201. 國內有許多大型展場的展出面積包含柱子面積，需要從場地面積中扣除。這些柱子面積占攤位面積的：　(A)0.5m×0.5m　(B)1m×1m　(C)1.25m×1.25m　(D)2m×2m。

（　）202. 參展廠商需要自行尋找承建商承包攤位裝潢，承租的攤位費用不包含裝潢

和展示設備，都需要自行接洽裝潢商。搭建的攤位形式，包含： (A)標準攤位 (B)島式攤位 (C)半島式攤位 (D)以上皆是。

( ) 203. 在籌備會展的時候，應如何看待團體參展的籌組人？ (A)中間商 (B)參展者 (C)中間人，也是參展者 (D)以上皆非。

( ) 204. 非營利組織（Non-Profit Organization, NPO）在國際會展組織型態中，扮演了很重要的角色。所謂非營利組織，是指其設立的目的，並不是在獲取財務上的利潤；而且在本質上，不具備下列那項特質？ (A)非營利 (B)非政府 (C)公益、自主性、自願性 (D)其淨盈餘得分配給組織成員。

( ) 205. 以協調同業關係，增進共同利益，促進社會經濟建設為目的，由同一行業之單位、團體或同一職業之從業人員組成之團體，稱為： (A)職業團體 (B)公益團體 (C)商業團體 (D)社會團體。

( ) 206. 以推展文化、學術、醫療、衛生、宗教、慈善、體育、聯誼、社會服務或其他以公益為目的，由個人或團體組成之團體，稱為： (A)職業團體 (B)公益團體 (C)商業團體 (D)社會團體。

( ) 207. 依據《人民團體法》第43條規定，社會團體（例如：中華國際會議展覽協會）理事會、監事會，多久至少舉行會議一次？ (A)每週 (B)每個月 (C)三個月 (D)六個月。

( ) 208. 中華民國展覽暨會議商業同業公會，屬於： (A)職業團體 (B)公益團體 (C)公司行號 (D)社會團體。

( ) 209. 中華民國展覽暨會議商業同業公會，依據《人民團體法》第29條及商業團體法第31條規定，理監事會多久至少舉行會議一次？ (A)每週 (B)每個月 (C)三個月 (D)六個月。

( ) 210. 依《所得稅法》及相關法規的規定，教育、文化、公益、慈善機關或團體，符合行政院規定標準者，其本身的所得及其附屬作業組織的所得，應：(a)免予扣繳；(b)採取定額免稅者，其超過起扣點部分仍應扣繳；(c)一律扣繳；(d)一律免稅。 (A)(a)(b) (B)(a)(d) (C)(c) (D)(b)。

( ) 211. 下列何者不是非營利組織（NPO）領導者的性格特質？ (A)堅持理念、專業判斷 (B)積極投入、道德訴求 (C)具備通權達變的領導觀念，以因應

國際會展場合瞬息萬變的變化情形　(D)具備商業頭腦，具備經商致富的能力。

( )212.密西根大學學者李克特（R. Likert）認為，領導者需要完全以外力控制維持領導局面的封閉式系統為：　(A)剝削／獨裁式領導　(B)仁慈／專制式領導(C)諮商／民主式領導　(D)參與／民主式領導。

( )213.一個有效的領導者，其最重要的工作即是診斷和評估可能影響領導效能的情境因素，然後再據以選擇最適合領導的方式，稱為：　(A)情勢論　(B)過程論　(C)決定論　(D)領導論。

( )214.下列何者為X理論所認同？　(A)人性本惡　(B)管理者無需用強迫方式達到目的　(C)員工天生喜歡工作　(D)員工具備工作潛力。

( )215.趨向於制定嚴格的規章制度，讓一般員工遵守，以減低員工怠惰而造成公司營運的傷害，是那一種理論？　(A)X理論　(B)Y理論　(C)Z理論　(D)以上皆非。

( )216.下列那一種理論是引用自日本企業文化？　(A)X理論　(B)Y理論　(C)Z理論(D)以上皆非。

( )217.下列何者為Y理論者所贊同？　(A)人性本惡　(B)員工不會逃避責任　(C)一般員工人對組織目標漠不關心，因此管理者需要以強迫、威脅、處罰的方式，命令員工付出努力　(D)一般員工缺少進取心。

( )218.一般員工不僅會接受工作上的責任，並會追求更大的責任挑戰，以創新能力解決問題，是那一種理論？　(A)X理論　(B)Y理論　(C)Z理論　(D)以上皆非。

( )219.下列那一種不屬於雷定（W. J. Reddin）所提出三構面理論（3-D Theory）？　(A)任務　(B)關係　(C)領導　(D)勇氣。

( )220.下列那一項不屬於豪斯（R. J. House）提出的「路徑－目標理論」（Path-Goal Theory）範疇？　(A)工作動機　(B)工作滿足　(C)對領導者是否接受(D)對屬下是否愛護。

( )221.依據對人類生存的動機，提出人類需求理論，他認為人類行為動機是相互關聯的，例如對於食物、衣服、空氣、水、性等基本生活需求滿足之後，

接下來就有安全（住）、遊憩（行）的動機和行為產生的學者為： (A)雷定 (B)馬斯洛 (C)豪斯 (D)佛洛依德。

（ ）222. 下列何者為針對特定主題尋求解決方案時，利用議題討論的方式，以激發眾多想法的創意開發技巧？ (A)腦力激盪法 (B)系統工程法 (C)德爾菲法 (D)迴歸分析法。

（ ）223. 下列對於會展微型企業的描述，何者為非？ (A)一年的營業額在新臺幣一億元以下者，經常僱用員工人數未滿50人者 (B)公司經營人數在20人以下者 (C)通常創業資金不超過新臺幣100萬元 (D)以個人工作室的型態跨界PCO和PEO的發展。

（ ）224. 目前中小型會展組織的財務來源，不包括： (A)政府補助 (B)會員會費收入（含利息） (C)企業贊助 (D)房屋仲介費用。

（ ）225. 下列何者不是會展產業人才特色？ (A)專業性高 (B)機動性高 (C)流動性高 (D)自主性高。

（ ）226. 目前會議展覽人員認證考試為證書制，而非證照制，認證程序不包括： (A)資格審查 (B)考試 (C)發予證書 (D)推薦甄試。

（ ）227. 下列全球的那一洲會議市場在2019年仍然超過5成的占有率，仍然居於全球的會議中心寶座？ (A)亞洲 (B)歐洲 (C)美洲 (D)澳洲。

（ ）228. MICE Bidding的「Bidding」的意思是？ (A)邀標 (B)競標 (C)圍標 (D)綁標。

（ ）229. request for a bid proposal簡稱為RFP，中文翻譯為： (A)邀標書 (B)競標書 (C)圍標書 (D)綁標書。

（ ）230. 下列何者不是國際會議策展政策中的舉辦方式？ (A)會員國輪流主辦 (B)地區性輪流主辦 (C)以競標方式爭取承辦 (D)以國家武力爭取承辦。

（ ）231. 不隨著參加會議的人數而有所變動，即使實際收益少於預期收益時，也不會改變的成本為： (A)固定成本 (B)變動成本 (C)餐飲費用 (D)稅付金額。

（ ）232. 設備折舊、員工薪資、餐飲費用、住宿費用及稅付金額，可歸類為： (A)有形成本 (B)無形成本 (C)有形利益 (D)無形利益。

（　）233. 午餐依據舉辦會議情形，可以採用自助餐形式、桌餐形式或是便當形式進行。其中下列何者可以採用使用人數估計而沒有爭議？(a)自助餐；(b)便當；(c)桌餐。　　(A)(a)(b)　　(B)(b)(c)　　(C)(a)(c)　　(D)(a)(b)(c)。

（　）234. 一般在飯店用餐，如果自帶酒類及飲料消費，飯店通常需要酌收酒類及飲料的：　　(A)酒水費　　(B)稅金　　(C)服務費　　(D)場地費。

（　）235. 在舉辦會議時，需要籌組相關組織，在中國大陸稱呼的組織委員會，簡稱「組委會」，也就是我們慣稱的：　　(A)執行委員會　　(B)秘書處　　(C)籌備委員會　　(D)指導委員會。

（　）236. 負責會展政策原則之籌劃，會展組織中最高行政機構為：　　(A)執行委員會　　(B)秘書處　　(C)籌備委員會　　(D)指導委員會。

（　）237. 在國際會議中，國外慣稱的科學顧問委員會或技術委員會（Scientific Advisory Committee or Technical Committee），負責保證國際會議論文合乎國際學術水準，在臺灣簡稱為學術委員會或是：　　(A)執行委員會　　(B)秘書處(C)論文審查委員會　　(D)指導委員會。

（　）238. 負責具體實施會展中執行委員會決定的與會議籌備相關的一切事宜，並且設置Chief Executive Officer, CEO，又稱為：　　(A)執行長　　(B)秘書長　　(C)總幹事　　(D)以上皆是。

（　）239. 以下何者為展覽管理中「黃金六秒」的正確解釋？　　(A)工作人員回覆目標觀眾提問的時間不要超過六秒鐘　　(B)在目標觀眾在攤位停留六秒鐘之內，留下深刻的印象　　(C)在六秒中之內，工作人員想到如何回答目標觀眾的標準答案　　(D)六秒鐘之內為目標觀眾準備一杯飲料，讓他賓至如歸。

（　）240. 當會議附屬於展覽，並且同時舉行時，為了避免參加會議的聽眾太少，應該招募　　(A)以參展廠商為聽眾對象　　(B)以附近居民為聽眾對象　　(C)以參觀觀眾為聽眾對象　　(D)以上三者都是招募對象。

（　）241. 設施商負責會場中展覽設施及臨時性設施，下列何者不是設施商所搭建的臨時性設施？　　(A)新聞發布室　　(B)專題講座室　　(C)展團臨時辦公室　　(D)永久性廁所。

（　）242. 將座位排列成半圓形或馬蹄形，使所有與會者皆能面對圓心的排法。此

種適合小型聚會，鼓勵更積極的參與，並且讓參加者能做筆記並參與小組討論，稱為： (A)U Shaped (B)Boardroom (C)V Shaped (D)Hollow Shaped。

（ ）243. 為了順利辦理活動，籌備工作會議辦理的頻率應訂定下列的時間表： (A)會展前6個月，至少每個月辦理一次 (B)會展前3～6個月，至少每3星期辦理一次 (C)會展前3個月，至少每10天辦理一次 (D)以上皆是。

（ ）244. 舉辦會議時為了確實掌握出席宴會人員狀況，通常以法文縮寫註明R.S.V.P.（Repondez s'il vous plait）的字樣，意思是： (A)請查照 (B)請回覆 (C)請光臨 (D)以上皆非。

（ ）245. 正式宴會（banquet）即為正式大會晚宴，賓主需要按照身份排列依序就座。下列何者為正式宴會上菜順序？(a)冷盤、(b)熱湯、(c)主菜、(d)甜點、(e)水果。 (A)abcde (B)acbde (C)cabde (D)acdeb。

（ ）246. 晚宴表演節目中邀請劉謙表演的魔術屬於： (A)舞蹈類 (B)戲劇類 (C)樂團類 (D)以上皆非。

（ ）247. 晚宴表演節目中邀請民間雜耍表演屬於： (A)舞蹈類 (B)戲劇類 (C)樂團類 (D)民俗技藝類。

（ ）248. 對於信奉伊斯蘭教的與會貴賓在齋月內白天禁食，因此宴會適合宴請在： (A)日出之後 (B)中午 (C)下午 (D)日落之後。

（ ）249. 在籌備會展時應考慮與會者之飲食禁忌，例如： (A)素食者茹素、佛教徒不吃豬肉 (B)伊斯蘭教徒不吃豬肉、猶太教徒不吃沒有鱗片的海鮮類，食用肉不可帶血，而且不吃牛羊豬肉 (C)美國人不吃動物內臟、環保人士不吃保育類動物 (D)以上皆是。

（ ）250. 對於各種餐宴的禁忌，必須特別留意，例如，回教徒不吃下列食物？ (A)牛肉 (B)豬肉 (C)羊肉 (D)魚肉。

（ ）251. 在臺灣，稱為「飯店」、「旅館」，在中國大陸稱為「酒店」的住宿建築是？ (A)Motel (B)Hotel (C)Restaurant (D)Dinner House.

（ ）252. Banquet一般指的是： (A)開幕會 (B)午餐頒獎會 (C)接待會 (D)晚宴。

（ ）253. 下列何者不是帶領貴賓在飯店櫃臺報到時，需要領取的必備物品？ (A)房

間鑰匙 (B)早餐券 (C)雜誌 (D)轉接插頭、網路傳輸線。

( ) 254. 會議舉辦完畢之後,需要協助辦理大會貴賓退房,如果一切費用都是由主辦單位招待支應,下列何項不是主辦單位應付給飯店的額外費用? (A)網路、傳真 (B)付費電視 (C)貴賓在房間冰箱、飯店內酒吧消費的額外費用 (D)以上費用都不要管。

( ) 255. 在會議中場休息的茶敘時間以30分鐘之內為宜,可放置點心飲料供應與會者交誼之用,稱為: (A)Tea Break (B)Time Break (C)Time Rest (D)以上皆非。

( ) 256. 下列會場人員統一製作的識別證中,何者不需製作? (A)貴賓證 (B)長官證 (C)記者證 (D)工作證。

( ) 257. 下列何者不是國際會議新聞稿撰寫的要訣: (A)使用單位表頭(letter head)繕發新聞 (B)採用簡潔有力、引人注目的新聞標題 (C)提供新聞稿內容越詳細冗長越好 (D)依據人、事、時、地、物表達清晰的事件狀況,並且提供準確的數字資料。

( ) 258. 易於達到社會各類階層,可傳播較為新穎的觀念;可依地方性及全國性版面進行市場區隔;可以改變宣導廣告的版面及內容,且易於安排會展時程的宣導。屬於下列何項媒體的特色? (A)電視 (B)報紙 (C)雜誌 (D)廣播。

( ) 259. 可以編列精準媒體計畫,善用媒體交換等方式宣傳,可以節省經費。而且產品生命周期較長,刊登版面較多,可以有歷史資料的保留空間。屬於下列何項媒體的特色? (A)電視 (B)報紙 (C)網路 (D)廣播。

( ) 260. 影音廣告多使用於下列何項會展之中? (A)專業展 (B)國際會議 (C)消費展 (D)地方會議。

( ) 261. 會議展覽時如遇有SARS的時候應如何處置? (A)活動暫緩 (B)大會門口發放口罩 (C)延期舉辦 (D)以上皆是。

( ) 262. 展覽行銷工作什麼時候才能夠停止? (A)完成參展廠商召募之後 (B)完成展覽布置之後 (C)展覽結束之後 (D)在下屆展覽召募行銷工作開始之後。

( ) 263. 因為國際會議論文集屬於正式出版刊物,為因應研討會出版管理的需要,

需要申請「國際標準書號」（International Standard Book Number，簡稱 ISBN），以利國際間出版品的交流和統計。請問ISBN應向那一個單位申請？ (A)新聞局 (B)教育部 (C)文建會 (D)國家圖書館。

( ) 264. Announcement在國際會議中，應翻譯為： (A)會議通告書 (B)論文集 (C)大會手冊 (D)大會注意事項。

( ) 265. 下列何者屬於沈重而且較為不環保的資料，為國際友人所排斥攜帶？ (A)油墨印刷資料 (B)光碟類型的資料 (C)USB類型的資料 (D)以上皆是。

( ) 266. 在績效函數中，績效＝f（X, Y, Z）的函數。在此，X, Y, Z分別代表的是： (A)能力、學歷、背景 (B)學歷、機會、背景 (C)學歷、能力、機會 (D)激勵、能力、機會。

( ) 267. 在經濟部的官方統計數據資料中，會展的策略績效年度目標值，是以會議次數列為計算，其中包括： (A)雙邊經貿諮商及合作會議的次數 (B)協助國內民間團體或業者爭取在臺舉辦國際會議的次數 (C)以上皆是 (D)以上皆非。

( ) 268. 會展定性研究的主要方法包括： (A)小組面談 (B)個人深度訪談 (C)買主登錄資料統計、分類、分析等 (D)以上皆是。

( ) 269. 在政府委託民間會展組織辦理活動簽訂的契約中，以下敘述何者為真？ (A)主體中，付款的客戶組織是政府（甲方），提供產品或服務的是會展組織（乙方） (B)如果會展組織和政府簽的契約，政府部門大多是甲方 (C)契約簽訂中誰占主導地位，誰就是甲方 (D)以上皆是。

( ) 270. 全世界市值最大的博弈集團─金沙集團在世界上投資產業分布位置的敘述，何者為非？ (A)Sands Hong Kong (B)Las Vegas Sands (C)Marina Bay Sands (D)Resort World at Sentosa。

( ) 271. 下列何者不是會展「審定」機構？ (A)歐洲的德國展覽會統計資料自願審核協會（FKM） (B)法國數據評估事務所（OJS） (C)美國的數據審計公司（BPA） (D)德國展覽協會（AUMA）

( ) 272. 會展的經濟活動影響，包括：地方餐廳、旅館、商店、供應商之間的交流活動，這些交易活動主要是以何種方式呈現？ (A)旅客支出方式 (B)廠商

支出方式呈現　(C)不對價關係呈現　(D)以上皆非。

( ) 273. 會展活動因非經營因素導致的投資風險，例如戰爭、自然災害、經濟衰退等，稱為：　(A)市場風險　(B)經營風險　(C)舉債風險　(D)合作風險。

( ) 274. 招商不順、宣傳效果不佳、出現新的競爭者，以及經營不善導致的組織倒閉風險等，稱為：　(A)市場風險　(B)經營風險　(C)舉債風險　(D)合作風險。

( ) 275. 根據赫茲柏（F. Herzberg）的雙因子「激勵—保健」理論，我們可以把現有的會展目標管理指數分為：　(A)管控　(B)激勵　(C)以上皆是　(D)以上皆非。

( ) 276. 產品生命週期可用於績效管理，下列敘述何者為真？　(A)激勵型績效管理，適用於產品發展階段中的成熟期　(B)管控型績效管理，適用於產品發展階段中的成長期　(C)以上皆是　(D)以上皆非。

( ) 277. 根據赫茲柏（F. Herzberg）的雙因子「激勵—保健」理論，關鍵績效指標（Key Performance Index, KPI）中激勵部分為何？　(A)獎勵　(B)機會　(C)價值觀與信念　(D)以上皆是。

( ) 278. 採取關鍵績效指標（KPI）和目標管理（MBO），從管理的目的來看，評估的宗旨是在加強：　(A)組織整體業務指標　(B)強化部門重要工作領域　(C)個人關鍵任務　(D)以上皆是。

( ) 279. 從會展管理成本來看，採取關鍵績效指標（KPI）和目標管理（MBO）不包括下列哪些優點？　(A)有效節省考核成本　(B)減少主觀考核的問題　(C)減少考核時間　(D)增加部門麻煩。

( ) 280. 下列何者不是兩岸推動簽署ECFA（目前服務貿易項目擱置中）主要有三個目的之一？　(A)增進我國的國際地位　(B)推動兩岸經貿關係正常化　(C)避免我國在區域經濟整合體系中被邊緣化　(D)促進我國經貿投資國際化。

( ) 281. 根據行政院大陸委員會「接待大陸人士來台交流注意事項」，在國內舉辦兩岸交流之會議活動時，大陸方面要求撤去我國國旗及元首肖像時，應如何處理？　(A)堅持我國國旗及元首肖像應維持原狀　(B)可於活動前，與大陸方面溝通我方對此問題之處理方式，以避免使其認為我方有意作此擺設

(C)於交流活動中，有媒體拍攝或照相時，如對方要求，可避免將國旗及元首肖像攝入，以減少其「困擾」　(D)以上皆是。

( )　282. 目前區域經濟整合係為全球趨勢，目前全世界有將近247個自由貿易協定，簽約成員彼此互免關稅，如果不能和主要貿易對手簽訂自由貿易協定，我國將面臨下列何種威脅？　(A)被武力化　(B)被中心化　(C)被邊緣化　(D)被國際化。

( )　283. 根據中華國際會議展覽協會的定義，一般展覽之統稱為：　(A)Fair　(B)Show　(C)Exhibition　(D)Demonstration。

( )　284. 根據中華國際會議展覽協會的定義，展出項目包括生產製作機具在內的展覽稱為：　(A)Fair　(B)Show　(C)Exhibition　(D)Demonstration。

( )　285. 根據中華國際會議展覽協會的定義，通常結合動態展示或藉由演出（秀）表現產品特色稱為：　(A)Fair　(B)Show　(C)Exhibition　(D)Demonstration。

( )　286. 經濟部國際貿易局訂定2010年臺灣會展躍升計畫的行銷主軸為：
(A)TAIWAN, THE PLACE TO MEET　(B)TAIWAN, TOUCH YOUR HEART
(C)TAIWAN, LONG STAY　(D)TAIWAN, KEEP YOUR EYES OPEN。

( )　287. 下列敘述何者為非？　(A)會議和展覽同時辦理已經成國際趨勢　(B)會展同時辦理可以更加了解時代趨勢和創新知識　(C)會展帶動國內住宿、餐飲、交通、觀光、購物等方面的消費，促進國內經濟　(D)研討會僅為搭配專業性展覽的週邊活動。

( )　288. 自從2009年6月臺灣即允許大陸會議服務業者在臺灣以何種方式設立商業據點，提供會議服務？　(A)獨資或合資　(B)合夥或是設立分公司　(C)以上皆是　(D)以上皆非（2016年擱置）。

( )　289. 在2010年海峽兩岸經濟合作架構協議（ECFA）早期收穫清單中，臺灣允許下列那些單位來臺從事與臺灣會展產業之企業或公會、商會、協會等團體合辦的專業展覽？　(A)大陸企業　(B)事業單位　(C)與會展相關之團體或基金會　(D)以上皆非（2016年擱置）。

( )　290. 在2010年海峽兩岸經濟合作架構協議（ECFA）早期收穫清單中，大陸在市場開放承諾下，允許臺灣會議服務提供者在大陸設立那一種單位，提供會

議服務？　(A)獨資企業　(B)合資企業　(C)國有企業　(D)以上皆非。

（　）291. 下列何者為ECFA的簽署後的會展產業利益？　(A)將有助增加兩岸會展產業的合作頻率　(B)擴大臺灣會展產業的規模　(C)提昇我國會展產業的優勢競爭力　(D)以上皆是。

（　）292. 為推展會展行銷，政府應該推動全面性自由化的經貿策略，儘快與其他國家簽訂：　(A)保密協定　(B)自由貿易協定　(C)區域貿易協定　(D)關稅及貿易總協定。

（　）293. 臺灣因為會展公司的規模都太小，從深遠處著眼，簽訂ECFA的下一步就是簽訂FTA，則FTA的中文為何？　(A)保密協定　(B)自由貿易協定　(C)區域貿易協定　(D)關稅及貿易總協定。

（　）294. 如果臺灣和各國順利簽署自由貿易協定，其優點為何？　(A)整個東南亞都將會是臺灣的腹地　(B)有助於擴大會展產業的規模及國際化　(C)帶動會展專業人才的需求並提供就業機會　(D)以上皆是。

（　）295. 在2021年已堂堂邁入第40年，成為全球著名的B2B專業電腦展為：
(A)COMPUTEX TAIPEI　(B)TIMTOS　(C)AMPA　(D)TAIPEI CYCLE。

（　）296. IMEX展最大特色在於善用資通訊（ICT）資源以提昇洽商效率，提供何種設施簡化與會者的報到流程？　(A)Front Desk　(B)Internet　(C)Kiosk　(D)以上皆非。

（　）297. 下列何者為我國參加國際展覽時布置的訣竅？　(A)設立臺灣館，並強化單一視覺設計，以擴大參展效益　(B)向國際會展產業界介紹臺灣的會展環境、設施，以及商務觀光資源　(C)強調臺灣的獨特人文風俗、自然景致，以及優越會展軟硬體設施　(D)以上皆是。

（　）298. 下列何者為2010年下旬舉辦的國際會展計畫？　(A)2010年10月在泰國曼谷揭幕的「亞洲獎勵旅遊暨會議展」（IT & CMA）　(B)2010年10月在印度海德拉巴舉行的「國際會議協會年會暨展覽」（ICCA Congress & Exhibition）　(C)2010年11月在西班牙巴塞隆納市郊的Fira Gran Via舉行的「歐洲獎勵旅遊暨會議展」（EIBTM）　(D)以上皆是。

（　）299. 下列何者是我國政府對於展覽產業發提供的協助？　(A)擴建南港展覽館，

加速展覽規模擴大　(A)整合同質性高展覽，以大展帶動小展，成熟展帶動新展，提高展覽綜效　(C)協助中南部地區會展產業發展　(D)以上皆是。

(　　) 300. 下列何者不是舉辦高雄世界運動會和臺北聽障奧運會等大型國際盛會所帶來的利益？　(A)帶動城市經濟成長　(B)市政府經營場館直接盈利　(C)透過國際媒體宣傳提升國家及城市形象　(D)增加國際盛會舉辦經驗。

解答

1.(A)	2.(A)	3.(B)	4.(A)	5.(A)	6.(D)	7.(A)	8.(A)	9.(D)	10.(B)	11.(A)
12.(C)	13.(A)	14.(D)	15.(D)	16.(A)	17.(A)	18.(A)	19.(A)	20.(D)	21.(C)	22.(D)
23.(A)	24.(D)	25.(D)	26.(D)	27.(A)	28.(D)	29.(B)	30.(C)	31.(A)	32.(A)	33.(B)
34.(A)	35.(A)	36.(A)	37.(D)	38.(A)	39.(C)	40.(C)	41.(A)	42.(A)	43.(C)	44.(D)
45.(A)	46.(C)	47.(A)	48.(B)	49.(C)	50.(B)	51.(D)	52.(D)	53.(A)	54.(D)	55.(D)
56.(A)	57.(D)	58.(D)	59.(C)	60.(C)	61.(A)	62.(D)	63.(A)	64.(A)	65.(A)	66.(C)
67.(B)	68.(D)	69.(D)	70.(D)	71.(A)	72.(D)	73.(D)	74.(D)	75.(A)	76.(C)	77.(C)
78.(B)	79.(D)	80.(D)	81.(A)	82.(A)	83.(A)	84.(D)	85.(D)	86.(B)	87.(D)	88.(A)
89.(A)	90.(D)	91.(A)	92.(D)	93.(D)	94.(C)	95.(A)	96.(B)	97.(D)	98.(A)	99.(A)
100.(A)	101.(D)	102.(D)	103.(D)	104.(A)	105.(D)	106.(B)	107.(A)	108.(A)	109.(A)	110.(A)
111.(B)	112.(D)	113.(A)	114.(A)	115.(D)	116.(C)	117.(A)	118.(D)	119.(D)	120.(C)	121.(A)
122.(D)	123.(D)	124.(A)	125.(A)	126.(D)	127.(D)	128.(A)	129.(D)	130.(D)	131.(D)	132.(D)
133.(D)	134.(D)	135.(A)	136.(D)	137.(D)	138.(A)	139.(D)	140.(D)	141.(A)	142.(A)	143.(D)
144.(A)	145.(B)	146.(D)	147.(A)	148.(A)	149.(D)	150.(D)	151.(B)	152.(D)	153.(A)	154.(A)
155.(D)	156.(D)	157.(D)	158.(D)	159.(A)	160.(A)	161.(A)	162.(D)	163.(D)	164.(D)	165.(D)
166.(D)	167.(D)	168.(A)	169.(D)	170.(A)	171.(D)	172.(D)	173.(D)	174.(D)	175.(D)	176.(D)
177.(D)	178.(D)	179.(D)	180.(D)	181.(C)	182.(D)	183.(D)	184.(A)	185.(D)	186.(C)	187.(A)
188.(B)	189.(D)	190.(D)	191.(D)	192.(A)	193.(C)	194.(A)	195.(D)	196.(A)	197.(A)	198.(A)
199.(D)	200.(C)	201.(C)	202.(D)	203.(C)	204.(D)	205.(A)	206.(D)	207.(D)	208.(A)	209.(C)
210.(A)	211.(D)	212.(A)	213.(A)	214.(A)	215.(A)	216.(C)	217.(B)	218.(B)	219.(D)	220.(D)
221.(B)	222.(A)	223.(A)	224.(D)	225.(D)	226.(D)	227.(B)	228.(B)	229.(A)	230.(D)	231.(A)
232.(A)	233.(A)	234.(C)	235.(C)	236.(C)	237.(C)	238.(D)	239.(B)	240.(C)	241.(D)	242.(A)

243.(D)　244.(B)　245.(A)　246.(D)　247.(D)　248.(D)　249.(D)　250.(B)　251.(B)　252.(D)　253.(C)

254.(D)　255.(A)　256.(B)　257.(C)　258.(B)　259.(C)　260.(C)　261.(D)　262.(D)　263.(D)　264.(A)

265.(A)　266.(D)　267.(C)　268.(D)　269.(D)　270.(A)　271.(D)　272.(A)　273.(A)　274.(B)　275.(C)

276.(D)　277.(D)　278.(D)　279.(D)　280.(A)　281.(D)　282.(C)　283.(A)　284.(C)　285.(B)　286.(A)

287.(D)　288.(D)　289.(D)　290.(A)　291.(D)　292.(B)　293.(B)　294.(D)　295.(A)　296.(C)　297.(D)

298.(D)　299.(D)　300.(B)

Note

Note

Note

Note

Note

國家圖書館出版品預行編目資料

國際會議與會展產業概論／方偉達著. ――二
版. ――臺北市：五南，2020.09
　面；　公分
ISBN 978-986-522-202-4（平裝）

1.會議管理　.展覽

494.4　　　　　　　　109012012

1L60 觀光系列

國際會議與會展產業概論

作　　者 ― 方偉達（4.4）

發 行 人 ― 楊榮川

總 經 理 ― 楊士清

總 編 輯 ― 楊秀麗

副總編輯 ― 黃惠娟

責任編輯 ― 高雅婷

封面設計 ― 姚孝慈、王麗娟

出 版 者 ― 五南圖書出版股份有限公司

地　　址：106台北市大安區和平東路二段339號4樓

電　　話：(02)2705-5066　　傳　　真：(02)2706-6100

網　　址：http://www.wunan.com.tw

電子郵件：wunan@wunan.com.tw

劃撥帳號：19628053

戶　　名：五南圖書出版股份有限公司

法律顧問　林勝安律師事務所 林勝安律師

出版日期　2010年9月初版一刷
　　　　　2014年3月初版三刷
　　　　　2020年9月二版一刷

定　　價　新臺幣400元

經典永恆·名著常在

五十週年的獻禮——經典名著文庫

五南，五十年了，半個世紀，人生旅程的一大半，走過來了。

思索著，邁向百年的未來歷程，能為知識界、文化學術界作些什麼？

在速食文化的生態下，有什麼值得讓人雋永品味的？

歷代經典·當今名著，經過時間的洗禮，千錘百鍊，流傳至今，光芒耀人；

不僅使我們能領悟前人的智慧，同時也增深加廣我們思考的深度與視野。

我們決心投入巨資，有計畫的系統梳選，成立「經典名著文庫」，

希望收入古今中外思想性的、充滿睿智與獨見的經典、名著。

這是一項理想性的、永續性的巨大出版工程。

不在意讀者的眾寡，只考慮它的學術價值，力求完整展現先哲思想的軌跡；

為知識界開啟一片智慧之窗，營造一座百花綻放的世界文明公園，

任君遨遊、取菁吸蜜、嘉惠學子！